高等院校计算机应用系列教材

信息技术基础

(Windows 10 + WPS Office 2019)

主　编　王静波　张婧妮

副主编　于　玲　李元斌　王　吉

何　康　冀　硕

清华大学出版社

北　京

内 容 简 介

本书严格依据教育部教育考试院发布的全国计算机等级考试一级计算机基础及 WPS Office 应用考试大纲进行编写，旨在帮助考生学习相关内容，顺利通过考试。本书由浅入深、循序渐进地介绍了计算机与 WPS Office 2019 的基础知识、基本操作方法，以及计算机在办公和网络等方面的具体应用。本书共分 8 章，分别介绍了计算机基础，计算机系统，WPS 文字的使用，WPS 表格的使用，WPS 演示的使用，Internet 基础与简单应用，计算机维护与安全防护，计算机前沿新技术等内容。

本书内容丰富，结构清晰，语言简练，图文并茂，具有很强的实用性和可操作性，可作为大中专院校、职业院校及各类社会培训机构信息技术课程的教材，也可作为广大初、中级计算机用户的自学参考书。

图书在版编目(CIP)数据

信息技术基础：Windows 10 + WPS Office 2019 /
王静波，张婧妮主编. -- 北京 ：清华大学出版社，
2025. 6. -- (高等院校计算机应用系列教材). -- ISBN
978-7-302-69134-1

Ⅰ. TP316.7；TP317.1

中国国家版本馆 CIP 数据核字第 2025FD7268 号

责任编辑：王　定
封面设计：周晓亮
版式设计：思创景点
责任校对：成凤进
责任印制：沈　露

出版发行：清华大学出版社

网　　　址：https://www.tup.com.cn，https://www.wqxuetang.com
地　　　址：北京清华大学学研大厦 A 座　　　　　　邮　　编：100084
社 总 机：010-83470000　　　　　　　　　　　　　邮　　购：010-62786544
投稿与读者服务：010-62776969，c-service@tup.tsinghua.edu.cn
质 量 反 馈：010-62772015，zhiliang@tup.tsinghua.edu.cn

印 装 者：涿州汇美亿浓印刷有限公司
经　　销：全国新华书店
开　　本：185mm×260mm　　　印　　张：17.75　　　字　　数：443 千字
版　　次：2025 年 6 月第 1 版　　印　　次：2025 年 6 月第 1 次印刷
定　　价：69.80 元

产品编号：110649-01

前　　言

本书基于 Windows 10 操作系统和 WPS Office 2019 办公软件，涵盖操作系统的基本知识、办公软件的核心功能应用，以及当今计算机前沿技术的介绍。全书内容层次分明，深入浅出，旨在帮助学生全面掌握计算机基础操作及办公软件的应用技巧。

第一部分：Windows 10 操作系统基础

本部分主要讲解 Windows 10 操作系统的基本操作和功能，包括桌面管理、文件与文件夹的创建与管理、系统设置、网络配置、安全维护等内容。通过这些基础内容的介绍，读者能够了解如何高效组织和管理日常文件，如何进行个性化设置以优化系统操作体验，以及如何解决在日常工作和学习中常见的操作系统问题。此外，本部分还介绍网络连接、系统更新和数据备份等关键内容，帮助学生掌握基本的网络和数据管理知识。

第二部分：WPS Office 2019 办公软件

本部分详细介绍 WPS Office 2019 的核心功能。WPS Office 是中国广泛使用的办公套件，具备文字处理、表格处理和演示文稿制作三大功能模块。在 WPS 文字部分，学生将学习如何使用 WPS 文字进行文档的创建与排版，掌握图像、表格的插入及编辑技巧；在 WPS 表格部分，将学习如何输入数据、设置公式、制作图表并进行数据分析；WPS 演示文稿部分则帮助学生掌握如何设计专业的幻灯片，插入多媒体元素并应用动画效果。本书通过大量的实际操作示例，帮助学生在真实办公环境中高效应用这些功能。

第三部分：计算机前沿技术

本部分介绍当前信息技术领域的前沿发展趋势，旨在拓宽学生的视野，使其了解计算机科学领域的最新动向。内容主要包括如下几点。

(1) 人工智能(AI)：介绍人工智能的基本概念、发展历史、应用场景，以及未来的技术趋势。学生将掌握机器学习、深度学习、自然语言处理等核心技术的基本原理，并了解 AI 在日常生活和各行业中的应用，如自动驾驶、智能助手和图像识别等。

(2) 大数据：本部分主要讲解大数据的概念、数据采集与存储技术、数据分析方法，以及大数据在商业、医疗、教育等领域的应用。本部分对大数据技术的介绍，旨在帮助学生理解大规模数据的管理和分析的重要性，启发学生对数据驱动型决策的思考。

(3) 云计算：介绍云计算的基础知识，涵盖云计算的服务模型(如 IaaS、PaaS、SaaS)及其应用场景。学生将学习到云计算在企业、教育和个人应用中的优势与挑战，了解如何通过云平台实现灵活的资源管理和高效的协同工作。

通过对这些前沿技术的介绍，学生不仅可以开阔视野，激发进一步学习信息技术的兴趣，还能为将来的学习和工作奠定理论基础。

本书内容全面，由浅入深，紧密结合计算机技术的发展，并采用专业的写作手法，避免了因过于通俗而内容讲解不足的问题。本书适用于多层次分级教学，以满足不同学时和不同基础学生的学习需求。在教学的过程中，可以根据实际教学学时数和学生的基础选择相应的教学内容。

本书由王静波、张婧妮主编，于玲、李元斌、王吉、何康、冀硕副主编，参与本书编写的还有杜思明、陈笑、孔祥亮等人，在此，向每一位参与编写的老师表示衷心的感谢，他们凭借丰富的教学经验和专业知识，为本书的质量提供了坚实的保障。在编写的过程中，我们还参考了学界已有的众多相关成果，在此，向有关专家、学者和相关图文资料的原作者表达最诚挚的谢意。

由于编者水平有限，书中可能会存在不足之处，诚望各位方家不吝赐教，同时也期盼各位读者提出宝贵意见，以便在今后再版修订时予以完善。

本书免费提供教学课件、教学大纲、电子教案、课后习题参考答案和模拟试卷，读者可扫描下列二维码获取。

教学课件　　教学大纲　　电子教案　　课后习题参考答案　　模拟试卷

编　者

2025 年 2 月

目 录

第 1 章
计算机基础

☑ **学习目标**

在信息技术飞速发展的今天，计算机已经成为人类工作和生活中不可或缺的工具，掌握相应的计算机基础操作也成为人们在各行各业中所必备的技能。本章将主要讲解计算机的发展历程、组成与工作原理等基础知识。

☑ **学习任务**

任务一：认识计算机

任务二：详解计算机中信息的表示

任务三：了解计算机前沿技术

1.1 计算机概述

计算机是一种能够存储程序，并按照程序自动、高速、精确地进行大量计算和信息处理的电子机器。科技的进步促使计算机产生和迅速发展，而计算机的产生和发展又反过来促进科学技术和生产水平的提高。电子计算机的发展和应用水平已经成为衡量一个国家科技水平和经济实力的重要标志。

1.1.1 计算机的诞生与发展

自古以来，人类在不断发明和改进计算工具，从古老的"结绳计数"，到算盘、计算尺、手摇计算机，再到第一台电子计算机诞生，这一过程经历了漫长的岁月，人类也借此推动了计算技术的发展。

1. 计算机的诞生

1946 年，世界上第一台电子数字积分计算机(Electronic Numerical Integrator And Computer，简称 ENIAC)在美国宾夕法尼亚大学成功研制。尽管这台计算机结构复杂、体积庞大，但其功能远不及现代普通微型计算机。

ENIAC 的诞生标志着电子计算机时代的到来，为计算机的发展奠定了基础，开创了计算机科学技术的新纪元。从第一台电子计算机问世至今，计算机经历了大型计算机和微型计算机两个重要阶段。

在 ENIAC 的研制过程中，美籍匈牙利数学家冯·诺依曼总结并归纳了以下三条核心理念。

(1) 采用二进制。计算机内部的程序和数据使用二进制代码表示。

(2) 存储程序控制。程序和数据存储在存储器中，计算机在执行程序时无须人工干预，能够自动、连续地执行并获得预期结果。

(3) 具备 5 个基本功能部件。计算机包括运算器、控制器、存储器、输入设备和输出设备 5 个基本功能部件。

2. 计算机的发展历程

人们通常根据计算机所采用的电子元器件的不同，将计算机的发展过程划分为 4 个阶段，分别为电子管、晶体管、中小规模集成电路和大规模及超大规模集成电路。相应地，这些阶段的计算机被称为第一代至第四代计算机。随着计算机技术的发展，计算机的体积不断缩小，功能日益强大，价格逐渐降低，应用范围也越来越广泛。

(1) 第一代计算机(1946—1959 年)。

➢ 主要元器件：电子管。

➢ 运算速度：每秒几千次到几万次，内存容量仅为 1000～4000B。

➢ 主要用途：军事和科学研究。

➢ 特点：体积庞大、造价昂贵、运算速度慢、存储容量小、可靠性差、维护困难。

➢ 代表机型：UNIVAC-1。

(2) 第二代计算机(1959—1964 年)。

➢ 主要元器件：晶体管。

➢ 运算速度：每秒几十万次，内存容量扩大到几十万字节。

➢ 应用领域：数据处理和事务处理。

➢ 特点：体积小、质量轻、耗电量少、运算速度快、可靠性高、工作稳定。

➢ 代表机型：IBM-7000 系列。

(3) 第三代计算机(1964—1972 年)。

➢ 主要元器件：小规模集成电路(SSI)和中规模集成电路(MSI)。

➢ 主要用途：科学计算、数据处理及过程控制。

➢ 特点：功耗、价格等进一步降低，体积减小，运算速度及可靠性提高。

➢ 代表机型：IBM-360 系列。

(4) 第四代计算机(1972 年至今)。

➢ 主要元器件：大规模集成电路(LSI)和超大规模集成电路(VLSI)。

➢ 运算速度：每秒几百万次至上亿次。

➢ 应用领域：广泛应用于社会各个领域。

➢ 特点：体积、质量进一步减小，功耗进一步降低。

➢ 代表机型：IBM 4300、3080、3090 和 9000 系列。

扩展阅读 1–1

国产计算机的诞生与发展

1.1.2 计算机的特点与应用

计算机具有运算速度快、存储能力强、可编程等特点，被广泛应用于数据处理、科学计算、互联网服务和人工智能等领域。

1. 计算机的特点

现代计算机的特点主要体现在以下几个方面。

(1) 运算速度快。计算机内部由电路组成，可以高速且准确地完成各种算术运算。当今计算机系统的运算速度已达到每秒万亿次以上，使大量复杂的科学计算问题得以解决。例如，卫星轨道的计算、大型水坝的计算、24 小时天气的计算，过去需要几年甚至几十年才能完成，而在现代社会中，用计算机计算只需要几分钟就可以完成。

(2) 计算精度高。科学技术的发展，特别是尖端科学技术的发展，需要高精度的计算。计算机控制的导弹之所以能准确地击中预定目标，与计算的精度密不可分。一般计算机可以有十几位(二进制)有效数字，计算精度可由千分之几到百万分之几，这是任何计算工具所望尘莫及的。

(3) 逻辑运算能力强。计算机不仅能精确计算，还具有逻辑运算功能，能够对信息进行比较和判断。计算机能够将参加运算的数据、程序，以及中间结果和最后结果保存起来，并能够根据判断的结果自动执行下一条指令，以供用户随时调用。

(4) 存储容量大。计算机内部的存储器具有记忆特性，可以存储大量的信息。这些信息不仅包括各类数据信息，还包括加工这些数据的程序。

(5) 自动化程度高。由于计算机具有存储记忆能力和逻辑判断能力，人们可以预先将编好的程序纳入计算机内存。在程序控制下，计算机可以连续、自动地工作，不需要人工干预。

2. 计算机的应用领域

计算机凭借其快速性、通用性、准确性和逻辑性等特点，不仅具备高速运算能力，还具有强大的逻辑分析和判断能力。这些特性极大地提高了人们的工作效率，并使现代计算机能够在一定程度上替代人类的脑力劳动，执行逻辑判断和复杂运算任务。如今，计算机已深入渗透到人们生活和工作的各个层面，具体体现在以下几个方面。

(1) 科学计算(数值计算)。科学计算，即利用计算机解决科学研究和工程技术中的数学问题。在现代科技工作中，科学计算问题既多且杂，难度颇高。计算机凭借其高速运算、大容量存储及连续运算的能力，能够攻克众多人工难以处理的科学计算难题，如人类基因组计划和人造卫星轨道计算等，推动了诸多科学研究的发展。

(2) 信息处理(数据处理)。信息处理涉及数据的收集、存储、整理、分类、统计、加工、利用和传播等一系列活动。据统计，80%以上的计算机主要用于数据处理。这类工作量大且烦琐，决定了计算机应用的主导方向。计算机可以从海量数据中筛选出有用的信息，为决策提供支持。

(3) 自动控制(过程控制)。自动控制依赖计算机实时采集检测数据，并根据最佳值迅速自动调节或控制对象。计算机自动控制不仅显著提高了控制的自动化水平，还增强了控制的及时性和准确性，从而改善了劳动条件，提升了产品质量及合格率。在机械、冶金、石油、化工、纺织、水电、航天等领域，计算机过程控制已得到广泛应用。

(4) 计算机辅助技术。计算机辅助技术利用计算机帮助人们进行各种设计和处理过程，包括计算机辅助设计(CAD)、计算机辅助制造(CAM)、计算机辅助教学(CAI)和计算机辅助测试(CAT)等。此外，还有辅助生产、辅助绘图和辅助排版等应用。这些技术极大地提升了设计与制造的效率和精度。

(5) 人工智能(AI)：人工智能是指计算机模拟人类的智能活动，如感知、判断、理解、学习、问题求解和图像识别等。人工智能的目标是使计算机更好地模拟人类的思维活动，能够完成更复杂的控制任务。自然语言理解、专家系统、机器人技术和定理自动证明等都是人工智能的重要应用。

(6) 网络与通信技术：随着社会信息化的推进，通信业迅速发展，计算机在通信领域的作用日益凸显，特别是促进了计算机网络的飞速发展。国际互联网(Internet)将全球大多数计算机连接在一起，形成了庞大的信息网络。此外，计算机还在信息高速公路、电子商务、娱乐和游戏等领域得到广泛应用。网络通信涉及的计算机通信技术包括网络互联技术、路由技术、数据通信技术、信息浏览技术和网络安全技术等。

1.1.3　计算机的应用与分类

计算机的应用可根据其功能和特点进行细分，以提升效率、精确度和自动化水平，推动科技与社会的发展。

1. 计算机的应用

计算机的应用主要分为数值计算和非数值计算两大类。其中，非数值计算的应用领域更为广泛，包括信息处理、计算机辅助设计、计算机辅助教学、过程控制等。据统计，目前计算机的用途已超过 5000 种，并且每年以 300～500 种的速度持续增加。

(1) 数值计算(科学计算)：针对科学研究和工程技术中产生的大量数值计算问题，是计算机最初也是最重要的应用方向。

(2) 信息处理：对大量数据进行加工，包括收集、存储、传输、分类、检测、排序、统计和输出等环节，从中筛选出有用的信息。

(3) 过程控制：实时采集控制对象的数据，并对其进行分析处理，进而按照系统要求实施控制，是实现自动化的重要手段。

(4) 计算机辅助设计与制造：在计算机辅助设计(CAD)系统的协助下，设计人员可以进行最佳设计模拟，并生成图纸；计算机辅助制造(CAM)系统则利用 CAD 的设计信息来控制和指导生产过程。

(5) 网络通信：通过电话交换网的方式将计算机互联，实现资源的共享和信息的交流。

(6) 人工智能：通过计算机模拟人类的学习和探索过程，包括自然语言理解、专家系统、机器人技术和定理自动证明等应用。

(7) 多媒体：利用文本、图形、图像、音频、视频、动画等多种形式来表示和传输信息；而多媒体技术则是对这些多种媒体信息进行综合处理和管理。

(8) 嵌入式系统：将处理器芯片植入设备中，使计算机能够完成特定任务的系统，广泛应用于消费类电子产品和工业制造系统。

2. 计算机的分类

根据不同的标准，计算机可以采用多种分类方法。常见的分类方式有以下几种。

1) 按主要性能分类

根据计算机的主要性能指标，如字长、存储容量、运算速度、外部设备，以及允许同时使用同一台计算机的用户数量等，计算机可分为超级计算机、大型计算机、小型计算机、微型计算机、工作站和服务器六类。这是最常用的分类方法。

(1) 超级计算机(也称为巨型机)主要用于气象、太空、能源和医药等领域，以及战略武器研发中的复杂计算。例如，我国的"银河""曙光""神威"，以及美国的 Cray-1、Cray-2 和 Cray-3 等计算机。

(2) 大型计算机主要应用于大型软件企业、商业管理和大型数据库的处理，也可以作为大型计算机网络的主机，如 IBM 4300 系列和 IBM 9000 系列。

(3) 小型计算机价格相对低廉，适合中小型单位使用，典型代表包括 DEC 公司的 VAX 系列和 IBM 公司的 AS/4000 系列。

(4) 微型计算机(也称为个人计算机)体积小巧、灵活，通常只允许一个用户使用，常见形式包括台式机、笔记本电脑、便携式电脑、掌上计算机和 PDA(掌上电脑)等。

(5) 工作站主要应用于图像处理、计算机辅助设计及计算机网络等领域。

(6) 服务器通过网络提供各种服务。与普通计算机相比，服务器在稳定性、安全性及其他性能方面有更高的要求。

2) 按处理数据的类型分类

根据处理数据的类型，计算机可分为数字计算机、模拟计算机和混合计算机。

(1) 数字计算机处理以"0"和"1"表示的二进制数据，具有高计算精度、大存储容量和良好的通用性。

(2) 模拟计算机处理的是连续数据，运算速度较快，但计算精度低且通用性差。

(3) 混合计算机综合了数字计算机和模拟计算机的优点，具备较快的运算速度、较高的计算精度及强大的仿真能力。

3) 按使用范围分类

根据使用范围，计算机可分为专用计算机和通用计算机。

(1) 专用计算机专为特定需求而设计，通常无法应用于其他领域。

(2) 通用计算机就是我们通常所说的"计算机"，广泛适用于各种一般应用领域。

1.1.4 计算机科学研究与应用

目前，计算机在各个领域得到了广泛应用，尤其是在工业、农业、军事和商业领域，以及我们的日常生活中。随着科学技术的迅猛发展和全球范围内新技术革命的不断推进，计算机科学的研究逐渐扩展到人工智能、网格计算、中间件技术、云计算等多个领域。

1. 人工智能

人工智能主要研究和开发能够以与人类智能相似方式作出反应的智能机器。其主要技术包括机器人开发、指纹识别、人脸识别和自然语言处理等。人工智能使计算机的行为更接近人类，从而实现更自然的人机交互。

2. 网格计算

随着科学技术的不断进步，全球每时每刻都在产生海量的数据。面对如此巨大的数据量，即使是高性能计算机也无力应对。因此，人们开始关注那些大部分时间处于闲置状态的数亿台计算机。如果能够发明一种技术，自动搜索这些计算机并将它们连接起来，那么其所形成的计算能力必将超过许多高性能计算机。这就是网格计算的基本构思。

网格计算是一种针对复杂科学计算的全新计算模式。这一模式通过互联网，将分散在不同地理位置的计算机组织成一个"虚拟的超级计算机"。每台参与计算的计算机被称为一个"节点"，而整个计算模式则由成千上万个这样的"节点"组成，形成一张"网格"。

网格计算的特点如下。

(1) 资源共享：实现应用程序的互相连接与资源共享。

(2) 协同工作：使多台计算机能够协同工作，共同处理一个项目。

(3) 开放标准：基于国际公认的开放技术标准。

(4) 动态服务：能够提供动态服务，灵活适应各种变化。

3. 中间件技术

中间件是介于应用软件和操作系统之间的系统软件。它抽象了典型的应用模式，使得应用软件制造商能够基于标准的中间件进行再开发。中间件的类型多样，包括交易中间件、消息中间件、专有系统中间件、面向对象中间件、数据访问中间件、远程过程调用中间件、Web 服务器中间件和安全中间件等。

中间件的特点如下。

(1) 广泛应用：满足大量应用的需求。

(2) 多平台支持：运行于多种硬件和操作系统平台上。

(3) 分布式计算：支持分布式计算，实现跨网络、硬件和操作系统的透明性应用与服务交互。

(4) 标准支持：支持各种标准协议与接口。

4. 云计算

云计算(Cloud Computing)是基于互联网的相关服务的增加、使用和交付模式，通常涉及通过互联网来提供动态易扩展且经常是虚拟化的资源。美国国家标准与技术研究院(NIST)将云计算定义为一种能够便捷地按需访问基于网络的可配置共享计算资源池的模式。这些共享计算资源池包括网络、服务器、存储、应用和服务等资源，能够通过最小化的管理和交互开销迅速提供和释放。

云计算的特点如下。

(1) 超大规模：具备超大规模的计算能力。

(2) 虚拟化：广泛采用虚拟化技术。

(3) 高可靠性：提供高可靠性的服务。

(4) 强通用性：广泛适用于各种应用场景。

(5) 高可扩展性：具有高度的可扩展性。

(6) 按需服务：能够根据需求提供服务。

(7) 价格低：提供服务的价格相对较低。

1.1.5 计算机的发展趋势与前沿技术

21 世纪是人类迈向信息社会的时代，是网络技术蓬勃发展的时代，也是超高速信息公路取得实质性进展并广泛应用的时代。下面我们将详细介绍计算机的发展趋势和新一代计算机的类型。

1. 计算机的发展趋势

(1) 巨型化。巨型化是指计算机向高速运算、大存储容量和强大功能的方向发展。巨型计算机的运算能力通常达到每秒百亿次以上，内存容量在几百吉字节以上。巨型计算机的发展是计算机科学技术水平的集中体现，不仅推动了计算机系统结构、硬件和软件的理论与技术、计算数学等多个学科分支的发展，还在尖端科学技术、军事和国防系统的研究与开发中发挥着重要作用。

巨型计算机主要用于高性能计算，支持复杂科学研究、大规模数据处理和尖端技术开发，体现了计算机技术的最高水平和应用潜力。

(2) 微型化。随着大规模和超大规模集成电路的出现，计算机迅速向微型化方向发展。微型化意味着计算机的体积更小、功能更强、可靠性更高、携带更加方便、价格更加亲民，同时适用范围更加广泛。由于微型计算机能够渗透到仪表、家电、导弹弹头等小型计算机无法触及的领域，自 20 世纪 80 年代以来，其发展速度变得极为迅猛。

(3) 网络化。计算机网络是计算机技术发展的一个重要分支，它是现代通信技术与计算机技术结合的产物。网络化利用现代通信技术和计算机技术，将分布在不同地点的计算机连接起来，使这些计算机能够按照网络协议互相进行通信，并共享软件、硬件和数据资源。通过网络化，计算机不仅扩展了其服务范围和应用深度，还极大地提升了信息交换和资源共享的效率。

(4) 智能化。第五代计算机的最终目标是实现"智能化"，即让计算机能够模拟人的感觉、行为和思维过程，使其具备视觉、听觉、语言、推理、思维及学习等能力，从而成为真正意义上的智能化计算机。这一目标不仅扩展了计算机的应用领域，还使其在处理复杂问题和交互方式上更加接近人类。

2. 新一代计算机

(1) 模糊计算机。在实际生活中，人们经常使用模糊信息，如"走快一些""再来一点"和"休息片刻"中的"一些""一点"和"片刻"等，都是不精确的说法，这些模糊信息需要进行处理。目前，传统计算机只能进行精确运算，无法处理模糊信息。而模糊计算机除了具备一般计算机的功能，还具有学习、思考、判断和对话的能力，能够快速辨识外界物体的形状和特征，甚至能协助人们进行复杂的脑力劳动。

早在 1990 年，日本松下公司就将模糊计算机应用于洗衣机中，使其能够根据衣物的脏污程度和布料类型调整洗涤过程。如今，我国一些品牌的洗衣机也配备了模糊计算机。此外，模糊计算机还被应用于吸尘器，能够根据灰尘量和地毯厚度调整吸尘器的功率。模糊计算机还广泛应用于地震灾情判断、医疗诊断、发酵工程控制、海空导航巡查和地铁管理等多个领域。

(2) 生物计算机。微电子技术与生物工程的相互渗透为生物计算机的研发提供了可能。利用 DNA 和酶之间的相互作用，可以将一种基因代码转变为另一种基因代码，转变前的基因代码作为输入数据，而转变后的基因代码则作为运算结果。这一转变过程为新型生物计算机的研制提供了基础。科学家们认为，生物计算机的发展可能需要经历较长的时间。

(3) 光子计算机。光子计算机是一种利用光信号进行数值运算、信息存储和处理的新型计算机。它运用集成电路技术，将光开关、光存储器等集成在同一芯片上，并通过光导纤维连接构成。1990 年 1 月底，贝尔实验室研制出了世界上第一台光子计算机。光子计算机的关键技术包括光存储技术、光互联技术和光集成元器件技术。目前，部分国家的一些公司也正在投入巨资开发光子计算机，预计未来将会出现更先进的光子计算机。

(4) 超导计算机。超导技术的发展促使科学家们考虑使用超导材料替代半导体材料来制造计算机。超导计算机采用超导逻辑电路和超导存储器，其运算速度远超传统计算机。美国科学家已成功将 5000 个超导单元及其装置集成在一个小于 10 cm³ 的主机内，研制出一个简单的超导计算机，该计算机每秒能够执行 2.5 亿条指令。研制超导计算机的关键在于拥有一套能维持超低温的设备。

(5) 量子计算机。量子计算机中的数据使用量子位来存储。由于量子具有叠加效应，一个量子位可以是 0 或 1，也可以同时是 0 和 1，这使得一个量子位能够存储两个数据。在相同数量的存储位下，量子计算机的存储容量远超传统计算机。传统计算机遵循经典物理规律，而量子计算机则依据量子力学的原理进行操作，二者之间存在显著差异。量子计算机代表了一种全新的信息处理模式，能够实现量子并行计算。

2020 年 12 月 4 日，中国科学技术大学的潘建伟等研究人员成功构建了一个由 76 个光子组成的量子计算原型机"九章"，该原型机在 200 秒内完成了高斯玻色采样的计算。这一成果标志着量子计算技术向实用化迈出了重要一步。

扩展阅读 1–2

信息技术简介

1.2　信息的表示与存储

在计算机中，信息以数据的形式表示和处理。计算机能够表示和处理的信息包括数值型数据、字符型数据，以及音频和视频数据，这些信息在计算机内部都以二进制形式表示。换句话说，二进制是计算机内部存储和处理数据的基本形式。计算机能够区分这些不同类型的信息，是因为它们采用了不同的编码规则。

1.2.1　数制的基本概念

在实际应用中，计算机需要处理的信息种类繁多，包括各种进位制的数据、不同语言的文字符号及各类图像信息等。这些信息在计算机中进行存储和表达时，必须转换为二进制数。了解这一表达和转换的过程，有助于我们深刻理解计算机的基本工作原理，并加深对各种外部设备作用的认识。

与我们熟悉的十进制数相比，二进制数的一个主要缺点是书写特别冗长。例如，十进制数 100000 转换为二进制数为 11000011010100000。此外，从十进制转换为二进制相对较为烦琐，因此在计算机的理论和应用中，还使用了八进制和十六进制两种辅助的进位制。相比之下，二进制与八进制、二进制与十六进制之间的转换要简单得多。本节将首先介绍数制的基本概念，随后讲解二进制、八进制、十进制和十六进制及其之间的转换方法。

在计算机中，数据必须以某种方式进行存储和表示，这种方式被称为数制。数制，又称进位计数制，是人们利用数字符号根据进位原则进行数据大小计算的方法。在计算机的数制中，有三个关键概念需要掌握，即数码、基数和位权。以下是这三个概念的简单介绍。

(1) 数码：指在某个数制中表示基本数值大小的不同数字符号。例如，十进制包含 10 个数码，即 0、1、2、3、4、5、6、7、8、9。

(2) 基数：表示一个数制中所使用的数码的数量。例如，二进制的基数为 2，而十进制的基数为 10。

(3) 位权：指在一个数值中，某一位上的数字所表示的数值大小。例如，在十进制数 123 中，1 的位权是 100，2 的位权是 10，3 的位权是 1。

1. 十进制数

十进制数的基数为 10，使用十个数字符号表示，即在每一位上只能使用 0、1、2、3、4、5、6、7、8、9 十个符号中的一个，最小为 0，最大为 9。十进制数采用"逢十进一"的进位方法。

一个完整的十进制的值可以由每位所表示的值相加，权为 10^i ($i=-m\sim n$、n 为自然数)。例如，十进制数 9801.37 可以用以下形式表示：

$$(9801.37)_{10}=9\times10^3+8\times10^2+0\times10^1+1\times10^0+3\times10^{-1}+7\times10^{-2}$$

2. 二进制数

二进制数的基数为 2，使用两个数字符号表示，即在每一位上只能使用 0、1 两个符号中的一个，最小为 0，最大为 1。二进制数采用"逢二进一"的进位方法。

一个完整的二进制数的值可以由每位所表示的值相加，权为 2^i=($i=-m\sim n$，m、n 为自然数)。例如，二进制数 110.11 可以用以下形式表示：

$$(110.11)_2=1\times2^2+1\times2^1+0\times2^0+1\times2^{-1}+1\times2^{-2}$$

3. 八进制数

八进制数的基数为 8，使用八个数字符号表示，即在每一位上只能使用 0、1、2、3、4、

5、6、7 八个符号中的一个，最小为 0，最大为 7。八进制数采用"逢八进一"的进位方法。

一个完整的八进制数的值可以由每位所表示的值相加，权为 $8^i=(i=-m\sim n$，m、n 为自然数)。例如，八进制数 5701.61 可以用以下形式表示：

$$(5701.61)_8=5\times8^3+7\times8^2+0\times8^1+1\times8^0+6\times8^{-1}+1\times8^{-2}$$

4. 十六进制数

十六进制数的基数为 16，使用 16 个数字符号表示，即在每一位上只能使用 0、1、2、3、4、5、6、7、8、9、A、B、C、D、E、F 16 个符号中的一个，最小为 0，最大为 F。其中，A、B、C、D、E、F 分别对应十进制的 10、11、12、13、14、15。十六进制数采用"逢十六进一"的进位方法。

一个完整的十六进制数的值可以由每位所表示的值相加，权为 $16^i=(i=-m\sim n$，m、n 为自然数)。例如，十六进制数 70D.2A 可以用以下形式表示：

$$(70D.2A)_{16}=7\times16^2+0\times16^1+13\times16^0+2\times16^{-1}+10\times16^{-2}$$

4 种进制数，以及具有普遍意义的 r 进制的表示方法如表 1-1 所示。

表 1-1 不同进制数的表示方法

数　　制	基　　数	位　　权	进位规则
十进制	10(0~9)	10^i	逢十进一
二进制	2(0、1)	2i	逢二进一
八进制	8(0~7)	8^i	逢八进一
十六进制	16(0~9、A~F)	16^i	逢十六进一
r 进制	r	r^i	逢 r 进一

当直接使用计算机内部的二进制数或者编码进行交流时，冗长的数字和简单重复的 0 和 1 既烦琐又容易出错，所以人们常用八进制和十六进制进行交流。十六进制和二进制的关系是 $2^4=16$，这表示一位十六进制数可以表达四位二进制数，降低了计算机中二进制数书写的长度。二进位制和八进位制、二进位制和十六进位制之间的换算也非常直接且简便，避免了数字冗长带来的不便。因此，八进位制和十六进位制已成为人机交流中常用的记数法。表 1-2 所示列举了 4 种进制数的编码，以及它们之间的对应关系。

表 1-2 不同进制数的编码以及它们之间的对应关系

十进制	二进制	八进制	十六进制
0	0	0	0
1	1	1	1
2	10	2	2
3	11	3	3
4	100	4	4

(续表)

十进制	二进制	八进制	十六进制
5	101	5	5
6	110	6	6
7	111	7	7
8	1000	10	8
9	1001	11	9
10	1010	12	A
11	1011	13	B
12	1100	14	C
13	1101	15	D
14	1110	16	E
15	1111	17	F

1.2.2 进制数之间的转换

为了便于书写和阅读，用户在编程时常会使用十进制、八进制、十六进制来表示一个数。但在计算机内部，程序与数据都采用二进制来存储和处理，因此不同进制的数之间常常需要相互转换。不同进制之间的转换工作由计算机自动完成，但熟悉并掌握进制之间的转换原理有利于我们了解计算机。常用进制之间的转换关系如图 1-1 所示。

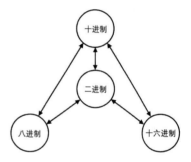

图 1-1　常用进制之间的转换关系

1. 二进制数与十进制数的转换

在二进制数与十进制数的转换过程中，需要频繁地计算 2 的整数次幂。表 1-3 所示为 2 的整数次幂与十进制数值的对应关系。

表 1-3　2 的整数次幂与十进制数值的对应关系

2^n	2^9	2^8	2^7	2^6	2^5	2^4	2^3	2^2	2^1	2^0
十进制数值	512	256	128	64	32	16	8	4	2	1

表 1-4 所示为二进制数与十进制小数的对应关系。

表 1-4　二进制数与十进制小数的对应关系

2^n	2^{-1}	2^{-2}	2^{-3}	2^{-4}	2^{-5}	2^{-6}	2^{-7}	2^{-8}
十进制分数	1/2	1/4	1/8	1/16	1/32	1/64	1/128	1/256
十进制小数	0.5	0.25	0.125	0.0625	0.03125	0.015625	0.0078125	0.00390625

当二进制数转换为十进制数时，可以采用按权相加的方法，即按照十进制数的运算规则，将二进制数个位的数码乘以对应的权，再累加起来。

【例 1-1】将 $(1101.101)_2$ 按位权展开转换成十进制数。

二进制数按位权展开转换成十进制数的运算过程如表 1-5 所示。

表 1-5　二进制数按位权展开转换成十进制数的运算过程

二进制数	1	1	0	1	1	0	1	
位权	2^3	2^2	2^1	2^0	2^{-1}	2^{-2}	2^{-3}	
十进制数值	8　+	4　+	0　+	1　+	0.5　+	0　+	0.125	=13.625

【例 1-2】将 $(1101.1)_2$ 转换为十进制数。

$$(1101.1)_2 = 1 \times 2^3 + 1 \times 2^2 + 0 \times 2^1 + 1 \times 2^0 + 1 \times 2^{-1}$$
$$= 8 + 4 + 0 + 1 + 0.5$$
$$= 13.5$$

2. 十进制数与二进制数的转换

当十进制数转换为二进制数时，整数部分与小数部分必须分开转换。整数部分采用除 2 取余法，就是将十进制数的整数部分反复除 2，如果相除后余数为 1，则相应的二进制数为 1；如果余数为 0，则相应位为 0；逐次相除，直到商小于 2 为止。当转换为整数时，第一次除法得到的余数为二进制数低位(第 K_0 位)，最后一次余数为二进制数高位(第 K_n 位)。

小数部分采用乘 2 取整法。就是将十进制小数部分反复乘 2；每次乘 2 后，所得积的整数部分为 1，相应的二进制数为 1，然后减去整数 1，余数部分继续相乘；如果积的整数部分为 0，则相应的二进制数为 0，余数部分继续相乘，直到乘 2 后小数部分等于 0 为止。如果乘积的小数部分一直不为 0，则根据数值的精度要求截取一定位数即可。

【例 1-3】将十进制 18.8125 转换为二进制数。

整数部分采用除 2 取余法，余数作为二进制数，从低到高排列。小数部分采用乘 2 取整法，积的整数部分作为二进制数，从高到低排列。竖式运算过程如图 1-2 所示。

运算结果为 $(18.8125)_{10} = (10010.1101)_2$。

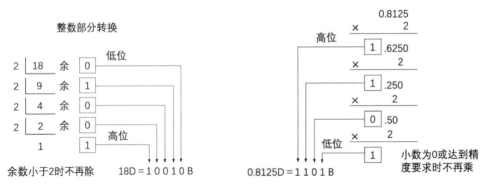

图 1-2　十进制数转换为二进制数的运算过程

3. 二进制数与八进制数转换

由于 3 位二进制数恰好是 1 位八进制数，若要将二进制数转换为八进制数，只需要以小数点为界，将整数部分自右向左和小数部分自左向右分别按每 3 位为一组(不足 3 位用 0 补足)，然后将各个 3 位二进制数转换为对应的 1 位八进制数，即可得到转换的结果。反之，若将八进制数转换为二进制数，只需要将每 1 位八进制数转换为对应的 3 位二进制数即可。

【例 1-4】将二进制数 10111001010.1011011 转换为八进制数。

$$(10111001010.1011011)_2=(010\ 111\ 001\ 010.101\ 101\ 100)_2$$
$$=(2712.554)_8$$

【例 1-5】将八进制数 456.174 转换为二进制数。

$$(456.174)_8=(100\ 101\ 110.001\ 111\ 100)_2$$
$$=(100101110.0011111)_2$$

4. 二进制数与十六进制数的转换

对二进制整数，自右向左每 4 位分一组，当整数部分不足 4 位时，在整数前面加 0 补足 4 位，每 4 位对应 1 位十六进制数；对二进制小数，自左向右每 4 位分为一组，当小数部分不足 4 位时，在小数后面(最右边)加 0 补足 4 位，然后每 4 位二进制数对应 1 位十六进制数，即可得到十六进制数。

【例 1-6】将二进制数 111101.010111 转换为十六进制数。

$(111101.010111)_2=(00111101.01011100)_2=(3D.5C)_{16}$，转换过程如图 1-3 所示。

5. 十六进制数与二进制数的转换

将十六进制数转换成二进制数非常简单，只需要以小数点为界，向左或向右将每 1 位十六进制数用相应的 4 位二进制数来表示，然后将其连在一起即可完成转换。

【例 1-7】将十六进制数 4B.61 转换为二进制数。

$(4B.61)_{16}=(01001011.01100001)_2$，转换过程如图 1-4 所示。

0011	1101	0101	1100
3	D	5	C

4	B	6	1
0100	1011	0110	0001

图 1-3　二进制数转换为十六进制数　　　　图 1-4　十六进制数转换为二进制数

1.2.3　计算机中的数据

数据是指能够输入计算机并被计算机处理的数字、字母和符号的集合。我们平常所看到的景象和听到的事实都可以用数据来描述。数据经过收集、组织和整理后，就能成为有用的信息。

1. 计算机中数据的单位

在计算机内部，数据都是以二进制的形式存储和运算的。计算机数据的表示经常涉及以下几个概念。

(1) 位。位(bit)简写为 b，音译为比特，它是计算机存储数据的最小单位，是二进制数据中的一个位。一个二进制位只能表示 0 或 1 两种状态，若要表示更多的信息，则需要将多个位组合成一个整体，每增加一位，所能表示的信息量就增加一倍。

(2) 字节。字节(Byte)简写为 B，规定一个字节为 8 位，即 1Byte＝8bit。计算机数据处理以字节为基本单位解释信息。每个字节由 8 个二进制位组成。通常，一个字节可存放一个 ASCII 码，两个字节存放一个汉字国标码。

(3) 字。字(Word)是计算机进行数据处理时一次存取、加工和传送的数据长度。一个字通常由一个或若干个字节组成。字长是计算机一次所能处理信息的实际位数，所以它决定了计算机数据处理的速度，是衡量计算机性能的一个重要标识。字长越长，计算机性能越好。不同型号的计算机，其字长是不同的，常用的字长有 8 位、16 位、32 位和 64 位。

计算机存储器容量以字节数来度量，经常使用的度量单位有 KB、MB 和 GB，其中 B 代表字节。各度量单位可用字节表示为

$1KB＝2^{10}B＝1024B$

$1MB＝2^{10}×2^{10}B＝1024×1024B$

$1GB＝2^{10}×2^{10}×2^{10}B＝1024MB＝1024×1024KB＝1024×1024×1024B$

例如，一台计算机的内存标注为 2GB，外存硬盘标注为 500GB，则它实际可存储的内外存字节数分别为

内存容量＝2×1024×1024×1024B

外存硬盘容量＝500×1024×1024×1024B

2. 计算机中数据的表示

在计算机内部，任何信息都以二进制代码表示(即通过 0 与 1 的组合来表示)。一个数在计算机中的表示形式称为机器数，机器数所对应的原始数值称为真值。由于采用二进制，必须要将符号数字化，通常是用机器数的最高位作为符号位，仅用来表示数符。若该位为 0，则表示正数；若该位为 1，则表示负数。机器数有多种表示法，常用的有原码、补码和反码三种。下面以字长 8 位为例，介绍计算机中数的原码表示法。

原码表示法，即用机器数的最高位代表符号(若为 0，则代表正数；若为 1，则代表负数)，数值部分为真值的绝对值。例如，表 1-6 列出了几个十进制数的真值和原码。

表 1-6　十进制数的真值和原码

十　进　制	＋73	−73	＋127	−127	＋0	−0
二进制 (真值)	＋1001001	−1001001	＋1111111	−1111111	＋0000000	−0000000
原　　码	01001001	11001001	01111111	1111111	0000000	10000000

当用原码表示时，数的真值及其用原码表示的机器数之间的对应关系简单，相互转换方便。

1.2.4　字符的编码

计算机除了用于数值计算，还要处理大量非数值信息，其中字符信息占有很大比重。字符信息包括西文字符(字母、数字、符号)和汉字字符等。它们需要进行二进制数编码后，才能存储在计算机中并进行处理，如果每个字符对应一个唯一的二进制数，这个二进制数

就称为字符编码。

1. 西文字符编码

西文字符与汉字字符由于形式不同，编码方式也不同。

(1) BCDIC 编码。早期计算机的 6 位字符编码系统 BCDIC(二进制数与十进制数交换编码)从霍尔瑞斯(Herman Hollerith)卡片发展而来，后来逐步扩展为 8 位 EBCDIC 码，并一直是 IBM 大型计算机的编码标准，但没有在其他计算机中广泛使用。

(2) ASCII 编码。ASCII(读[阿斯克]，美国信息交换标准代码)制定于 1967 年。由于当时数据存储成本很高，专家们最终决定采用 7 位字符编码。ASCII 编码如表 1-7 所示。

表 1-7　ASCII 码表(部分字符)

字符	ASCII 码			字符	ASCII 码		
	二进制	十进制	十六进制		二进制	十进制	十六进制
0	0110000	48	30	A	1000001	65	41
1	0110001	49	31	B	1000010	66	42
2	0110010	50	32	C	1000011	67	43
3	0110011	51	33	⋮	⋮	⋮	⋮
4	0110100	52	34	Z	1011010	90	5A
5	0110101	53	35	⋮	⋮	⋮	⋮
6	0110110	54	36	a	1100001	97	61
7	0110111	55	37	b	1100010	98	62
8	0111000	56	38	⋮	⋮	⋮	⋮
9	0111001	57	39	c	1111010	122	7A

ASCII 编码用 7 位二进制数对 1 个字符进行编码。由于基本存储单位是字节(8b)，计算机用 1 个字节存放 1 个 ASCII 字符编码。

【例 1-8】Hello 的 ASCII 编码。

查找 ASCII 表可知，Hello 的 ASCII 码如图 1-5 所示。

H	e	l	l	o
1001000	1100101	1101100	1101100	1101111

图 1-5　Hello 的 ASCII 编码查询结果

【例 1-9】求字符 A 和 a 的 ASCII 编码，Python 指令如下。

```
>>>ord('A')              #计算字符 A 的 ASCII 编码
65                       #输出字符 A 的十进制编码
>>>chr(97)               #计算 ASCII 编码=97 的字符
'a'                      #输出字符
```

(3) 扩展 ASCII 码。ASCII 码(ANSI 码)最大的问题在于，它是一个典型的美国标准，不能很好地满足其他非英语国家的需求。例如，它无法表示英镑符号(£)；英语中的单词很少需要重音符号(读音符号)，但是在许多使用拉丁字母语言的欧洲国家中，重音符号的使用很普遍(如 é)；还有一些国家不使用拉丁字母语言，如希伯来语、阿拉伯语、俄语、汉语等。

1 个字节有 8 位，而 ASCII 码只用了 7 位，因此还有 1 位未被使用。于是很多人就想到"我们可以使用 128~255 的码字来表示其他东西"。这样麻烦就来了，许多人同时产生了这样的想法，并且将它付诸实践。在 1981 年 PC 推出时，显卡的 ROM 芯片中就固化了一个256 字符的字符集，它包括一些欧洲语言中用到的重音字符，还有一些画图的符号等。所有计算机厂商都开始按照自己的方式使用高位的 128 个码字。例如，有些 PC 上编码 130 表示é，而在以色列的计算机中，它可能表示希伯来字母"ג"。当 PC 在不同地区销售时，这些扩展的 ASCII 码字符集就完全乱套了。

最终，ANSI(美国国家标准学会)结束了这种混乱。ASCII 标准支持 1~4 个字节的编码，并规定每个字节低位的 128 个码字采用标准 ASCII 编码；高位的 128 个码字根据用户所在地语言的不同采用"码页"处理方式。例如，最初的 IBM 字符集码页为 CP437，以色列使用的码页是 CP862，中国使用的码页是 CP936。

2. 中文字符编码

汉字数量繁多，字形复杂，其信息处理与通用的字母、数字类信息处理有很大差异。

1) 双字节字符集

亚洲国家常用文字符号大约有 2 万多个，如何容纳这些语言的文字并保持和 ASCII 码的兼容呢？8 位编码无论如何也满足不了需求。解决方案是采用双字节字符集(DBCS)编码，即用 2 个字节定义 1 个字符，理论上可以表示 $2^{16}=65\ 535$ 个字符。当编码值低于 128 时，为 ASCII 码；当编码值高于 128 时，为所在国家语言符号的编码。

【例 1-10】在早期双字节汉字编码中，当 1 个字节最高位为 0 时，表示一个标准的 ASCII码；当字节最高位为 1 时，用 2 个字节表示一个汉字，即有的字符用 1 个字节表示(如英文字母)，有的字符用 2 个字节表示(如汉字)，这样可以表示 $10^{16-2}=16\ 384$ 个汉字。

双字节字符集虽然缓解了亚洲语言码字不足的问题，但也带来了新的问题。

(1) 在程序设计中处理字符串时，指针移动到下一个字符比较容易，但移动到上一个字符就非常危险，因此程序设计中 s++或 s--之类的表达式不能使用了。

(2) 一个字符串的存储长度不能由它的字符数来决定，必须检查每个字符，确定它是双字节字符，还是单字节字符。

(3) 丢失 1 个双字节字符中的高位字节时，后续字符会产生"乱码"现象。

(4) 双字节字符在存储和传输中，高字节和低字节的顺序没有统一标准。

互联网的出现让字符串在计算机之间的传输变得非常普遍，于是所有的混乱都集中爆发了。幸运的是，Unicode(国际统一码)字符集适时而生。

2) 汉字编码

英文为拼音文字，所有英文单词均由 52 个英文大小写字母组合而成，加上数字及其他标点符号，常用字符仅 95 个，因此 7 位二进制数编码就够用了。汉字由于数量庞大，构造复杂，这给计算机处理带来了困难。汉字是象形文字，每个汉字都有自己的形状。因此，每个汉字在计算机中需要一个唯一的二进制编码。

(1) GB 2312—80 字符集的汉字编码。1981 年，我国颁布 GB 2312—80《信息交换用汉字编码字符集·基本集》(简称国标码)。GB 2312—80 标准规定一个汉字用两个字节表示，每个字节只使用低 7 位，字节最高位为 0。GB 2312—80 标准共计收录 6763 个简体汉字和 682 个符号，其中一级汉字 3755 个，以拼音排序；二级汉字 3008 个，以偏旁排序。GB 2312—80 标准的编码方法如表 1-8 所示。

表 1-8　GB 2312—80 中国汉字编码标准表

区码 \ 位码		第 2 字节编码							
		00100001	00100010	00100011	00100100	00100101	00100110	00100111	00101000
第 1 字节	区/位	位 01	位 02	位 03	位 04	位 05	位 06	位 07	位 08
00110000	16 区	啊	阿	埃	挨	哎	唉	衰	皑
00110001	17 区	薄	雹	保	堡	饱	宝	抱	报
00110010	18 区	病	并	玻	菠	播	拨	钵	波
00110011	19 区	场	尝	常	长	偿	肠	厂	敞
00110100	20 区	础	储	矗	搐	触	处	揣	川

【例 1-11】"啊"字的国标码如图 1-6 所示。

(2) 内码。国标码每个字节的最高位为"0"，这与国际通用的 ASCII 码无法区分。因此，在早期计算机内部，汉字编码全部采用内码(也称机内码)表示。早期内码是将国标码两个字节的最高位设定为"1"，这样解决了国标码与 ASCII 码的冲突，保持了中英文的良好兼容性。目前，Windows 系统的内码为 Unicode 编码，字节高位"0""1"兼有。

【例 1-12】"啊"字的内码如图 1-7 所示。

00110000	00100001
30H	21H

图 1-6　"啊"字的国标码

10110000	10100001
B0H	A1H

图 1-7　"啊"字的内码

早期在 DOS 操作系统内部，字符采用 ASCII 码；目前操作系统内部基本采用 Unicode 字符集的 UTF 编码。为了利用英文键盘输入汉字，还需要对汉字编制一个键盘输入码，主要输入码有拼音码(如微软拼音)、字形码(如五笔字型)等。

(3) 互联网汉字编码体系。目前互联网上使用的汉字编码体系主要有以下几种：

① 中国大陆使用的 GBK 码。

② 中国港台地区使用的 BIG5 码。

③ 新加坡、美国等海外华语地区使用的 HZ 码。

④ 国际统一码 Unicode。

同一语言文字在信息交流中存在如此大的差异，这给信息处理带来了复杂性。

3) 点阵字体编码

ASCII 码和 GB 2312 汉字编码主要解决了字符信息的存储、传输、计算、处理(录入、检索、排序等)等问题，而字符信息在显示打印输出时，需要另外对"字形"进行编码。通常将字体(字形)编码的集合称为字库，将字库以文件的形式存放在硬盘中。在字符输出(显示或打印)时，根据字符编码在字库中找到相应的字体编码，再输出到外设(显示器或打印机)中。汉字的风格有多种形式，如宋体、黑体、楷体等。因此，计算机中有几十种中、英文字库。由于字库没有统一的标准进行规定，同一字符在不同计算机中显示和打印时，可能字符形状会有所差异。字体编码有点阵字体和矢量字体两种类型。

点阵字体是将每个字符分成 16×16 的点阵图像，然后用图像点的有无(一般为黑白)表示字体的轮廓。点阵字体最大的缺点是不能放大，一旦放大字符边缘就会出现锯齿现象，如图 1-8 所示。

4) 矢量字体编码

矢量字体保持的是每个字符的数学描述信息。在显示和打印矢量字体时，需要经过一系列的运算才能输出结果。矢量字体可以无限放大，笔画轮廓仍然保持圆滑。

字体绘制可以通过 FontConfig、FreeType 和 PanGo 三者协作来完成，其中 FontConfig 负责字体管理和配置，FreeType 负责单个字体的绘制，PanGo 则完成对文字的排版布局。

矢量字体有多种格式，其中 TrueType 字体应用最为广泛。TrueType 字体是一种字体构造技术，要让字体在屏幕上显示，还需要字体驱动引擎，如 FreeType 就是一种高效的字体驱动引擎。FreeType 是一个字体函数库，它可以处理点阵字体和多种矢量字体。

矢量字体重要的特征是轮廓(Outline)和字体精调(Hint)控制点，如图 1-9 所示。

图 1-8　点阵字体　　　　　　　　　图 1-9　矢量字体

轮廓是一组封闭的路径，它由线段或贝塞尔(Bézier)曲线(二次或三次贝塞尔曲线)组成。字形控制点包括轮廓锚点和精调控制点，缩放这些点的坐标值将缩放整个字体轮廓。

虽然轮廓精确描述了字体的外观形式，但是数学上的正确对于人眼而言并不见得合适。特别是当字体缩小到较小的分辨率时，字体可能变得不好看或者不清晰。字体精调就是采用一系列技术，用来精密调整字体，让字体变得更美观，更清晰。

计算机大部分时候采用矢量字体显示。尽管矢量字体可以任意缩放，但当字体缩得太小时仍然存在问题。字体会变得不好看或者不清晰，即使采用字体精调技术，效果也不理想，并且这样处理太麻烦。因此，小字体一般采用点阵字体来弥补矢量字体的不足。

矢量字体的显示大致需要经过以下步骤：加载字体→设置字体大小→加载字体数据→字体转换(旋转或缩放)→字体渲染(计算并绘制字体轮廓、填充色彩)等。可见，在计算机显示一整屏文字时，计算工作量比我们想象的要大得多。

1.3　计算机病毒与预防

在计算机网络日益普及的今天，几乎所有的计算机用户都曾遭受过计算机病毒的侵害。有时，计算机病毒会对人们的日常工作造成很大的影响，因此了解计算机病毒的特征，以及学会如何预防和消灭计算机病毒是非常必要的。

1.3.1　计算机病毒的概念

所谓计算机病毒，从技术角度来看，是一种能够自我复制的可执行程序。对计算机病毒的定义主要可以分为两种，第一种定义是指通过磁盘、磁带和网络等媒介传播并能"感染"其他程序的程序；第二种定义是指能够实现自身复制，并借助一定载体存在的程序，这类程序具有潜伏性、传染性和破坏性。

因此，确切来说，计算机病毒是指能够以某种方式潜伏在计算机存储介质(或程序)中，并在达到特定条件时被激活，从而对计算机资源造成破坏的一组程序或指令集合。

1.3.2　计算机病毒的传播途径

传染性是计算机病毒最为显著的特征，其传播途径可以总结为以下几种。

(1) 不可移动的计算机硬件设备：虽然通过这类设备传播的病毒较为罕见，但一旦感染，往往具有极强的破坏力。

(2) 移动存储设备：包括 U 盘、移动硬盘、MP3 播放器、存储卡等。这些设备因其便携性，成为计算机病毒传播的常见媒介。

(3) 计算机网络：网络是计算机病毒传播的主要途径。通过网络传播的计算机病毒种类繁多，破坏力各异。它们通过网络共享、FTP 下载、电子邮件、文件传输、WWW 浏览等多种方式传播，对网络环境构成严重威胁。

(4) 点对点通信系统和无线通道：目前，这种传播方式尚不普及，但在未来信息时代，随着技术的发展，它很可能与网络传播并列成为病毒扩散的主要渠道。

综上所述，计算机病毒的传播途径多样且不断演变，了解这些途径对于防范和应对病毒至关重要。

1.3.3　计算机病毒的特点

计算机病毒通常具备以下显著特点。

(1) 传染性：病毒通过自我复制感染正常文件，以破坏计算机正常运行为目的。然而，其感染行为是有条件的，即病毒程序必须被执行后才具备传染性，从而感染其他文件。

(2) 破坏性：任何病毒侵入计算机后，都会对计算机的正常使用造成不同程度的影响。轻则降低计算机性能，占用系统资源；重则破坏数据，导致系统崩溃，甚至损坏硬件设备。

(3) 隐藏性：病毒程序通常设计得非常小巧，当其附着在文件中或隐藏在磁盘上时，不易被察觉。有些病毒甚至以隐藏文件的形式存在，不经仔细检查，普通用户很难发现其踪迹。

(4) 潜伏性：病毒在感染文件后，并非立即发作，而是潜伏在系统中，等待特定条件满足时才被激活。这些条件通常是某个特定日期，如"黑色星期五"病毒在每逢 13 号的星期五发作。

（5）可触发性：未被激活的病毒如同未执行的程序，安静地存在于系统中，不具备传染性和破坏力。然而，一旦遇到特定文件，病毒就会被触发，展现出传染性和破坏力，对系统造成破坏。这些触发条件通常由病毒制造者设定，可能是时间、日期、文件类型或某些特定数据等。

（6）不可预见性：病毒种类繁多，代码千差万别，且新的病毒制作技术不断涌现。因此，用户对已知病毒可以进行检测和查杀，但对新出现的病毒却无法预见。尽管新病毒可能具有某些共性，但其采用的技术将更加复杂，难以预测。

（7）寄生性：病毒嵌入到载体中，依赖载体生存。当载体被执行时，病毒程序随之被激活，进行复制和传播。

综上所述，计算机病毒的这些特点使其成为计算机系统中的潜在威胁，了解这些特点有助于更好地防范和应对病毒攻击。

1.3.4 计算机感染病毒后的症状

如果计算机感染了病毒，用户如何才能察觉呢？一般而言，感染病毒的计算机会表现出以下几种症状。

（1）性能下降：平时运行正常的计算机变得反应迟钝，甚至出现蓝屏或死机现象。

（2）文件异常：可执行文件的大小发生不正常的变化。

（3）操作延迟：对于某些简单的操作，可能会花费比平时更多的时间。

（4）错误提示：开机时出现不寻常的错误提示信息。

（5）资源减少：系统可用内存突然大幅减少，或硬盘的可用空间突然减小，而用户并未放入大量文件。

（6）文件属性更改：文件的名称、扩展名、日期或属性被系统自动更改。

（7）文件丢失或损坏：文件无故丢失或无法正常打开。

如果计算机出现以上症状，很可能是感染了病毒。及时采取措施进行病毒检测和清除是保障计算机安全和正常使用的必要步骤。

1.3.5 计算机病毒的预防

在使用计算机的过程中，如果用户能够掌握一些预防计算机病毒的小技巧，就能有效降低计算机感染病毒的风险。以下是一些主要的预防措施。

（1）禁止自动运行功能：最好禁用可移动磁盘和光盘的自动运行功能，因为许多病毒会通过这些可移动存储设备进行传播。

（2）谨慎下载软件：避免在不熟悉的网站上下载软件，因为病毒可能伴随软件一同下载到计算机上。

（3）使用正版杀毒软件：尽量使用正版杀毒软件，以确保系统的安全防护得到有效保障。

（4）安装安全补丁：定期从软件供应商处下载和安装安全补丁，及时修补系统漏洞。

（5）避免登录外挂网站：对于游戏爱好者，尽量避免登录外挂类网站，以防病毒在登录过程中侵入计算机系统。

(6) 设置复杂密码：使用较为复杂的密码，并尽量使其难以猜测，以防止钓鱼网站盗取密码。不同的账号应使用不同的密码，避免重复。

(7) 及时清除病毒：一旦发现病毒入侵计算机，应立即清除，防止其进一步扩散。

(8) 设置共享文件密码：在共享文件时设置密码，并在共享结束后及时关闭共享。

(9) 定期备份重要文件：养成对重要文件进行定期备份的习惯，以防病毒破坏导致数据丢失。

(10) 安装防火墙：在计算机和网络之间安装并使用防火墙，增强系统的安全性。

(11) 定期扫描和更新：定期使用杀毒软件扫描计算机中的病毒，并及时升级杀毒软件，保持防护功能的最新状态。

扩展阅读 1-3

网络黑客与网络犯罪

1.4　课后习题

选择题

1. 第一台电子计算机是 1946 年在美国研制的，该计算机的英文缩写名是(　　　)。
   A. ENIAC
   B. EDVAC
   C. EDSAC
   D. MARK-II

2. 第二代计算机采用的主要元器件是(　　　)。
   A. 电子管
   B. 小规模集成电路
   C. 晶体管
   D. 大规模集成电路

3. 十进制数 511 用二进制数表示为(　　　)。
   A. 111011101
   B. 111111111
   C. 100000000
   D. 100000011

4. 下列一组数据中最大的数是(　　　)。
   A. 2270
   B. 1FFH
   C. 1010001B
   D. 789

5. 下列叙述中，正确的一项是(　　　)。
   A. R 进制数相邻两位数相差 R 倍
   B. 十进制数转换为二进制数采用的是按权展开法
   C. 存储器中存储的信息即使断电也不会丢失
   D. 汉字的内码就是汉字的输入码

6. 100 个 24×24 点阵的汉字字模信息占用的字节数是(　　　)。
   A. 2400
   B. 7200
   C. 57600
   D. 73728

7. 对应 ASCII 表中的值，下列正确的一项是(　　)。

 A. "k" < "9" < "#" < "a"   B. "a" < "A" < "#"

 C. "#" < "n" < "A" < "a"   D. "a" < "9" < "或"

8. 下面关于计算机病毒的叙述中，不正确的一项是(　　)。

 A. 计算机病毒是一个标记或一条命令

 B. 计算机病毒是人为制造的一个程序

 C. 计算机病毒是一种通过磁盘、网络等媒介进行传输，并能感染其他程序的程序

 D. 计算机病毒是能够实现自我复制，并借助一定的媒体存在的具有潜伏性、传染性和破坏性的程序

第 2 章
计算机系统

☑ **学习目标**

现代计算机系统由硬件、软件、数据和网络构成。硬件是指构成计算机系统的物理实体，是看得见摸得着的实物；软件则是控制硬件按指定要求进行工作的程序集合，虽然看不见摸不着，但却是系统的灵魂。网络不仅是将个人与世界互联互通的基础手段，也是一个拥有无尽资源的开放资源库。数据是软件和硬件处理的对象，是人们在工作、生活和娱乐中产生、处理和消费的信息。在信息社会中，人们关注的核心应该是数据本身，以及数据的产生、处理、管理、聚集和分析、挖掘、使用。通过数据的聚集可以累积经验，通过对聚集数据的分析和挖掘可以发现知识并创造价值，而这一切又离不开各种各样的计算机。

☑ **学习任务**

任务一：了解计算机硬件系统
任务二：熟悉 Windows 10 操作系统
任务三：学会设置个性化工作环境

2.1 计算机硬件系统

计算机硬件系统由所有物理组件组成，包括中央处理器(CPU)、内存、存储设备、主板、输入设备(如键盘、鼠标)和输出设备(如显示器、打印机)。中央处理器负责执行指令，内存用于临时存储数据，存储设备则用于长期保存信息。所有组件通过主板相互连接，并由电源提供能量，共同实现数据处理和用户交互功能。

2.1.1 计算机的硬件组成

计算机硬件指的是构成计算机的所有物理部件，是计算机的物质基础。无论计算机在结构和功能上如何变化，其本质仍基于图灵机模型的理论，并采用冯·诺依曼计算机结构进行构建。

按照冯·诺依曼的设计，计算机体系结构具体分为控制器、运算器、存储器、输入设备和输出设备五大部分，如图 2-1 所示。其中，双线表示流动的一组数据信息，单线表示串行流动的控制信息，箭头则表示信息流动的方向。在计算机工作时，各部分通过控制器的统一协调与指挥，共同完成信息的计算与处理。控制器执行指令所依赖的程序是由人类编写的，这些程序和需要处理的数据通过输入设备一起存入存储器。当计算机开始工作时，控制器通过"地址"从存储器中查找"指令"，解析后进行相应的指令发布和执行。运算器作为计算机的执行部分，根据控制指令从存储器获取"数据"并进行计算，将计算所得的新"数据"存入存储器，最终通过输出设备将计算结果输出。

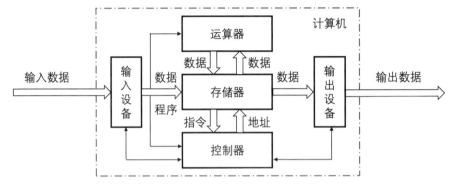

图2-1　冯·诺依曼计算机体系结构

(1) 运算器。运算器亦称为算术逻辑部件(Arithmetic and Logic Unit, ALU)，是执行各类运算的核心装置。其主要职责是对二进制数进行算术运算和逻辑运算。运算器内部结构包括一个加法器、若干寄存器及部分控制线路，这些组件协同工作，确保运算的准确与高效。

(2) 控制器。控制器(Control Unit, CU)作为计算机的"大脑"，犹如神经中枢，能够使计算机的各个部件有机地协同工作，实现自动化的运作。其核心功能是按照预定的程序顺序，不断取出指令并进行解析，随后根据指令的具体要求，向运算器、存储器等部件发出精确的控制信号，指挥它们完成指令所规定的各项操作。

(3) 存储器。存储器(Memory)是计算机中负责存储程序和数据的关键装置，具备对数据进行存储和读取的功能。存储器体系结构可分为两大类，一类是内部存储器，另一类是外部存储器。内部存储器为计算机提供快速的数据访问，而外部存储器则用于长期保存和备份数据。这两类存储器共同构成了计算机系统的数据保存体系，确保了信息的快速存取与长期保存。

通过运算器、控制器和存储器的紧密配合，计算机系统得以高效、有序地执行各类任务，充分展现了现代计算机的强大功能与灵活性。

(4) 输入/输出设备。输入/输出设备是连接用户与计算机之间的桥梁，负责将用户提供的数据和指令输入到计算机中，并将计算机的处理结果输出到用户可接收的介质中。

➢ 输入设备(Input Device)是将用户准备的数据、程序、命令及各种信号信息转换为计算机能够接收的电信号，并将其输入到计算机中的关键组件。这一过程使得用户能够与计算机进行互动，实现数据的录入和指令的下达。

➢ 输出设备(Output Device)则负责将计算机处理的结果或工作过程以用户所需的方式进行输出。通过输出设备，用户可以直观地获取计算机的处理结果，从而实现信息的展示和应用。这一过程是计算机与外界沟通的桥梁，确保了信息的高效传递和利用。

下面将具体介绍各种硬件设备。

1. 中央处理器

中央处理器(Central Processing Unit, CPU)是一种体积小、元器件高度集成且功能强大的芯片，因此也被称为微处理器(Microprocessor Unit, MPU)，如图 2-2 所示。它是计算机系统的核心，所有的计算机操作都受到 CPU 的控制。

CPU 可以比作人的大脑，其性能的优劣直接影响计算机系统的整体水平。CPU 的主要性能指标包括字长和主频。

CPU 主要由运算器和控制器两大部分组成，此外还包括若干寄存器和高速缓冲存储器(Cache)，这些组件通过内部总线相互连接。Cache 的设计旨在解决 CPU 与内存(RAM)之间的速度不匹配问题，通常其存储容量在几十千字节到几百千字节之间，存取速度在 15 至 35 纳秒(ns)之间。

图 2-2　Intel CPU

2. 存储器

存储器(Memory)是用于存储程序、数据及中间计算结果等信息的部件。它既能保存原始数据，也能容纳命令和对信息的处理过程。以下是对存储相关概念的简要介绍。

➢ 存储器由多个二进制位线性排列而成。为了方便存取指定位置的数据，存储器通常将一个字节作为一个存储单元，并为每个字节分配一个号码，这个号码被称为该数据的存储地址(Address)。

➢ 存储容量则是指存储器可容纳的二进制信息量，其基本单位为字节(B)，此外还有千字节(KB)、兆字节(MB)、吉字节(GB)和太字节(TB)等单位。

计算机的存储器可以细分为内部存储器和外部存储器。内部存储器，也被称为主要存储器、主存储器、内存或简称主存，主要负责临时存储数据以便 CPU 快速访问。而外部存储器，则被称为辅助存储器、次级存储器、外存储器或辅存，用于长久保存数据和程序，防止信息丢失。

1) 内部存储器

内部存储器主要用于暂时存放处理程序、待处理的数据及运算结果，它直接与中央处理器进行信息交换，因而被称为主存储器。主存由半导体集成电路构成。

(1) 只读存储器(ROM)

① 特点

➢ 其中的信息只能读取，无法写入，并且只能被 CPU 随机访问。

➢ 存储内容具有永久性，断电后信息不会丢失，具有较高的可靠性。

② 用途

ROM 主要用于存放固定不变的系统程序和数据，用于控制计算机操作，如常驻内存的监控程序、基本的输入输出系统、各种专用设备的控制程序，以及计算机硬件的参数表等。

③ 分类

➢ 可编程只读存储器(PROM)。

> 可擦除可编程只读存储器(EPROM)。

> 掩模式只读存储器(MROM)。

(2) 随机存取存储器(RAM)

① 特点

> CPU 可以随时直接对 RAM 进行读写操作。在执行写入操作时，新数据会覆盖原有存储的数据。

> RAM 在通电状态下能够完好保存信息，但一旦断电，存储的信息会立即消失且无法恢复。

② 用途

RAM 主要用于存储当前正在使用的程序、数据、中间计算结果，以及需要与外部存储器交换的数据。

③ 分类

> 静态 RAM(SRAM)：SRAM 的集成度相对较低，价格较高，但存取速度非常快，且不需要刷新操作。

> 动态 RAM(DRAM)：DRAM 的集成度高，价格较为亲民，存取速度相对较慢，并且需要定期执行刷新操作以保持数据的稳定性。

2) 外部存储器

在计算机系统中，除了内部存储器，通常还配置有外部存储器，用于存储暂时不使用的程序和数据。目前，常见的外部存储器类型包括硬盘、USB 移动硬盘、U 盘和光盘。其中，硬盘属于磁盘存储器。下面简要介绍磁盘存储器。

> 磁盘存储器。磁盘是磁盘存储器的简称，它主要由磁盘驱动器(包括主轴与主轴电机、读写磁头、磁头移动机制及控制电路等)、磁盘控制器和磁盘片三个部分构成。

> 磁道。为了能够在磁盘片的指定区域进行数据的读写操作，必须将磁盘划分为若干个编号区域。通常，人们将磁盘的记录区域划分为多个同心圆，这些圆形轨迹被称为磁道。

> 磁道编号。磁道从外向内依次进行编号，最外侧的磁道被称为0磁道，编号随着位置向内逐渐递增。

> 磁道、盘面和扇区的关系。每个磁盘片有两个盘面，每个盘面上有多条磁道，每条磁道又分为若干个扇区。扇区是磁盘存储数据的最小单位，一般每个扇区的容量是512字节。

> 磁盘存储容量。了解磁盘的结构之后，理解磁盘容量的计算方法就变得相对容易了。磁盘的存储容量可以用以下公式计算：

$$磁盘存储容量＝磁道数×扇区数×扇区内字节数×盘面数×磁盘片数$$

各类外部存储器介绍如下。

(1) 硬盘。硬盘又称硬磁盘，如图 2-3(a)所示。它通常采用温切斯特技术制造，因此也被称为温切斯特盘(温盘)。硬盘以其大容量、高转速和快速存取速度而著称。

(2) USB 移动硬盘。USB 移动硬盘具有体积小、质量轻、容量大、存取速度快的优点，且可以通过 USB 接口即插即用，如图 2-3(b)所示。

(3) U 盘。U 盘，又称优盘或拇指盘，如图 2-3(c)所示。它利用闪存(Flash Memory)在断电后依然能保证存储数据不丢失的特点制成。U 盘以质量轻、体积小、即插即用等优点广受欢迎，可分为基本型、增强型和加密型三种。

(4) 光盘。光盘(Optical Disk)是通过光学原理来存储信息的圆盘，如图 2-3(d)所示，需借助光盘驱动器(简称光驱)进行读写操作。根据存储容量的不同，光盘主要分为 CD 光盘和 DVD 光盘两大类。

① CD 光盘：CD 光盘的存储容量通常可达 650MB，其单倍速为 150Mbit/s。CD 光盘还可细分为只读型光盘(CD-ROM)、一次性写入光盘(CD-R)及可擦除型光盘(CD-RW)。

② DVD 光盘：DVD 光盘以其极大的存储容量著称，其中 120mm 的单面单层 DVD 盘片容量为 4.7GB。DVD 光盘种类繁多，包括 DVD-ROM、DVD-R、DVD-RAM、DVD-Video和 DVD-Audio 等。

(a) 硬盘　　　　　(b) USB 移动硬盘　　　　(c) U 盘　　　　(d) 光盘

图 2-3　各类外部存储器

3. 输入设备

输入设备是将原始信息(如数据、程序、命令及各种信号)送入计算机的设备。以下是计算机常用输入设备的种类及其功能介绍。

(1) 键盘。键盘是最常用且最基本的输入设备，用户通过按键将各种命令、程序和数据输入计算机。目前，101 键的标准键盘较为流行，如图 2-4 所示。

图 2-4　101 键标准键盘

101 键标准键盘分为 4 个键盘区，各区域的功能说明如表 2-1 所示。

表 2-1　101 键标准键盘 4 个键盘区的功能说明

键盘区	功能说明
基本键盘区 （主键区）	包括 26 个英文字母键、数字键、标点符号键、特殊符号键、空格键 Space、制表键 Tab、大写锁定键 Caps Lock、上挡键 Shift、控制键 Ctrl、换挡键 Alt、回格键 Backspace、回车键 Enter 等
特殊功能键区	由键盘最上方的 12 个特殊功能键 F1～F12、退出键 Esc、打印屏幕键 Print Screen、滚动锁定键 Scroll Lock、暂停 / 中断键 Pause / Break 组成
编辑键与光标移动键区	位于键盘中间偏右部分，由上、下、左、右箭头键与插入键 Insert、删除键 Delete 等组成
数字小键盘区	在基本键盘区右侧，由数字锁定键 Num Lock、光标移动 / 数字键、四则运算符号键、回车键 Enter 组成

　　键盘中的一些按键具有特殊功能，这些功能在日常使用中也非常常见。以下是对这些按键的简单介绍，如表 2-2 所示。

表 2-2　特殊功能键

按键	名称	说明
Esc	退出键	退出当前操作或使当前操作行的命令作废
Tab	制表键	默认定位 8 个字符，即按一次此键光标右移 8 个字符位
Caps Lock	大写锁定键	开机后，按此键奇数次时指示灯亮，表示处于大写字母锁定状态，键入的字母为大写字母；如果指示灯灭，则键入的字母均为小写字母
Shift	上挡键	键盘上有许多双字符键，按这些键可输入键面标记的下部字符；按住 Shift 键再按这些键，则输入键面标记的上部字符。使用 Shift 键与字母键同时按下，也可以实现字母大小写之间的切换
Ctrl	控制键	与其他键组合出各种控制命令。在某些操作系统中，用户可以自定义其功能
Alt	换挡键	与其他键组合出各种控制命令。在某些操作系统中，用户可以自定义其功能
Backspace	回格键	按一下可以使光标退回一个字符位置，删除光标所在位置前一个字符
Enter	回车键	用于结束一行命令或字符的输入，无论光标在什么位置，按该键后光标都移至下一行行首
Space	空格键	键盘上最长的一个键，位于基本键盘区的中下方。按一下后，光标右移一个字符位。虽然光标右移时屏幕上没有显示，但该空白处相当于字符——与其他字符等效的"空"符号
Print Screen	打印屏幕键	将当前屏幕内容截取并保存
Insert	插入键	切换输入模式之间的插入和改写
Delete	删除键	删除光标所在位置之后的一个字符，与 Backspace 键不同
End	结束键	将光标移至当前行的最后一个字符位置
Home	起始键	将光标移至当前行的第一个字符位置
Page Up	上页(向上翻页)	将光标移至上一屏的同一位置

(续表)

按键	名称	说明
Page Down	下页(向下翻页)	将光标移至下一屏的同一位置
F1～F12	特殊功能键	这些功能键的功能可由用户自行定义，常见的包括 F1 键为帮助、F2 键为保存等
Pause/Break	暂停/中断键	—
Scroll Lock	滚动锁定键	—
方向键	↑、↓、←、→	控制光标向上、下、左、右移动

(2) 鼠标。鼠标(Mouse)是计算机常用的输入设备，主要用于移动显示器上的鼠标指针，以选择菜单命令或单击按钮，并向主机发出各种操作指令。同时，鼠标也是绘图的得力助手。

根据结构，鼠标可分为机械鼠标和光电鼠标两大类。机械鼠标通过一个橡胶滚动球将位置的移动转换为 0/1 信号，而光电鼠标则通过底部的光电检测器来确定位置，如图 2-5 所示。

(3) 其他输入设备。除了键盘和鼠标，常用的输入设备还包括扫描仪、条形码阅读器、光学字符阅读器(OCR)、触摸屏、手写笔、话筒和数码相机等。

图 2-5　鼠标

4. 输出设备

输出设备将计算机处理和计算后的数据信息传输到外部设备，并将这些信息转换成人们所需的表示形式。在计算机系统中，最常用的输出设备是显示器和打印机。根据需要，用户还可以配置其他输出设备，如绘图仪。

(1) 显示器。显示器(Monitor)，又称监视器，是计算机不可或缺的输出设备，用于展示和输出各种数据。

常见的显示器类型包括阴极射线管显示器(CRT)和液晶显示器(LCD)，如图 2-6 所示。

(a) CRT

(b) LCD

图 2-6　显示器

显示器需要配备显示适配器，简称显卡，其主要功能是控制显示屏幕上字符与图形的输出。显示器的主要参数包括像素与点距、分辨率、尺寸等。

(2) 打印机。打印机是计算机的主要输出设备，种类和型号繁多。根据印字方式，可以将打印机分为以下两大类。

① 击打式打印机：这种打印机通过机械动作，利用印字活字对打印纸和色带进行按压，从而实现印字。针式打印机便是击打式打印机的典型代表，如图 2-7(a)所示。

② 非击打式打印机：这类打印机依赖于电磁作用实现打印。喷墨打印机[如图 2-7(b)所示]、激光打印机[如图 2-7(c)所示]、热敏打印机和静电打印机等均属于非击打式打印机。其中，喷墨打印机是应用最为广泛的非击打式打印机。

(a) 针式打印机　　　　　　(b) 喷墨打印机　　　　　　(c) 激光打印机

图 2-7　打印机

(3) 其他输出设备。其他常见的输出设备还包括绘图仪、声音输出设备(如音箱或耳机)、视频投影仪等。

(4) 其他输入和输出设备。如今，许多设备已集成了输入和输出两种功能于一体，如调制解调器、光盘刻录机等。

2.1.2　计算机主机的结构

计算机的结构反映了其各个组成部件之间的连接方式。

1. 直接连接

运算器、存储器、控制器和外部设备 4 个组成部件之间的任意两个部件基本上都有独立的连接线路。冯·诺依曼于 1952 年研制的 IAS 计算机就采用了直接连接的结构。

2. 总线结构

现代计算机普遍采用总线结构。总线是一种连接各个部件的公共通路，能够传输运算器、控制器、存储器和输入/输出设备之间进行信息交换和控制传递所需的全部信号。

图 2-8 展示了微型计算机的总线结构，系统总线将 CPU、存储器和输入/输出设备连接起来，使微型计算机系统结构更加简洁、灵活和规范。

根据传输信号的性质，总线可以分为以下三部分。

(1) 数据总线。数据总线是存储器、运算器、控制器和输入/输出设备之间传输数据信号的公共通路。数据总线的位数是计算机的重要指标，反映了计算机传输数据的能力，通常与 CPU 的位数相对应。

(2) 地址总线。地址总线是 CPU 向内部存储器和输入/输出设备传输地址信息的公共通路。由于地址总线负责传输地址信息，其位数决定了 CPU 可以直接寻址的内存范围。

(3) 控制总线。控制总线是在存储器、运算器、控制器和输入/输出设备之间传输控制信号的公共通路。

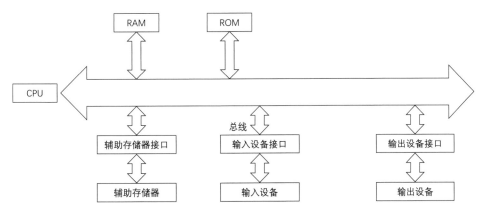

图 2-8　微型计算机的总线结构

2.1.3　计算机的主要性能指标

计算机的优劣取决于其性能，而性能的评定标准又是什么呢？显然，评估计算机性能不能仅依赖一两项指标，而应综合考虑多个方面。以下是几项核心性能指标的介绍。

(1) 字长。字长是指计算机 CPU 能够直接处理的二进制数据的位数。字长越长，运算精度越高，处理能力越强。通常，字长为 8 的整数倍，如 8 位、16 位、32 位、64 位等。

(2) 时钟频率。时钟频率，也称为主频，是指计算机 CPU 的运行频率。一般而言，主频越高，计算机的运算速度就越快。主频的单位为兆赫兹(MHz)或吉赫兹(GHz)。

(3) 运算速度。通常所称的计算机运算速度(平均运算速度)是指计算机每秒能执行的加法指令条数，单位一般为百万次/秒。

(4) 存储容量。存储容量包括内存容量和外存容量，此处主要指内存容量。内存容量越大，计算机的处理速度通常也会越快，处理能力也随之增强。

(5) 存取周期。存取周期是指 CPU 从内存中存取数据所需的时间。存取周期越短，计算机的运算速度越快。目前，内存的存取周期一般为 7 纳秒(ns)~70 纳秒(ns)。

除了上述主要性能指标，还有一些其他重要指标，如系统的兼容性、平均无故障时间、性能价格比、可靠性与可维护性，以及外部设备和软件配置等。

2.2　计算机软件系统

软件系统是由系统软件、支撑软件和应用软件组成的计算机软件体系，它是计算机系统中由软件构成的部分。其主要功能是帮助用户管理计算机硬件、控制程序调度、执行用户命令，从而方便用户使用、维护和开发计算机。

2.2.1 程序设计语言

计算机语言是程序设计中最重要的工具，它指的是计算机能够接受和处理的且具有特定格式的语言。从计算机诞生至今，计算机语言经历了以下三代发展。

1. 机器语言

机器语言由 0 和 1 组成，是计算机能够直接理解和执行的指令集合。该语言具有编程质量高、占用空间小和执行速度快的优点，是机器唯一能执行的语言。然而，机器语言不易学习和修改，不同类型的计算机有各自不同的机器语言，因此仅适合专业人员使用。

2. 汇编语言

汇编语言使用助记符来替代机器语言中的指令和数据，也被称为符号语言。它在一定程度上解决了机器语言难于阅读和修改的问题，同时保留了编程质量高、占用空间小和执行速度快的优势，目前在实时控制等领域仍有广泛应用。汇编语言程序必须先翻译成机器语言目标程序后才能被执行。

3. 高级语言

高级语言是一种完全符号化的语言，采用自然语言(如英语)中的词汇和语法规则，容易被人们理解和掌握。高级语言与具体计算机完全独立，具有很强的可移植性。用高级语言编写的程序称为源程序，这些程序不能直接在计算机上执行，必须被翻译或解释为目标程序，才能被计算机理解和执行。

将源程序翻译成目标程序的过程主要有解释和编译两种方式。解释是通过解释器逐句解释执行源程序，直至程序结束。而编译则是在编写好源程序后，先用编译器将其翻译成目标程序，然后通过连接器将各个目标程序模块及调用的内部库函数连接成可执行程序，最后运行该可执行程序。

源程序输入到可执行程序加载的过程如图 2-9 所示。

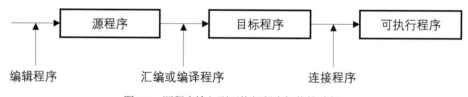

图 2-9　源程序输入到可执行程序加载的过程

高级语言的种类繁多，如面向过程的 FORTRAN、PASCAL、C、BASIC 等，面向对象的 C++、Java、Visual Basic、Visual C++、Delphi 等。

2.2.2 软件系统的组成

软件系统是为运行、管理和维护计算机所编制的各种程序、数据及文档的总称。

1. 系统软件

系统软件由一组用于控制计算机系统并管理其资源的程序组成，提供操作计算机所需的最基本功能。如果没有系统软件，应用软件将无法运行。

常见的系统软件包括操作系统、数据库管理系统、语言处理系统及各种服务性程序。

(1) 操作系统。操作系统(Operating System, OS)是系统软件的重要组成部分和核心，是管理计算机软件与硬件资源、调度用户作业程序、处理各种中断，并确保计算机各个部分协调有效工作的关键软件。

操作系统通常包括处理器管理、内存管理、信息管理、设备管理和用户接口 5 个功能模块。

根据功能和规模的不同，操作系统可以分为批处理操作系统、分时操作系统和实时操作系统等；根据同时管理的用户数量，操作系统又可分为单用户操作系统和多用户操作系统。其发展历程如下。

① 单用户操作系统。
② 批处理操作系统。
③ 分时操作系统。
④ 实时操作系统。
⑤ 网络操作系统。
⑥ 微机操作系统。

(2) 数据库管理系统。用户通常将需要处理的数据按特定结构组织成数据库文件，这些文件进而组合成完整的数据库。数据库管理系统(Database Management System, DBMS)是一套用于数据库的创建、存储、筛选、排序、检索、复制及输出等操作的计算机软件。微型计算机常用的小型数据库管理软件包括 FoxPro、Visual FoxPro、Access 等，而大型数据库管理软件则有 Oracle、Sybase、DB2、Informix 等。

(3) 语言处理系统。目前，大多数计算机程序是使用接近自然语言的高级语言编写的，但计算机系统并不直接理解高级语言命令。高级语言的源程序必须通过翻译程序转换为由 0 和 1 组成的机器语言，才能被计算机识别和执行。因此，要执行高级语言源程序，计算机必须配置相应的翻译程序或处理系统。常见的语言处理系统包括 FORTRAN、COBOL、PASCAL、C、BASIC 和 LISP 等。

(4) 服务性程序。用于实现计算机的检测、故障诊断和排除的程序统称为服务性程序，如软件安装程序、磁盘扫描程序、故障诊断程序及纠错程序等。

2. 应用软件

应用软件是为解决特定问题而开发的程序。根据服务对象的不同，应用软件可以分为通用软件和专用软件。

(1) 通用软件。通用软件是指为解决某一类问题而设计的软件。

➤ 办公软件(如 WPS、Microsoft Office 等)，用于处理文字、表格、电子演示，以及电子邮件的收发等办公事务。
➤ 用于财务会计业务的财务软件。
➤ 用于机械设计与制图的绘图软件(如 AutoCAD)。
➤ 用于图像处理的软件(如 Photoshop)。

(2) 专用软件。专门适应特定需求的软件称为专用软件。例如，用户自行开发的软件，能够自动控制车床，并将各种事务性工作集成，以满足特定需求。

2.3 计算机操作系统

计算机仅有硬件是无法工作的，还需要软件的支持。从计算思维的角度来看，硬件和软件的结合构成了系统；从应用的角度看，硬件和软件各自拥有独立的体系，并不断进行问题求解过程。其中，软件系统分为应用软件和系统软件两大类。系统软件负责管理计算机系统中各种独立的硬件，使硬件之间能够协调工作(系统软件使得计算机使用者和其他软件将计算机当作一个整体而不需要顾及底层每个硬件如何工作)；应用软件则提供在操作系统之上的扩展能力，是为某种特定的用途(如文档处理、网页浏览、视频播放等)而被开发的软件。

2.3.1 操作系统的相关概念

在计算机软件系统中，能够与硬件进行交互的是操作系统。操作系统是最底层的软件，它控制所有计算机运行的程序并管理整个计算机的资源，是计算机与应用程序及用户之间的桥梁。操作软件允许用户使用应用软件；允许程序员利用编程语言函数库、系统调用和程序生成工具来开发软件。

操作系统是计算机系统的控制和管理中心，从用户的角度看，可以将操作系统看作是用户与计算机硬件之间的接口，如图 2-10 所示。

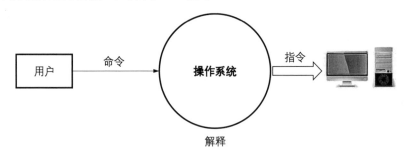

图 2-10　操作系统是用户与计算机硬件之间的接口

从资源管理的角度看，则可以将操作系统视为计算机系统资源的管理者，其主要的目的是简单、高效、公平、有序和安全地使用资源。

2.3.2 操作系统的功能

如果把用户、操作系统和计算机比作一座工厂，那么用户就像是雇主，操作系统相当于工人，而计算机则是机器。操作系统具备管理处理器、存储器、设备和文件的功能。

(1) 处理器管理：在多道程序的情况下，处理器的分配和运行以进程(或线程)为基本单位，因此处理器管理可被视为对进程的管理。

(2) 存储器管理：包括内存分配、地址映射和内存保护等功能。

(3) 文件管理：计算机中的信息以文件的形式存在，操作系统负责文件管理的部分被称为文件系统。文件管理包括文件存储空间的管理、目录管理及读写保护等。

(4) 设备管理：其主要任务是处理用户的 I/O 请求，包括缓冲管理、设备分配和虚拟设备等。

2.3.3　操作系统的发展

操作系统并非与计算机硬件同时诞生，而是在使用计算机的过程中，随着对提高资源利用率和增强计算机系统性能的需求的不断增加而逐渐发展和完善的。操作系统的发展大致经历了以下 6 个阶段。

(1) 第一阶段：人工操作方式(1946 年第一台计算机诞生至 20 世纪 50 年代中期)。

(2) 第二阶段：单道批处理操作系统(20 世纪 50 年代后期)。

(3) 第三阶段：多道批处理操作系统(20 世纪 60 年代中期)。

(4) 第四阶段：分时操作系统(20 世纪 70 年代)。

(5) 第五阶段：实时操作系统(20 世纪 70 年代)。

(6) 第六阶段：现代操作系统(20 世纪 80 年代至今)。

2.3.4　常用计算机操作系统

常用的计算机操作系统包括 Windows、UNIX、Linux、OS/2、Mac OS 和 Novell NetWare 等，它们分别以易用性、多媒体处理和开放性著称，可以满足个人和企业的不同需求。

1. Windows

Microsoft 公司的 Windows 操作系统是基于图形用户界面的操作系统。自 1983 年开始开发，先后于 1985 年和 1987 年推出了 Windows 1.03 版和 2.0 版，因受硬件水平和市场条件限制，未能取得预期成功。然而，1990 年 5 月推出的 Windows 3.0 在商业上获得了巨大成功，后续推出的 Windows 3.1 引入了 TrueType 矢量字体、对象连接与嵌入(OLE)技术及多媒体支持，但其仍需在 MS-DOS 上运行，因此并不算完整的操作系统。

1995 年，Microsoft 发布了 Windows 95，它可独立运行，不需 DOS 支持，并在 Windows 3.1 的基础上进行了多项重大改进，如网络和多媒体支持、即插即用(Plug and Play)、32 位线性寻址的内存管理及良好的向下兼容性。随后，Microsoft 又推出了 Windows 98 和网络操作系统 Windows NT。

2000 年发布的 Windows 2000 分为 Professional(专业版)和 Server(服务器版)系列，Server 系列包括 Windows 2000 Server、Advanced Server 和 Data Center Server。2001 年 10 月 25 日，Windows XP 发布，其中 XP 是 Experience(体验)的缩写。2003 年发布的 Windows Server 2003 增加了无线上网功能。

2005 年发布的 Windows Vista 对操作系统核心进行了全新修正，界面和设置较以往更为人性化，但其兼容性较差，对硬件配置要求较高。

Windows 7 的设计重点在于笔记本特色设计、应用服务、个性化、视听娱乐优化及用户易用性。

2011 年，Microsoft 推出 Windows 8，并在 2012 年正式将其 Metro 界面更名为 Windows UI。Windows 8 对已面市二十余年的 Windows 进行了重大调整。

2014 年 10 月 1 日，Microsoft 展示了新一代操作系统 Windows 10。Windows 10 在易用性和安全性方面有了显著提升，融合了云服务、智能移动设备等新技术，并对固态硬盘、高分辨率屏幕等硬件进行了优化。

2. UNIX

UNIX 是发展较早且在市场上占有较大份额的操作系统。其优点在于良好的可移植性和高可靠性与安全性，支持多任务、多处理、多用户、网络管理及网络应用。然而，因缺乏统一标准，应用程序不丰富且不易学习，限制了 UNIX 的广泛普及。

3. Linux

Linux 是一款开源的操作系统，允许用户通过网络自由获取其源代码及相关的开发工具，并可根据自身需求进行修改。它基于 UNIX 发展而来，因此与 UNIX 系统保持着良好的兼容性，能够顺畅运行大多数 UNIX 工具软件、应用程序，以及网络协议。此外，Linux 还支持多任务处理、多进程运行，以及多 CPU 架构，为用户提供了强大的运算能力和灵活的系统环境。

由于 Linux 的开源性和灵活性，众多厂商纷纷利用其核心程序和外挂程序进行定制化开发，从而衍生出多种 Linux 版本。目前市场上流行的版本包括 Red Hat Linux、Turbo Linux 等，而我国也自主研发了红旗 Linux、统信 UOS，以及中标麒麟等操作系统，充分展示了国内在 Linux 领域的技术实力和创新成果。

4. OS/2

1987 年，随着 IBM 公司 PS/2 个人电脑的推出，一款专为 PS/2 设计的操作系统——OS/2 也应运而生。20 世纪 90 年代初，OS/2 在技术水平上曾一度超越当时的 Windows 3x 系列。然而，由于缺乏足够的应用软件支持，这款操作系统最终未能获得广泛的市场认可，并逐渐退出了历史舞台。

5. Mac OS

Mac OS 是苹果公司专属的操作系统，以其出色的图形用户界面和强大的图形处理能力而著称。作为早期成功的图形化操作系统，Mac OS 在特定用户群体中拥有极高的忠诚度和市场地位。尽管与 Windows 系统的兼容性有限，但这并未妨碍其在专业领域和创意产业中的广泛应用。

6. Novell NetWare

Novell NetWare 是一款专注于文件服务和目录服务的网络操作系统，特别适用于构建和管理局域网环境。其稳定的性能和高效的文件管理能力赢得了众多企业的青睐，为网络化办公和数据共享提供了可靠的支持。

扩展阅读 2 - 1

国产计算机操作系统简介

2.3.5　文件系统简介

计算机通过文件的形式来组织和存储数据。文件是用户赋予特定名称后存储在磁盘上的有序信息集合。在 Windows 系统中，文件夹是一种用于管理和组织文件的有效方式，用户可以将相同类型或相同用途的文件存放在同一个文件夹中，而文件夹的大小由系统自动进行管理和分配。

1. 文件的基本概念

(1) 文件名。在计算机中，每个文件都有一个文件名，这是访问文件的依据，即通过名称来存取文件。文件名通常由文件主名和扩展名两部分组成，如图 2-11 所示。一般而言，文件主名由有意义的词语或数字构成，以便用户识别。例如，在 Windows 操作系统中，记事本的文件名为 Notepad.exe。

图 2-11　文件名

不同操作系统对文件命名的规则有所不同。在 Windows 操作系统中，文件的主名和扩展名不区分大小写，而在 UNIX 操作系统中，是区分大小写的。在文件名中，可以使用的字符包括汉字、26 个大写英文字母、26 个小写英文字母、0 到 9 的阿拉伯数字，以及一些特殊字符。

文件名中禁止使用的符号包括<、>、/、\、|、:、"、*、?，以及空格。此外，有些文件名如 Aux、Com2、Com3、Com4、Con、Lpt1、Lpt2、Prn 和 Nul，也是不能使用的，因为这些名称已经被系统保留并定义。

(2) 文件类型。绝大多数操作系统使用文件扩展名来表示文件类型，不同类型的文件有不同的处理方式。在不同的操作系统中，表示文件类型的扩展名可能各不相同。常见的文件扩展名及其含义可以参考表 2-3 中的内容。

表 2-3　常见的文件扩展名及其含义

文件类型	扩展名	说明
可执行程序文件	exe、com	可执行程序文件
源程序文件	c、cpp	程序设计语言的源程序文件
目标文件	obj	源程序文件经编译后生成的目标文件
Microsoft Office 文件	docx、xlsx、pptx	Microsoft Office 中 Word、Excel、PowerPoint 创建的文件
图像文件	bmp、jpg、gif	图像文件，不同的扩展名表示不同的格式
流媒体文件	wmv、rm	能通过网络播放的流媒体文件
压缩文件	zip、rar	压缩文件
音频文件	wav、mp3、mid	音频文件，不同的扩展名表示不同的格式
网页文件	html、asp	一般而言，前者是静态页面，后者是动态页面

通常，用户无须记住特定应用文件的扩展名。在保存文件时，系统通常会自动在文件主名后添加正确的扩展名。扩展名也可以帮助判定用于打开该文件的应用程序。

(3) 文件属性。除了文件名，文件还具有文件大小、占用空间等属性。右击文件夹或文件，在弹出的快捷菜单中选择"属性"命令，将打开图 2-12(a)所示的"计算机文化属性"对话框。该对话框中部分属性说明如下。

➤ 只读：设置为只读的文件只能被读取，不能被修改。

➤ 隐藏：如果文件设为隐藏属性，则该文件和文件夹会显示为浅灰色，通常情况下是不可见的。

➤ 存档：任何新创建或修改过的文件都有存档属性。例如，单击图 2-12(a)所示对话框中的"高级"按钮，会显示图 2-12(b)所示的"高级属性"对话框。

(a) 文件属性对话框   (b) "高级属性"对话框

图 2-12　文件夹或文件属性

(4) 文件名中的通配符。通配符是用于代表其他字符的符号，常见的通配符有"？"和"*"两种。其中，"？"表示任意一个字符，而"*"则表示任意多个字符。

(5) 文件操作。文件中存储的可能是数据，也可能是程序代码。不同格式的文件通常具有不同的用途和操作方法。常见的文件操作包括新建文件、打开文件、写入文件、删除文件，以及更改文件属性等。在 Windows 操作系统中，文件的快捷菜单包含了大多数相关操作，用户只需右击文件，然后在弹出的快捷菜单中选择所需的操作即可。

2. 文件目录的结构

(1) 磁盘分区。当新的硬盘安装到计算机上后，通常需要将其划分成多个区域，即将一个物理磁盘划分为几个逻辑上独立的驱动器，如图 2-13 所示。这些磁盘区域称为分区或卷。如果不进行分区，整个磁盘将被视为一个单一的卷。

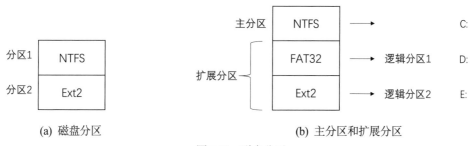

图 2-13 磁盘分区

对磁盘进行分区的目的有以下两个。

➤ 便于管理：硬盘容量较大，分区后管理起来更加方便。

➤ 多系统安装：在不同的分区中可以安装不同的操作系统，如 Windows 10、Linux 等。

在 Windows 系统中，一个硬盘可以被分为磁盘主分区和磁盘扩展分区(也可以仅有磁盘主分区)。扩展分区可以进一步划分为一个或多个逻辑分区。每一个主分区或逻辑分区都是一个独立的逻辑驱动器，其对应的盘符如图 2-13 所示。

磁盘在分区后还不能直接使用，必须要进行格式化。格式化的目的主要有以下几点。

➤ 将磁道划分为一个个扇区，每个扇区通常占用 512 字节。

➤ 安装文件系统并建立根目录。

为了管理磁盘分区，系统提供了两种启动计算机管理程序的方法。

➤ 右击桌面上的"此电脑"图标，在弹出的快捷菜单中选择"管理"命令。

➤ 按下 Win+R 快捷键，打开"运行"对话框，输入 control 并按下 Enter 键，打开"控制面板"窗口，选择"系统和安全"|"管理工具"|"计算机管理"选项。

在 Windows 10 操作系统中，打开计算机管理程序后，可以在"计算机管理"窗口中选择"磁盘管理"选项来对磁盘分区进行管理，如图 2-14 所示。右击某个驱动器(如"本地磁盘 D：")，通过弹出的快捷菜单可以对磁盘进行相应操作。如果选择"格式化"命令，则会打开"格式化 D："对话框，如图 2-14 所示。在该对话框中，您可以输入卷标名称，为格式化后的磁盘重新命名；通过"分配单元大小"下拉列表框选择所需的分配单元大小；还可以选择是否执行快速格式化或启用文件和文件夹压缩的功能，启用压缩可以节省磁盘空间，但可能会降低访问速度。参数设置完成后，单击"确定"按钮，系统会弹出警告信息"格式化会清除该卷上的所有数据"。再次单击"确定"按钮即可开始格式化磁盘。

(2) 目录结构。一个磁盘上可能有成千上万个文件，如果所有文件都存放在根目录下，势必会带来许多不便。用户可以在根目录下创建子目录，并在子目录中进一步创建更深层次的子目录，从而形成树状的目录结构。随后，可以将文件分类存放到相应的目录中。这种目录结构类似于一棵倒置的树，树根代表根目录，树枝代表子目录，树叶则代表文件。同名文件可以存放在不同的目录中，但不能同时存在于同一目录内。

(3) 目录路径。当磁盘的目录结构建立起来后，所有文件都可以按照类别存放在相应的目录中。要访问不同目录下的文件，需要使用目录路径。

目录路径有绝对路径和相对路径两种类型。

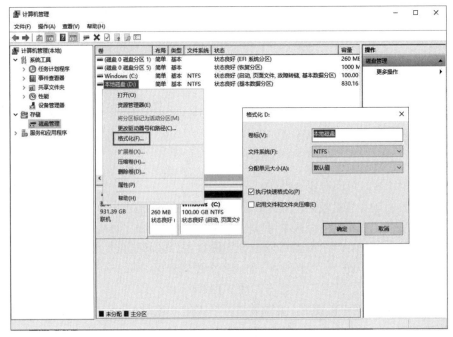

图 2-14　计算机管理程序

> 绝对路径：从根目录开始，依次经过各级目录到达某个文件的完整路径名称。

> 相对路径：从当前目录开始，到达某个文件时的路径名称。

3. Windows 文件系统

Windows 系统支持三种文件系统：FAT、FAT32 和 NTFS。

(1) FAT。文件分配表(File Allocation Table, FAT)是由 MS-DOS 发展而来的一种文件系统，可管理最大 2GB 的磁盘空间。虽然是一种较为标准的文件系统，但由于受 2GB 限制，文件的大小会受到影响。将分区格式化为 FAT 文件系统后，几乎所有的操作系统都可以读取和写入这种格式存储的文件。

(2) FAT32。FAT32 文件系统提高了存储空间的使用效率，但其兼容性略逊于 FAT 系统。FAT32 只能通过 Windows 95/98/2000/2003/Vista/7/10 进行访问，不过它可以管理更大的磁盘空间和单个文件，比 FAT 有更好的性能表现。

(3) NTFS。新技术文件系统(New Technology File System, NTFS)有效地结合了磁盘空间利用与访问效率优点，文件大小仅受到卷容量的限制，是一种性能高、安全性好、可靠性强的高级文件系统，并具备许多 FAT 或 FAT32 所不具备的功能。在 Windows XP/Vista/7/10 中，NTFS 还提供了文件和文件夹权限设置、加密、磁盘配额和压缩等高级功能。

4. Windows 文件关联

文件关联是指将某种类型的文件与一个能够打开它的应用程序建立关联关系。当用户双击该类型的文件时，系统会自动启动相应的应用程序，并通过它来打开文件。一种文件类型可以与多个应用程序建立关联，用户可以通过"打开方式"来选择不同的程序将文件打开。例如，在 Windows 系统中，BMP 文件的默认关联程序是"画图"。当用户双击 BMP 文件时，系统会启动"画图"程序来打开该文件。

以下是设置文件关联的几种方法。

(1) 安装新应用程序。大多数应用程序在安装时会自动与相应文件类型建立关联。例如，ACDSee 图片浏览软件通常会与 BMP、GIF、JPG、TIF 等多种格式的图形文件建立关联。需要注意的是，系统会保存最后一个安装的程序所设定的文件关联。

(2) 利用"打开方式"指定文件关联。用户可以右键单击某个类型的文件，并在弹出的快捷菜单中选择"打开方式"|"选择其他应用"命令，在打开的对话框中选择合适的应用程序打开文件，如果勾选"始终使用此应用打开.*文件"复选框并单击"确定"按钮，那么该文件类型将与选择的应用程序建立默认关联关系。在这种情况下，当用户双击此类文件时，系统会自动启动所选程序打开文件。如果未勾选此选项，则仅在这一次使用所选程序打开文件，如图 2-15 所示。

图 2-15　选择文件的打开方式

2.4　Windows 10 操作系统

Windows 10 操作系统是 Windows 系列的巅峰之作，拥有全新的触控界面，为用户带来了全新的使用体验。它可在计算机、手机、平板电脑，以及 Xbox One 等多种设备上运行，并支持跨设备的搜索、购买和升级功能。

2.4.1　Windows 10 简介

目前，Windows 10 操作系统包括多个版本，如 Windows 10 Home(家庭版)、Windows 10 Professional(专业版)、Windows 10 Enterprise(企业版)、Windows 10 Education(教育版)、Windows 10 Mobile(移动版)、Windows 10 Mobile Enterprise(企业移动版)，以及 Windows 10 IoT Core(物联网版)等。

大部分计算机在出厂时都预装了 Windows 10 操作系统。作为全新一代的跨平台操作系统，Windows 10 操作系统对计算机硬件的要求并不高，通常可以在能够安装 Windows 7 操作系统的计算机上安装。其最低硬件环境要求如下。

➤ 处理器：1 GHz 或更快的处理器，或 SoC。
➤ 内存：至少 1 GB(32 位操作系统)或 2 GB(64 位操作系统)。
➤ 硬盘：硬盘空间至少 16 GB(32 位操作系统)或 20 GB(64 位操作系统)。
➤ 显卡：支持 DirectX 9 或更高版本。
➤ 显示器：分辨率至少为 800×600 像素，或支持触摸技术的显示设备。

2.4.2　Windows 10 的安装方法

通过硬盘或 U 盘即可全新安装 Windows 10。若通过硬盘安装 Windows 10，计算机上则需要已有一个 Windows 操作系统；若通过 U 盘安装，则需要设置计算机从 U 盘启动。

安装 Windows 10 的具体操作步骤如下。

(1) 从微软官方网站下载 Windows 10 安装镜像。

(2) 使用镜像软件打开 Windows 10 安装镜像文件，运行其 sources 文件夹中的 Setup.exe 文件。

(3) 在弹出的安装界面中，选择"立即在线安装更新"单选按钮。

(4) 在界面中输入系统安装密钥，并单击"下一步"按钮。

(5) 打开"选择要安装的操作系统"对话框，选择所需安装的 Windows 10 版本，然后单击"下一步"按钮。

(6) 在"系统安装协议"对话框中，选中"我接受许可条款"复选框，单击"下一步"按钮。

(7) 在打开的界面中，选择"自定义"安装方式。

(8) 打开"你想将 Windows 安装在哪里"对话框，选择要安装操作系统的硬盘分区，然后单击"下一步"按钮。

(9) Windows 安装程序将开始安装操作系统，稍等片刻。

(10) 在系统设置界面中，可以选择使用快速设置或自定义设置，并根据安装程序的提示完成 Windows 10 系统的全新安装。

2.4.3　Windows 10 启动和退出

在计算机中安装 Windows 10 操作系统之后，用户就可以启动 Windows 操作系统使用其操作界面了。Windows 10 操作系统具有类似的人机交互界面，本节将介绍其基本操作。

1. 启动 Windows

启动 Windows 10 的具体操作步骤如下。

(1) 按下计算机电源按钮。按下计算机的电源按钮，如果计算机是在完全关闭状态下启动的，系统会依次进行自检和引导过程。

(2) 输入登录信息。在登录界面中，如果设置了密码、PIN 或其他身份验证方式，则输入相应的信息以登录到系统。

(3) 启动 Windows 10 并进入系统桌面。

2. 退出 Windows

退出 Windows 10 的具体操作步骤如下。

(1) 单击 Windows 10 系统桌面左下角的"开始"按钮⊞。

(2) 单击"电源"图标，在弹出的列表中选择"关机"选项，如图 2-16 所示。

图 2-16 退出 Windows 10

扩展阅读 2 – 2

Windows 10 系统账户设置

2.4.4 使用系统桌面

在 Windows 系列操作系统中,"桌面"是一个重要的概念,它指的是当用户启动并登录操作系统后,用户所看到的一个主屏幕区域。桌面是用户进行工作的一个平面,它由图标、"开始"按钮、任务栏、窗口等几部分组成,如图 2-17 所示。

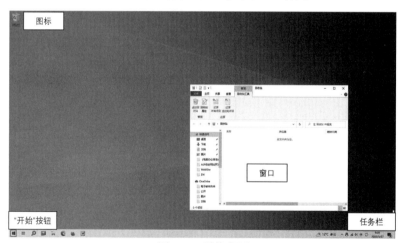

图 2-17 系统桌面

1. 管理桌面图标

在计算机中安装 Windows 10 后,用户会发现系统桌面上只有一个"回收站"图标。"此电脑""个人文件夹""网络"等图标都被隐藏。要找回这些图标,可以执行以下操作。

(1) 在系统桌面上右击鼠标,在弹出的快捷菜单中选择"个性化"命令,如图 2-18(a)所示。

(2) 在打开的"设置"窗口中选择"主题"选项,选择"桌面图标设置"选项,如图 2-18(b)所示。

(3) 打开"桌面图标设置"对话框，选中要在系统桌面上显示的图标(复选框)，单击"确定"按钮即可，如图 2-18(c)所示。

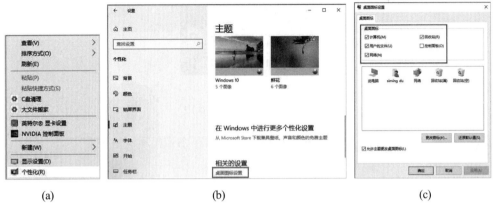

(a)　　　　　　　　　　　(b)　　　　　　　　　　　(c)

图 2-18　显示被系统隐藏的桌面图标

除了系统图标，还可以添加其他应用程序或文件夹的快捷方式图标。一般情况下，安装了一个新的应用程序后，都会自动在桌面上建立相应的快捷方式图标。如果该程序没有自动建立快捷方式图标，可以在程序的启动图标上右击鼠标，在弹出的快捷菜单中选择"发送到"|"桌面快捷方式"命令，如图 2-19 所示，即可创建一个桌面快捷方式图标。

在系统桌面添加多个图标后，用户可以对图标执行排列、移动、隐藏、删除等操作。

➤ 排列图标。在桌面空白处右击鼠标，在弹出的快捷菜单中选择"排序方式"下的命令，可以将桌面上的图标按照"名称""大小""项目类型""修改日期"等方式进行排序，如图 2-20 所示。

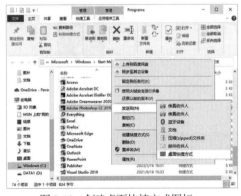

图 2-19　创建桌面快捷方式图标

图 2-20　排列图标

➤ 移动图标。选中桌面图标后，按住鼠标左键进行拖曳，可以调整图标在桌面上的位置。

➤ 隐藏图标。在桌面空白处右击鼠标，在弹出的快捷菜单中选择"查看"命令，在弹出的子菜单中取消"显示桌面图标"选项的勾选状态，即可隐藏所有桌面图标。

➤ 删除图标。选中桌面上的快捷图标后，按下 Delete 键即可将其删除(注意："回收站""此电脑""网络"等系统图标需要通过执行图 2-18 所示的操作，在"桌面图标设置"对话框中将其从桌面删除)。

2. 使用任务栏

任务栏是位于桌面下方的一个条形区域，它显示了系统正在运行的程序、打开的窗口和系统时间等内容，如图 2-21 所示。

任务栏中包含了许多系统信息和功能。任务栏最左边的按钮■是"开始"按钮，在"开始"按钮的右边依次是快速启动图标(包含系统默认图标和用户自定义图标)、打开的窗口、通知区域(该区域中包含系统中正在运行的程序图标、语言栏、系统时间和操作中心)和"显示桌面"按钮(单击该按钮即可显示完整桌面，再单击即会还原)。

图 2-21　任务栏

在任务栏上，用户可以通过鼠标的各种按键操作来实现不同的功能。

➢ 左键单击：单击任务栏左侧的快速启动图标启动该程序；单击任务栏中已打开的窗口，可以在系统桌面显示或隐藏该窗口；单击任务栏右侧的"显示桌面"按钮，可以立刻将桌面中显示的所有窗口最小化，并显示系统桌面；单击通知区域中的"程序图标""语言栏""系统时间""操作中心"将打开相应的界面显示各种系统(或程序)信息。

➢ 中键单击：使用鼠标中键单击任务栏中快速启动图标或打开的窗口，可以新建一个程序文件(或窗口)。

➢ 右键单击：右键单击任务栏中的图标，可以打开跳转列表(Jump List)，帮助用户快速打开办公中常用的文档、文件夹和网站，如图 2-22 所示。

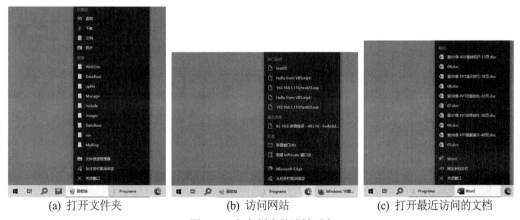

(a) 打开文件夹　　　　　　(b) 访问网站　　　　　(c) 打开最近访问的文档

图 2-22　任务栏中的跳转列表

3. 使用虚拟桌面

虚拟桌面是 Windows 10 中一个新增的功能，该功能允许用户同时操控多个系统桌面环境，从而妥善管理办公中不同用途的窗口，如图 2-23 所示。

图 2-23　虚拟桌面

　　按下 Win+Tab 快捷键即可打开虚拟桌面。虚拟桌面默认显示当前桌面环境中的窗口，屏幕顶部为虚拟桌面列表。选择"新建桌面"选项(快捷键：Win+Ctrl+D)可以创建多个虚拟桌面。同时，还可以在虚拟桌面中将打开的窗口拖曳至其他虚拟桌面，也可以拖曳窗口至"新建桌面"选项，自动创建新虚拟桌面并将该窗口移动至此虚拟桌面。如果用户要删除多余的虚拟桌面，单击该虚拟桌面缩略图右上角的"关闭"按钮即可，或者在需要删除的虚拟桌面环境中按下 Ctrl+ F4 快捷键。当删除虚拟桌面时，如果虚拟桌面中有打开的窗口，虚拟桌面会自动将窗口移动至前一个虚拟桌面。按下 Ctrl+左/右方向键可以快速切换虚拟桌面。

4. 使用分屏功能

　　使用 Windows 10 的分屏功能可以让多个窗口在同一屏幕中显示，从而提升工作效率，如图 2-24 所示。

图 2-24　分屏显示窗口

在桌面中选中一个窗口后，将鼠标指针放置在窗口顶部，按住鼠标左键将窗口拖曳至显示器屏幕左侧、右侧、左上角、左下角、右上角或右下角，即可进入分屏窗口选择界面。分屏功能以缩略图的形式显示当前打开的所有窗口，单击缩略图右上角的"关闭"按钮×可以关闭该窗口。选择另一个要分屏显示的窗口缩略图，可以在屏幕上并排显示两个窗口。

在 Windows 10 中可以使用 Win+方向键调整窗口显示位置。在计算机桌面环境中使用分屏功能时，窗口所占屏幕的比例只能是二分之一或者四分之一。

5. 使用开始菜单

开始菜单指的是单击任务栏中的"开始"按钮 所打开的菜单。通过该菜单，用户不仅可以访问硬盘上的文件或者运行安装好的软件，还可以打开"Windows 设置"窗口并实现计算机的睡眠、关机与重启控制，如图 2-25 所示。

在开始菜单中，应用程序(软件)以名称的首字母或拼音升序排列，单击排序字母可以显示应用列表索引，如图 2-26 所示，通过该索引可以快速查找计算机中安装的软件。

开始菜单右侧的界面中显示的缩略图块称为"动态磁贴"(Live Tile)或"磁贴"，多个磁贴的组合称为磁贴功能菜单。其功能和任务栏中的快捷图标类似，用户可以将常用的软件、应用或文件夹加入到磁贴功能菜单中，从而使自己在工作中可以快速找到这些办公资源。右击磁贴功能菜单中的磁贴，在弹出的快捷菜单中可以设置将磁贴"从开始屏幕取消固定""调整大小"或者将磁贴"固定到任务栏"。

图 2-25 开始菜单

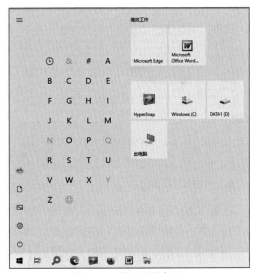

图 2-26 应用列表索引

单击开始菜单左下方的"设置"按钮 (快捷键：Win+I)可以打开图 2-27 所示的"Windows 设置"窗口，其中包含"系统""设备""手机""网络和 Internet""个性化""应用""账户""时间和语言""游戏""轻松使用""搜索""隐私""更新和安全"13 项设置。

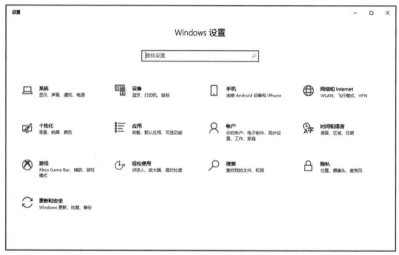

图 2-27 "Windows 设置"窗口

单击开始菜单左下方的"文档"按钮 □，可以快速打开 Windows 10 文档库，如图 2-28(a)所示。单击开始菜单左下方的"图片"按钮 □，可以快速打开 Windows 10 图片库，如图 2-28(b)所示。

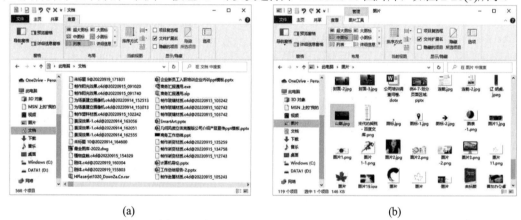

(a)   (b)

图 2-28 打开 Windows 10 文档库和图片库

6. 使用操作中心

在默认情况下，Windows 10 的操作中心在任务栏最右侧的通知区域以图标 □ 方式显示。单击该图标(或按下 Win+A 快捷键)可以快速打开操作中心，如图 2-29 所示。

操作中心由两部分组成，上方为通知信息列表，Windows 10 操作系统会自动对齐进行分类，单击列表中的通知信息可以查看信息详情或打开相关的设置窗口；下方为快捷操作按钮，单击这些按钮可以快速启用或停用网络、飞行模式、定位等功能，也可以快速打开连接、Windows 设置等窗口。

按下 Win+I 快捷键打开"Windows 设置"窗口后，选择"系统"|"通知和操作"选项，可以打开图 2-30 所示的"通知和操作"窗口。在该窗口中，用户可以修改操作中心中快捷操作按钮的位置，以及增加或删除快捷操作按钮。此外，用户还可以在该窗口中设置操作中心是否接收特定类别的通知信息。

图 2-29　操作中心　　　　　　　　　　图 2-30　通知和操作设置

7. 使用搜索窗口

Windows 10 操作系统支持全局搜索。按下 Win+S 快捷键可以打开图 2-31 所示的"搜索"窗口，在该窗口底部的搜索栏中输入关键词即可搜索计算机中的功能、文档、图片、音乐，或者通过网络搜索符合关键词的信息。

在"Windows 设置"窗口中选择"搜索"|"搜索 Windows"选项，可以打开图 2-32 的"搜索 Windows"窗口。在该窗口中，用户可以设置搜索文件时排序的文件夹，以及搜索文件的范围(包括"经典"和"增强"两种模式)。

图 2-31　"搜索"窗口　　　　　　　　图 2-32　"搜索 Windows"窗口

2.4.5　文件与文件夹

文件是 Windows 操作系统中最基本的存储单位，它包含文本、图像及数值数据等信息。不同的信息种类保存在不同的文件类型中，文件名的格式为"文件名.文件扩展名"。文件主要由文件名、文件扩展名、分隔点、文件图标及文件描述信息等部分组成，如图 2-33 所示。

文件的各组成部分作用如下。

(1) 文件名：标注当前文件的名称，用户可以根据需求来自定义文件的名称。

(2) 文件扩展名：标注当前文件的系统格式，如图 2-33 所示，文件扩展名为 doc，表示这个文件是一个 Word 文档文件。

(3) 分隔点：用来分隔文件名和文件扩展名。

(4) 文件图标：用图例表示当前文件的类型，是由系统里相应的应用程序关联建立的。

(5) 文件描述信息：用来显示当前文件的大小、类型等系统信息。

在 Windows 操作系统中，常用的文件扩展名及其表示的文件类型如表 2-4 所示。

表 2-4　Windows 操作系统中常用的文件扩展名及其表示的文件类型

扩展名	文件类型	扩展名	文件类型
AVI	视频文件	BMP	位图文件
BAK	备份文件	EXE	可执行文件
BAT	批处理文件	DAT	数据文件
DCX	传真文件	DRV	驱动程序文件
DLL	动态链接库	FON	字体文件
DOC	Word 文件	HLP	帮助文件
INF	信息文件	RTF	文本格式文件
MID	乐器数字接口文件	SCR	屏幕文件
MMF	mail 文件	TTF	TrueType 字体文件
TXT	文本文件	WAV	声音文件

文件夹用于存放计算机中的文件，是为了更好地管理文件而设计的。将不同的文件保存在相应的文件夹中，可以让用户方便快捷地找到所需的文件。

文件夹的外观由文件夹图标和文件夹名称组成，如图 2-34 所示。文件和文件夹都存放在计算机的磁盘中。文件夹中可以包含文件和子文件夹，子文件夹中又可以包含文件和子文件夹。

当打开某个文件夹时，在资源管理器的地址栏中即可看到该文件夹的路径，路径的结构一般包括磁盘名称和文件夹名称。

图 2-33　文件　　　　　　　　　　　　　　图 2-34　文件夹

要将计算机中的资源管理得井然有序，需要掌握文件和文件夹的基本操作方法。文件和文件夹的基本操作主要包括新建文件和文件夹，文件和文件夹的选择、重命名、移动、复制、删除等。

1. 新建文件和文件夹

在使用计算机时，用户新建文件是为了存储数据或者满足使用应用程序的需要。以下是新建文件和文件夹的具体操作步骤。

(1) 打开"计算机"窗口，然后双击"本地磁盘(E:)"盘符，打开 E 盘，在窗口空白处右击鼠标，在弹出的快捷菜单中选择"新建"|"文本文档"命令。

(2) 此时窗口中出现"新建文本文档.txt"文件，并且文件名"新建文本文档"呈可编辑状态。若用户输入"看电影"，文件名则变为"看电影"。

(3) 右击窗口空白处，在弹出的快捷菜单中选择"新建"|"文件夹"命令。

(4) 显示"新建文件夹"文件夹，由于文件夹名呈可编辑状态，用户可直接输入"娱乐休闲"，文件夹名则变成"娱乐休闲"。

2. 选择文件和文件夹

为了便于用户快速选择文件和文件夹，Windows 操作系统提供了多种文件和文件夹的选择方法，分别介绍如下(以 Windows 10 操作系统为例)。

> 选择单个文件或文件夹：使用鼠标左键单击文件或文件夹图标，即可将其选中。
> 选择多个不相邻的文件或文件夹：选择第一个文件或文件夹后，按住 Ctrl 键，逐一单击要选择的文件或文件夹。
> 选择所有的文件或文件夹：按 Ctrl+A 快捷键即可选中当前窗口中所有的文件或文件夹。
> 选择某一区域的文件和文件夹：在需要选择的文件或文件夹起始位置处按住鼠标左键进行拖曳，此时在窗口中出现一个蓝色的矩形框，当该矩形框包含了需要选择的文件或文件夹后松开鼠标，即可完成选择。

3. 重命名文件和文件夹

用户在新建文件和文件夹后，已经为其命名。但是在实际操作过程中，为了方便用户管理及查找文件和文件夹，可能要根据用户需求对其进行重新命名。

用户只需右击该文件或文件夹，在弹出的快捷菜单中选择"重命名"命令，则文件名变为可编辑状态，此时输入新的名称即可。

4. 移动、复制文件和文件夹

移动文件和文件夹是指将文件和文件夹从原先的位置移动至其他的位置，移动的同时会删除原先位置下的文件和文件夹。在 Windows 10 操作系统中，用户可以使用鼠标拖曳的方法，或者使用右键快捷菜单中的"剪切"和"粘贴"命令，对文件或文件夹进行移动操作。

复制文件和文件夹是指将文件或文件夹复制一份到硬盘的其他位置，源文件依旧存放在原先位置。用户可以选择使用右键快捷菜单中的"复制"和"粘贴"命令，对文件或文件夹进行复制操作。

此外，使用拖曳文件的方法也可以进行移动和复制的操作。当文件和文件夹在不同磁盘分区之间进行拖曳时，Windows 的默认操作是复制；在同一分区中拖曳时，Windows 的默认操作是移动。如果要在同一分区中从一个文件夹复制对象到另一个文件夹，必须在拖曳的同时按住 Ctrl 键，否则将会移动文件。同样，若要在不同的磁盘分区之间移动文件，则必须在拖曳的同时按下 Shift 键。

5. 删除文件和文件夹

为了保持计算机中文件系统的整洁和有条理，同时也为了节省磁盘空间，用户经常需要删除一些已经没有用的或损坏的文件和文件夹。有如下几种删除文件和文件夹的方法。

- ➤ 右击要删除的文件或文件夹(可以是选中的多个文件或文件夹)，然后在弹出的快捷菜单中选择"删除"命令。
- ➤ 在"Windows 资源管理器"窗口中选中要删除的文件或文件夹，然后选择"组织"|"删除"命令。
- ➤ 选中想要删除的文件或文件夹，然后按键盘上的 Delete 键。
- ➤ 使用鼠标将要删除的文件或文件夹直接拖曳至桌面的"回收站"图标上。

扩展阅读 2–3

Windows 10 文件的备份与还原

2.4.6　系统环境设置

在 Windows 10 系统中，打造个性化的系统环境可以通过自定义桌面主题、桌面背景(图片背景、纯色背景、幻灯片放映背景)、锁屏界面、设置屏幕保护程序等方式来实现。

1. 自定义桌面主题

主题是计算机的图片、颜色和声音的组合。用户通过自定义主题可以使办公电脑的整体视觉效果发生质的变化。在 Windows 10 系统桌面上右击鼠标，在弹出的快捷菜单中选择"个性化"命令，在打开的"设置"窗口中选择"主题"选项，用户可以自定义系统桌面的主题方案，如图 2-35 所示。

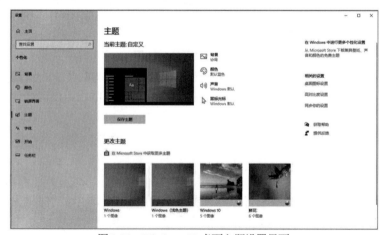

图 2-35　Windows 10 桌面主题设置界面

此外，用户还可以根据需要自定义主题颜色和系统桌面背景(壁纸)。

➤ 设置主题颜色：在图 2-35 所示界面中单击"颜色"选项，在打开的"颜色"界面中，用户可以自定义系统主题颜色，如图 2-36 所示。Windows 10 系统提供了 40 多个主题色，选中"从我的背景自动选取一种主题色"复选框后，可以启用主题随壁纸自动更换主题色的功能。

➤ 设置桌面背景：在图 2-35 所示界面中单击"背景"选项，在打开的"背景"界面中用户可以自定义系统桌面背景，如图 2-37 所示。在"背景"界面中单击"背景"下拉按钮，在弹出的下拉列表中可以选择桌面背景是采用图片、纯色还是幻灯片放映形式；单击"浏览"按钮可以将电脑硬盘中的图片文件设置为 Windows 10 系统桌面背景；单击"选择契合度"下拉按钮，在弹出的下拉列表中可以选择图片作为桌面背景的填充方式，包括"填充""拉伸""平铺""居中""跨区"等几种形式。

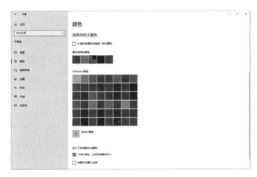

图 2-36　设置主题颜色　　　　　图 2-37　自定义桌面背景

2. 自定义锁屏界面

在 Windows 10 中按下 Win+L 快捷键可以快速进入锁屏界面(只显示系统日期和时间)，如图 2-38 所示。参考以下操作步骤可以自定义锁屏界面的背景效果。

(1) 在系统桌面上右击鼠标，在弹出的快捷菜单中选择"个性化"命令，打开"设置"窗口，然后选择窗口左侧的"锁屏界面"选项。

(2) 在打开的"锁屏界面"窗口中单击"背景"下拉按钮，设置锁屏界面中使用的背景类型，包括"图片""纯色"和"幻灯片放映"。

(3) 单击"浏览"按钮可以将计算机中保存的图片文件作为锁屏界面图片。在"选择图片"列表中，选中列表中的图片即可将其作为锁屏界面图片，如图 2-39 所示。

图 2-38　锁屏界面　　　　图 2-39　"锁屏界面"窗口

3. 设置屏幕保护程序

在图 2-40 (a)所示的"锁屏界面"窗口的底部单击"屏幕保护程序设置"选项，可以打开图 2-40(b)所示的"屏幕保护程序设置"对话框，单击该对话框中的"屏幕保护程序"下拉按钮，用户可以为 Windows 10 操作系统设置屏幕保护程序。在"等待"微调框中可以设置计算机在无操作状态下进入屏幕保护程序的时间。

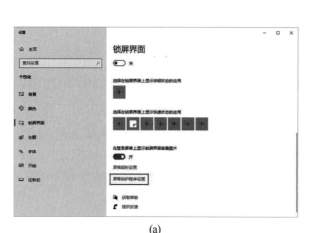

(a)   (b)

图 2-40　为 Windows 10 设置屏幕保护程序

2.4.7　网络配置与应用

计算机网络已经广泛普及，然而网络中的病毒时刻威胁着计算机的信息安全。本节将帮助用户掌握计算机网络配置与应用的相关知识。

1. 将计算机接入 Internet

在 Windows 10 操作系统中，用户只需要进行简单的设置即可将计算机接入 Internet。具体操作步骤如下。

(1) 将计算机连接到局域网络，如果用户使用有线网络，只需将网线一端的水晶头插入计算机机箱后的网卡的接口中，然后将网线另一端的水晶头插入集线器的接口中，接通集线器即可完成局域网设备的连接操作；如果用户使用无线网络，只需确认当前计算机中安装有无线网卡，并获取当前无线网络的名称和密码。

(2) 单击系统桌面底部任务栏右侧的网络按钮🌐，在弹出的列表中选择有线网络或无线网络，如图 2-41 所示。

(3) 选择需要的 WLAN 网络，然后单击"连接"按钮，键入网络密码，单击"下一步"按钮即可将计算机接入网络。

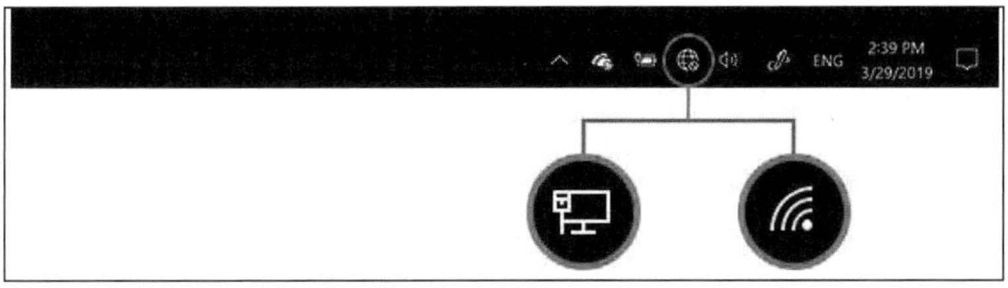

图 2-41　选择接入网络

2. 使用 Microsoft Edge 浏览器

Microsoft Edge 是 Windows 10 的默认浏览器，用户在计算机中安装 Windows 10 操作系统后，单击任务栏左侧的“开始”按钮，在弹出的菜单中选择 Microsoft Edge 命令即可启动图 2-42 所示的 Microsoft Edge 浏览器，其界面由标签栏、功能栏、网页浏览区域等几个部分组成。

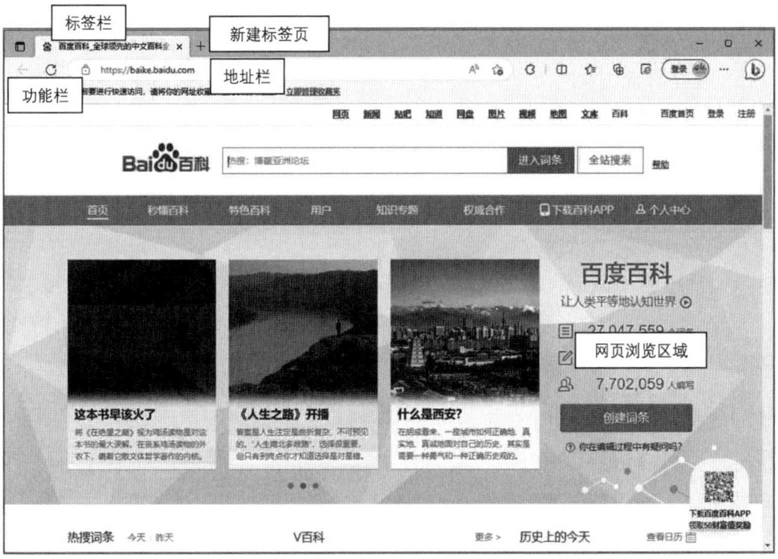

图 2-42　Microsoft Edge 浏览器

Microsoft Edge 浏览器的功能区中包括返回、刷新、地址栏、扩展、分配、收藏、集锦、登录、设置及其他等选项。用户在地址栏中输入一个网址后按 Enter 键，浏览器将打开该网址，在网页浏览区域中显示相应的网页内容，并在标签栏中显示网页的标题，如图 2-42 所示。

在 Microsoft Edge 浏览器的网页浏览区域中单击超链接，可以从一个网页跳转到另一个网页。同时，功能栏中的“返回”按钮←(快捷键：Alt+←)将显示为可用状态，单击该按钮可以返回前一个网页。单击功能栏中的“刷新”按钮(快捷键：Ctrl+R)可以刷新当前网页内容。

单击 Microsoft Edge 浏览器标签栏中的“新建标签页”按钮+(快捷键：Ctrl+T)可以在标签栏中新建一个网页标签页，方便用户在浏览器中同时打开多个网页(单击标签页右上角的“关闭标签页”按钮×(快捷键：Ctrl+W)，可以关闭相应的标签页)。将鼠标指针放置在标签页上拖曳，可以调整标签页在标签栏中的位置。单击功能栏中的“分屏窗口”按钮可以将网页浏览区域分为两个屏幕显示，将打开的标签页显示在屏幕的右侧区域，如图 2-43 所示。

在 Microsoft Edge 的网页浏览区域中单击网页中的文件下载链接，浏览器将自动下载相应的文件并打开如图 2-44 所示的"下载"窗口，提示文件下载进度和结果(单击"打开文件"选项，可以打开下载的文件)。

图 2-43　分屏浏览网页

图 2-44　下载文件

扩展阅读 2 – 4

设置 SmartScreen 筛选器

2.4.8　系统安全与保护

计算机常常受到日常隐患和网络病毒的影响。用户在使用计算机的过程中，若能养成良好的使用习惯并对 Windows 10 操作系统进行定期维护，则可以确保计算机中数据的安全并延长其工作寿命。

1. 开启与关闭 Windows 防火墙

Windows 10 操作系统中的 Windows 防火墙默认处于开启状态。如果在计算机中安装第三方防火墙软件，则会自动关闭 Windows 防火墙。用户可以参考以下操作手动设置开启与关闭 Windows 防火墙。

(1) 按下 Win+I 快捷键打开"Windows 设置"窗口，搜索关键词"防火墙"，打开如图 2-45 所示的"Windows Defender 防火墙"窗口。

(2) 在"Windows Defender 防火墙"窗口左侧的列表中选择"启用或关闭 Windows Defender 防火墙"选项。

(3) 在打开的"自定义设置"窗口中，分别选择专用网络设置和公用网络设置分类下面的"关闭 Windows Defender 防火墙(不推荐)"单选按钮，如图 2-46 所示，然后单击"确定"按钮即可关闭 Windows 防火墙。如果要开启 Windows 防火墙，则分别选择专用网络设置和公用网络设置分类下面的"启用 Windows Defender 防火墙"单选按钮即可。

图 2-45　"Windows Defender 防火墙"窗口

图 2-46　设置关闭 Windows 防火墙

2. 使用 BitLocker 启动器加密

BitLocker 是一项数据加密保护功能，它可以加密整个 Windows 分区或数据分区，从而保护办公电脑中数据的安全。

当使用 BitLocker 加密 Windows 分区时，默认计算机必须具备 TPM，不过 TPM 不是很常用，在普通计算机中很少使用。因此，Windows 10 也支持在没有 TPM 的计算机上加密 Windows 分区。具体设置步骤如下。

(1) 按下 Win+R 快捷键打开"运行"对话框，输入 gpedit.msc 命令，打开"本地组策略编辑器"窗口，在左侧列表中依次选择"计算机配置"|"管理模板"|"Windows 组件"|"BitLocker 驱动器加密"|"操作系统驱动器"|"启动时需要附加身份验证"选项，如图 2-47 所示。

图 2-47　本地组策略编辑器

(2) 打开"启动时需要附加身份验证"窗口选择"已启用"单选按钮，选中"没有兼容的 TPM 时允许 BitLocker(在 U 盘上需要密码或启动密钥)"复选框，然后单击"确定"按钮，如图 2-48 所示。

图 2-48　配置"启动时需要附加身份验证"策略

(3) 重新启动电脑或在命令提示符中使用 gpupdate 命令使策略生效。

当加密 Windows 分区时，必须具备 350MB 大小的系统分区。如果没有系统分区，则 BitLocker 会提示自动创建该分区。但是在创建系统分区的过程中可能会损坏存储于该分区中的文件，所以应谨慎操作。

加密 Windows 分区操作步骤如下。

① 在文件资源管理器中右击 Windows 分区，在弹出的菜单中选择"启用 BitLocker"命令。

② 打开 BitLocker 向导程序，检测当前计算机是否符合加密要求(只有 Windows 10 专业版才支持 BitLocker)，单击"下一步"按钮，根据提示即可完成硬盘分区的加密操作。

3. 设置 Windows 安全中心

Windows 10 操作系统中的 Microsoft 安全中心是一个完整的反病毒软件，其功能整合到了 Windows 安全中心。如果用户对计算机操作系统的安全性要求不是非常高，完全可以使用 Windows 安全中心和 Windows 防火墙来保护计算机，而不必安装其他第三方防护软件。

按下 Win+I 快捷键打开"Windows 设置"窗口，搜索"安全中心"即可打开"Windows 安全中心"界面，如图 2-49 所示，其中集合了"病毒和威胁防护""设备性能和运行状况""防火墙和网络保护""应用和浏览器控制""家庭选项"等设置模块。

图 2-49　"Windows 安全中心"界面

- ➤ 病毒和威胁防护：在"病毒和威胁防护"模块中，会显示当前计算机的病毒扫描历史和文件扫描结果。用户可以在该模块中通过快速扫描、完全扫描、自定义扫描和 Microsoft Defender 脱机版扫描来检查计算机中的病毒。
- ➤ 设备性能和运行状况：在"设备性能和运行状况"模块中，会显示当前系统运行状况报告，包括存储容量、应用和 Windows 时间服务。
- ➤ 防火墙和网络保护：在"防火墙和网络保护"模块中，用户可以设置在某些网络模式下的防火墙策略。
- ➤ 应用和浏览器控制：在"应用和浏览器控制"模块中，主要是有关 SmartScreen 的选项，该功能适用的对象主要有应用与文件、Microsoft Edge 浏览器，以及 Microsoft 应用商店，用户可以按需选择是否启用或关闭 SmartScreen 功能。
- ➤ 家庭选项：在"家庭选项"模块中，主要用于设置孩子使用计算机时的行为控制、跟踪孩子活动，以及游戏娱乐方面的内容。

扩展阅读 2-5

管理 Windows 服务

2.5 课后习题

一. 选择题

1. 操作系统对磁盘进行读写操作的物理单位是(　　)。
    A. 磁道   B. 扇区
    C. 字节   D. 文件

2. 一个完整的计算机系统包括(　　)。
    A. 计算机及其外部设备   B. 主机、键盘、显示器
    C. 系统软件和应用软件   D. 硬件系统和软件系统

3. 组成中央处理器(CPU)的主要部件是(　　)。
    A. 控制器和内存   B. 运算器和内存
    C. 控制器和寄存器   D. 运算器和控制器

4. 计算机的内存储器是指(　　)。
    A. ROM 和 RAM   B. ROM
    C. RAM 和 C 磁盘   D. 硬盘和控制器

5. 微型计算机的运算器、控制器及内存储器的总称是(　　)。
    A. CPU   B. ALU
    C. MPU   D. 主机

6. 汇编语言程序须经(　　)翻译成目标程序才能被计算机识别和执行。
    A. 监控程序   B. 汇编程序
    C. 机器语言程序   D. 诊断程序

二. 操作题

1. 在 D:盘创建一个名为 Backup 的文件夹，将 C:盘 Windows\Prefetch 文件夹中的文件复制到该文件夹中，作为操作题的素材。

2. 在素材文件夹 Backup 中任意选择一个文件，为其设置"只读"属性。

3. 在素材文件夹 Backup 中创建一个名为 GIRL 的子文件夹。

4. 在素材文件夹 Backup 中任意选择一个文件，然后将其移动到 CIRL 子文件夹中，并将其重命名为 QULIU.ARJ。

5. 在素材文件夹 Backup 中任意选择一个文件，将其删除，然后通过 Windows 10 的"回收站"将删除的文件恢复。

第 3 章
WPS文字的使用

☑ **学习目标**

WPS 文字是北京金山软件公司开发的 WPS Office 2019 办公软件套件中的文字处理工具，它集编辑与打印功能于一体。该工具具备丰富的全屏幕编辑功能，以及多种输出格式和打印控制选项，能够满足各类文字工作者对文章、报告、信函等文件的编辑与打印需求。同时，WPS 文字还提供多样化的排版和格式设置选项，帮助用户实现个性化文档设计。

☑ **学习任务**

任务一：掌握 WPS 文字的基础操作
任务二：熟悉 WPS 文字中的页面排版
任务三：学会 WPS 图形和表格的使用

3.1　WPS 文字的基础操作

WPS Office 2019 个人版永久免费，用户可以方便地进行下载安装。用户只需访问金山 WPS 官网(https://www.wps.cn/)，在首页找到"WPS Office 2019 PC 版"(以下简称 WPS 2019)，然后单击下方的"立即下载"按钮，即可下载并安装该软件。

成功安装 WPS Office 2019 后，用户可以使用 WPS 文字进行文档编辑。在此之前，用户需要了解如何启动与退出 WPS，并熟悉 WPS 文字的窗口组成及文档视图设置。

3.1.1　启动与退出

在使用 WPS 2019 编辑文档之前，用户需要先了解如何启动与退出 WPS 2019。

1. 启动 WPS 2019

启动 WPS 2019 有以下几种常用方法。

(1) 通过桌面快捷方式：双击系统桌面上的 WPS 2019 快捷图标即可启动应用。

(2) 从"开始"菜单启动：单击系统桌面左下角的"开始"按钮，在弹出的"开始"菜单中找到并单击 WPS 2019 应用程序图标。

(3) 从"开始"屏幕启动：右击"开始"菜单中的 WPS 2019 应用程序图标，在弹出的快捷菜单中选择"固定到开始屏幕"命令。然后在"开始"屏幕上单击对应的图标即可启动应用。

(4) 通过任务栏启动：在"开始"菜单中找到 WPS 2019 应用程序图标，按住鼠标左键并拖曳到任务栏上，即可将其固定到任务栏。随后，双击任务栏上的图标即可启动应用。

(5) 通过文档启动：双击指定应用程序生成的文档，如后缀为.docx 的文件，这将启动 WPS 2019 的文字功能组件，并打开该文档。

2. 退出 WPS 2019

如果不再使用 WPS 2019，则可以退出该应用程序，以减少对系统内存的占用。退出 WPS 2019 有以下几种常用方法。

(1) 单击"关闭"按钮：在应用程序窗口右上角，单击"关闭"按钮。

(2) 通过任务栏退出：右击桌面任务栏上的 WPS 2019 应用程序图标，在弹出的快捷菜单中选择"关闭窗口"命令。

(3) 使用快捷键：单击应用程序窗口，然后按下 Alt + F4 快捷键即可退出应用。

3.1.2 WPS 文字的窗口组成

启动 WPS 2019 后，在首页的左侧窗格中选择"新建"选项，系统将创建一个标签名称为"新建"的标签选项卡。在功能区中显示所有 WPS 功能组件，默认选择"文字"选项卡，在推荐模板列表中单击"新建空白文档"按钮，如图 3-1 所示。

图 3-1 单击"新建空白文档"按钮

此时，即可进入 WPS 文字的工作界面，并创建一个名为"文字文稿 1"的空白新文档，如图 3-2 所示。WPS 文字的工作界面主要由文档标签、快速访问工具栏、功能区(包括选项卡和命令按钮)、状态栏、任务窗格、导航窗格、文档编辑窗口(编辑区)、菜单选项卡、视图模式按钮、显示比例区域和滚动条等部分组成。

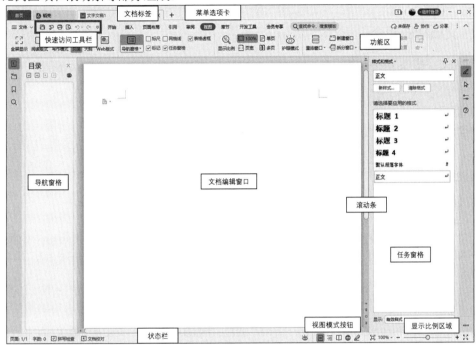

图 3-2　WPS 文字的工作界面

WPS 文字窗口中各组成部分的功能说明如表 3-1 所示。

表 3-1　WPS 文字窗口各部分功能说明

组成部分	功能说明
快速访问工具栏	显示常用的文档操作按钮，如保存、输出为 PDF、打印、打印预览、撤销、恢复等。用户还可以单击右侧的"自定义快速访问工具栏"按钮进行自定义设置
文档标签	位于文档窗口的最上方，用于显示文档的名称
菜单选项卡	每个菜单选项卡以功能组的形式管理相应的命令按钮
功能区	每个菜单选项卡都有属于自己的功能区，包含了实现相应功能的命令按钮。单击某个命令按钮即可执行不同的操作，从而完成相应的任务
文档编辑窗口	用于对文档内容进行编辑和排版的区域
导航窗格	位于文档编辑窗口的左侧，主要用于帮助用户快速定位和浏览文档的结构
任务窗格	位于文档编辑窗口的右侧，包含一些实用的工具按钮。单击某个按钮可以展开相应的工具面板，再次单击可折叠
状态栏	显示当前文档的状态，如页码、页数、字数、拼写检查和文档校对等
视图模式按钮	可在不同的视图模式下浏览文档内容

（续表）

组成部分	功能说明
显示比例区域	拖曳显示比例滑块可以调整文档的显示比例
滚动条	拖曳滚动条可以显示文档编辑区以外的内容

3.1.3　文档视图简介

WPS 文字提供了多种视图模式供用户灵活选择，包括页面视图、全屏显示视图、大纲视图和 Web 版式视图等。

1. 页面视图

页面视图是 WPS 文字的默认视图模式，可以显示文档的打印外观，主要包括页眉、页脚、图形对象、分栏设置和页面边距等。它采用"所见即所得"的方式展示文档，是最接近打印效果的视图模式。

2. 全屏显示视图

全屏显示视图以整个屏幕呈现文档，适合用于演示或讲解，也适合阅读文档。在此视图下，整个屏幕仅显示文档内容，其他界面元素暂时隐藏。单击"退出"按钮或按 Esc 键，即可返回到之前的视图界面。

3. 大纲视图

大纲视图主要用于设置和浏览文档结构，通过此视图，用户可以快速了解文档的结构和内容概要。通常用于显示文档中的章节标题，帮助用户管理和调整文档层次，如图 3-3 所示。

图 3-3　WPS 文字的大纲视图

4. Web 版式视图

Web 版式视图将文档以网页形式显示，适合用于发送电子邮件和创建网页。与其他视图模式相比，其主要特点是文档不会分页显示，文本和表格会根据窗口大小自动换行以适应屏幕。用户可以在不同视图之间自由切换，只需在"视图"选项卡中单击"文档视图"中的相应按钮即可。此外，也可以通过单击对应的视图模式按钮进行切换。

3.2　WPS 文字编辑

作为一款功能强大的文字处理工具，WPS 提供了便捷的文本输入与编辑功能。用户能轻松输入文本和常用符号，并进行选择、复制、移动和删除等编辑操作。熟练掌握这些操作是进行文字编辑和提升办公效率的基础。

3.2.1　文档的编辑

打开文档后，在编辑区域会看到一个不断闪烁的光标"｜"，这就是插入点，它指示了文本输入的位置。WPS 2019 默认启用了"即点即输"功能，这意味着只需在文档编辑窗口中的任意位置单击，即可在该位置开始输入文本。

1. 输入文字

在 WPS 文字中，用户不仅可以输入汉字和英文，还可以插入各种符号和公式。在输入文字时，应注意正确切换输入法，以确保输入的准确性。

2. 移动光标的方法

在进行文字输入、复制和移动时，经常需要在编辑区域内移动光标。表 3-2 展示了相关的操作方法。

表 3-2　移动光标的操作方法

操作类型	功能说明	执行操作
鼠标操作	移到任何可见文本部分	单击该位置
键盘操作	左移或右移一个字符	按 "←" 或 "→" 键
	上移或下移一行	按 "↑" 或 "↓" 键
	左移或右移一个字符或词语	按 Ctrl +← 或 Ctrl +→ 快捷键
	上移或下移一个段落	按 Ctrl + ↑ 或 Ctrl + ↓ 快捷键
	移到行首或行尾	按 Home 键或 End 键
	上移或下移一页	按 Page Up 键或 Page Down 键
	移到当前屏幕顶部或底部	按 Alt + Page Up 或 Alt + Page Down 快捷键
	移到文档开头或结尾	按 Ctrl + Home 或 Ctrl + End 快捷键

3. 删除文本

可以使用键盘上的 Delete 键或 Backspace 键来删除文本。按下 Delete 键会逐个删除光标后的内容，而按下 Backspace 键则会逐个删除光标前的内容。

4. 撤销和恢复操作

在输入文字的过程中，有时可能会发生误操作。如果不小心删除了一段文字，则可以通过单击快速访问工具栏中的"撤销"按钮，或按 Ctrl + Z 快捷键来恢复删除的内容。如果想撤销"撤销"操作以恢复到之前的状态，可以单击"恢复"按钮，或按 Ctrl + Y 快捷键。

5. 插入文档中的文字

在编辑的文档中插入另一文档的文本内容，步骤如下。

(1) 将光标定位到需要插入的位置。

(2) 选择"插入"选项卡，然后单击"对象"下拉按钮，在弹出的下拉列表中选择"文件中的文字"选项，如图 3-4 所示。

图 3-4　插入文件中的文字

(3) 在打开的"插入文件"对话框中浏览并选择所需对象的保存位置，然后选中该对象，单击"打开"按钮即可。

6. 插入特殊符号和公式

如果需要在文档中插入一些特殊的符号，如汉语拼音、国际音标、希腊字母等，可以利用 WPS 文字提供的"符号"功能。具体的操作步骤如下。

(1) 首先，将光标置于文档中需要插入符号的位置。

(2) 选择"插入"选项卡，然后单击"符号"下拉按钮，在弹出的下拉列表框中浏览并选择所需符号，如图 3-5 所示。

(3) 如果在下拉列表框中找不到需要的符号，可以选择"其他符号"选项。此时，将打开"符号"对话框，用户可以在此选择所需符号，然后单击"确定"按钮。

此外，当需要在文档中插入数学或物理公式时，也可以利用 WPS 文字提供的"公式"功能。WPS 文字集成了 MathType 工具，只需单击"公式"按钮，即可调出"公式编辑器"窗口进行公式的编辑，如图 3-6 所示。

7. 插入日期和时间

在 WPS 文字的文档中，插入系统当前的日期和时间是一项常见且实用的功能。以下是具体的操作步骤。

(1) 将光标置于文档中需要插入日期和时间的位置。

(2) 选择"插入"选项卡,然后单击"日期"按钮。此时,将打开"日期和时间"对话框,用户可以在提供的选项中选择合适的日期和时间格式,如图 3-7 所示。选择完成后,单击"确定"按钮。

图 3-5 符号下拉列表框   图 3-6 公式编辑器   图 3-7 选择日期和时间格式

3.2.2 复制、粘贴和移动

在 WPS 文字中,复制、粘贴和移动文本可分别通过快捷键和鼠标进行操作。

1. 选择文本

在 WPS 文字中,对文本进行的大部分操作都需要用户先选择需要设置的文本内容。选择文本的操作方法如表 3-3 所示。

表 3-3 WPS 选择文本的操作方法

操作类型	选择文本	执行操作
鼠标操作	任何数量	单击文本起点,按住鼠标左键并拖曳到文本的终点
	一个词语	双击词语中的任意位置
	一个句子	按住 Ctrl 键并单击句子中的任意位置
	一行	将鼠标指针移动至行的最左侧,当鼠标指针变成 ⁀ 形状时单击
	多行	将鼠标指针移动至行的最左侧,当鼠标指针变成 ⁀ 形状时单击并按住鼠标左键拖曳
	整个段落	将鼠标指针移动至段落最左侧,当鼠标指针变成 ⁀ 形状时双击

（续表）

操作类型	选择文本	执行操作
鼠标操作	全部文本	将鼠标指针移动至任意文本的最左侧，当鼠标指针变成 ⤢ 形状时，按住 Ctrl 键并单击
键盘操作	任何数量(键盘)	将光标移至文本起点，按住 Shift 键，并使用方向键移动光标到想要的位置
	整个文档	按 Ctrl＋A 快捷键

这里需要注意的是，单击文档中的任意位置，或通过方向键移动光标，都可以轻松取消对文本的选择。这种方法为用户提供了灵活性和便捷性，确保在编辑过程中可以快速切换选择和未选择的文本状态。

2. 复制文本

复制文本是将选定文本以相同形式复制到另一个位置，同时不影响原文本的操作。在 WPS 文字处理软件中，复制文本的操作方法如表 3-4 所示，软件提供了多种方式，如选项卡命令、快捷键和快捷菜单，以便用户轻松便捷地完成文本复制操作。

表 3-4　复制文本的操作方法

操作方法	执行操作
选项卡命令	选中欲复制的文本，通过单击"开始"选项卡中的"复制"按钮实现
快捷键	选中欲复制的文本，按下 Ctrl+C 快捷键
快捷菜单	选中欲复制的文本，右击鼠标并在弹出的快捷菜单中选择"复制"命令

3. 粘贴文本

粘贴文本是将已存储在剪贴板中的内容插入到文档指定位置的操作。在 WPS 文字处理软件中，粘贴文本可通过表 3-5 列举的不同方法进行操作，包括选项卡命令、快捷键及快捷菜单，从而确保用户高效便捷地完成文本粘贴任务。

表 3-5　粘贴文本的操作方法

操作方法	执行操作
选项卡命令	使用鼠标确定插入点，然后单击"开始"选项卡中的"粘贴"按钮
快捷键	使用鼠标确定插入点，接着按下 Ctrl＋V 快捷键
快捷菜单	使用鼠标确定插入点，右击并从弹出的快捷菜单中选择"粘贴"命令

在进行粘贴操作时，有多种粘贴方式可供选择，其功能如表 3-6 所示。

表 3-6　粘贴文本的方式

操作方法	执行操作
保留源格式	保留原文本格式不变，将内容粘贴至目标位置
匹配当前格式	将粘贴的内容按新文档的格式进行粘贴
只粘贴文本	不粘贴格式，仅保留文本内容

4. 移动(剪切)文本

移动文本(即剪切文本)是指将选中的文本内容从原位置剪切并移动到目标位置的过程。在 WPS 文字处理软件中，移动文本的操作方法如表 3-7 所示。

表 3-7　移动文本的操作方法

操作方法	执行操作
选项卡命令	选中文本后，单击"开始"选项卡中的"剪切"按钮
快捷键	选中文本后，按下 Ctrl+X 快捷键
快捷菜单	选中文本后，右击并在弹出的快捷菜单中选择"剪切"命令

3.2.3　查找与替换

1. 基本查找

如果需要在文档中快速找到某个词语(如"鼠标")，可以使用 WPS 文字的查找功能。具体操作步骤如下。

(1) 打开文档，单击"开始"选项卡中的"查找替换"下拉按钮，选择"查找"选项，如图 3-8 所示(也可以按下 Ctrl+F 快捷键来打开"查找和替换"对话框)。

图 3-8　选择"查找"选项

(2) 在"查找内容"文本框中输入"鼠标"，然后单击下方的"突出显示查找内容"下拉按钮，在弹出的列表中选择"全部突出显示"选项。接着，单击右侧的"在以下范围中查找"下拉按钮，并选择"主文档"选项进行查找。操作步骤如图 3-9 所示。

此时，文档中所有匹配的结果将被突出显示，如图 3-10 所示。

图 3-9　查找文本

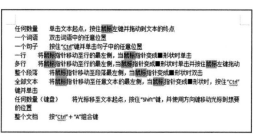

图 3-10　突出显示所有查找结果

2. 基本替换

如果需要将文档中的某个文本内容批量替换为另一个文本内容，如将"互联网"替换为"Internet"，可以使用 WPS 文字中的替换功能。具体操作步骤如下。

(1) 打开文档，单击"开始"选项卡中的"查找替换"下拉按钮，然后选择"替换"选项卡(也可以按下 Ctrl＋H 快捷键打开"查找和替换"对话框)。

(2) 在"查找内容"文本框中输入"互联网"，在"替换为"文本框中输入"Internet"。然后单击"全部替换"按钮，如图 3-11(a)所示。此时，将打开一个确认对话框，显示查找到的内容数量，单击"确定"按钮即可完成替换操作，如图 3-11(b)所示。

(a)　　　　　　　　　　　　　　　　　　(b)

图 3-11　查找并替换文字

"替换"和"全部替换"两个按钮的区别如下。

➢ "替换"按钮：逐一进行替换。

➢ "全部替换"按钮：一次性替换所有匹配项。

3. 高级查找

在 WPS 文字中，用户不仅可以查找文本内容，还可以通过高级搜索、格式和特殊格式等命令，对文档进行批量更改。

例如，要查找文档中格式为"宋体""五号字""标准色红色"的文本"互联网"，具体操作步骤如下。

(1) 打开文档，单击"开始"选项卡中的"查找替换"下拉按钮，选择"查找"选项卡，或者按下 Ctrl＋F 快捷键打开"查找和替换"对话框。

(2) 在"查找内容"文本框中输入"互联网"，然后单击"高级搜索"按钮，展开"搜索"组(可以设置搜索方向、区分全/半角等选项)。接着，单击"格式"下拉按钮，在弹出的列表中选择"字体"选项。按照图 3-12 所示进行操作，在弹出的"查找字体"对话框中设置所需的字体格式，如图 3-13 所示。设置完成后，单击"确定"按钮以关闭对话框。

(3) 返回"查找和替换"对话框，单击"查找下一处"按钮，即可开始查找符合条件格式的文本。

图 3-12　设置查找条件

图 3-13　设置字体格式

4. 高级替换

如果需要对特殊格式进行批量更改，则需要使用高级替换功能。例如，在一个文档中存在多个空白行，若要一次性将这些空白行全部删除，可以通过批量替换特殊格式来实现。具体操作步骤如下。

(1) 打开文档，单击"开始"选项卡中的"查找替换"下拉按钮，选择"替换"选项，或者按下 Ctrl＋H 快捷键打开"查找和替换"对话框。

(2) 将光标放置于"查找内容"文本框中，单击下方的"特殊格式"下拉按钮，在弹出的列表中选择"段落标记"选项(查找时用^P 表示段落标记)。在"查找内容"文本框中连续输入两个段落标记，在"替换为"文本框中输入一个段落标记。然后，单击"全部替换"按钮，如图 3-14 所示，即可批量删除文档中的所有空白段落。

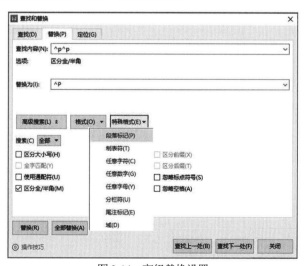

图 3-14　高级替换设置

这里需要注意的是，在 WPS 文字中许多常用的文本处理功能都集中在"开始"选项卡的

"文字排版"组中，如图 3-15 所示。例如，"删除"|"删除空段"命令的效果与前面提到的高级替换功能相同，都能实现删除空白段落(空行)的目标。因此，推荐使用这种方法来处理删除空段(空行)、空格等常用操作。

图 3-15　文字排版工具

任务 3-1

制作员工培训通知

使用 WPS 2019 快速制作一份包含详细培训信息和参与细则的员工培训通知。

3.3　WPS 文字排版

文档的外观在很大程度上取决于所使用的字体。字体不仅决定了文字的风格(即单个字符的外观)，还影响了文字的大小。WPS 文字提供了多种中文字体，每种字体适合展现不同风格的文档。

3.3.1　字体格式设置

设置字体格式是指对文档中的字符进行属性调整，包括但不限于字体、字号、字形、字体颜色和下画线等。通过这些设置，用户可以有效地提升文档的可读性和美观度。

1. 设置字体

使用"字体"对话框设置字体格式的具体操作步骤如下。

(1) 选择需要设置格式的文本内容。

(2) 在"开始"选项卡中单击"字体"对话框启动器按钮⌐，如图 3-16 所示，打开"字体"对话框进行详细设置。

(3) 打开"字体"对话框后，在"字体"选项卡中选择所需的格式设置，然后单击"确定"按钮即可完成字体格式的调整，如图 3-17 所示。

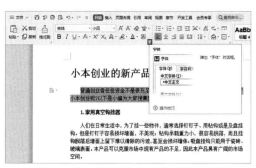

图 3-16　单击"字体"对话框启动器按钮

图 3-17　设置字体格式

调整后的效果如图 3-18 所示,选中的文本内容在字体、字形、字号等方面都发生了变化。

除了上述介绍的方法,用户还可以使用功能组按钮快速设置字体。相较于使用"字体"对话框,通过功能组按钮设置字体更为便捷。只需选择所需内容,然后单击字体功能组中相应的按钮即可完成设置。常用的字体功能组按钮如图 3-19 所示。

图 3-18　字体格式设置效果

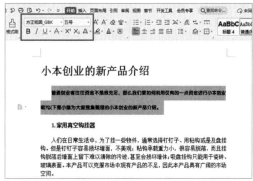

图 3-19　使用字体功能组

2. 设置字号

字号是指字体的大小,通常有两种不同的度量标准。一种是"号",取值范围从八号到初号,数值越小,字体越大。另一种是"磅",取值范围为 1 至 1638,磅值越大,字体越大。具体换算关系为:1 磅 ≈ 1/72 英寸 ≈ 0.35 毫米,因此 8 磅约等于六号,10.5 磅约等于五号。

通常情况下,文章的标题和正文字号应有所区别。例如,标题需要更加醒目,因此字号通常较大,而作者的名字字号则应比正文小一个级别。设置字号的方法与设置字体的方法类似,这里不再重复说明。

这里需要注意以下两点。

➢ 单击字体功能组中的 A⁺ 或 A⁻ 按钮,可以逐步调整选中文本的字号。

➢ 使用 Ctrl+Shift+>或 Ctrl+Shift+<快捷键,也可以连续增大或减小字号。

3. 设置字符间距

字符间距是指相邻两个字之间的距离。通常情况下，标题文字较少，有时为了使标题更加醒目，可以适当增大字符间距，使文字之间的间隔变大。要调整字符间距，首先需要单击"开始"选项卡右下角的"字体"对话框启动器按钮 ，然后在打开的"字体"对话框中选择"字符间距"选项卡进行相应设置，如图 3-20 所示。

图 3-20　设置字符间距

下面以"计算机等级考试"为例，介绍如何设置字符缩放、字符间距和字符位置。

(1) 字符缩放。字符缩放是指在不改变字体高度的情况下，调整字符的横向宽度。缩放程度以相对于标准字号的百分比来表示，具体效果如图 3-21 所示。

(2) 调整字符间距。选择文本内容，在"开始"选项卡中单击"字体"对话框启动器按钮 打开"字体"对话框，然后选择"字符间距"选项卡，在"间距"下拉列表框中选择"加宽"选项，并在其"值"微调框中输入"0.2"，最后单击"确定"按钮，选中的文本字符间距将增加，效果如图 3-22 所示。

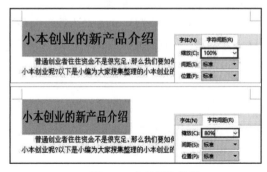

图 3-21　字符缩放效果

图 3-22　字符间距效果

(3) 调整字符位置。选中一个字(如"小"字),然后在"开始"选项卡中单击"字体"对话框启动器按钮，打开"字体"对话框，在"字符间距"选项卡的"位置"下拉列表框中选择"上升"选项，并在其"值"微调框中输入"6"，最后单击"确定"按钮，如图3-23(a)所示;接着选择另外一个字(如"本"字),使用相同方法将其位置下移 6 磅，如图 3-23(b)所示。

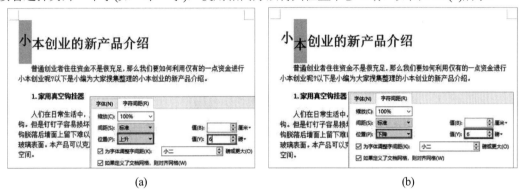

(a)   (b)

图 3-23   设置字符上升和下降

4. 设置其他选项

为了使文档中的某些字符更加醒目并突出重点，可以使用粗体、下画线、斜体等效果。此外，还可以应用一些特殊的字体效果，如上标、下标、删除线等。同时，用户也可以将文本设置为隐藏，使其不显示或不被打印。表 3-8 列出了 WPS 文字中常用的一些字体效果。

表 3-8   常用字体效果

选项名称	执行操作
字形	常规 加粗 *倾斜*
下画线	下画线
着重号	着重号
删除线	删除线
上标	上标
下标	下标

3.3.2   段落格式设置

设置段落格式是 WPS 文字排版中至关重要的操作。掌握段落相关属性的设置，对于改善文档的整体排版效果具有重要意义。

1. 段落对齐

WPS 文字提供了以下 5 种段落对齐方式。

➢ 左对齐:将段落的左端对齐，常用于正文内容。

➢ 居中对齐:将段落行居中对齐，通常适用于标题。

➢ 右对齐:将段落的右端对齐。

> 两端对齐：使段落的左右两端对齐，但最后一行除外。
> 分散对齐：通过调整字符间距，使段落左右完全对齐，通常用于段落的最后一行。

要更改一个或多个段落的对齐方式，首先选中需要调整的段落，然后在"开始"选项卡中单击相应的对齐按钮，如图 3-24 所示。

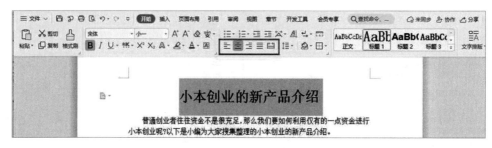

图 3-24　对齐按钮

2. 段落缩进

段落缩进的主要目的是使段落更具层次感，整体排版更加整齐美观。缩进指的是段落边界与页面边界之间的间距。段落缩进有以下几种常见形式。

> 首行缩进：首行缩进是指将段落的第一行向左缩进，也就是我们常说的"第一行空几格"。
> 悬挂缩进：悬挂缩进是指除首行外，段落的其他行均向左缩进。
> 左缩进：左缩进是指整个段落所有行的左边界同时向右缩进。
> 右缩进：右缩进与左缩进相反，是指整个段落所有行的右边界同时向左缩进。

设置段落缩进有两种方法。

方法 1：使用标尺手动设置。拖曳标尺上的不同滑块，可以实现不同类型的缩进设置，如图 3-25 所示。

图 3-25　使用标尺设置段落缩进

方法 2：通过"段落"对话框设置，具体操作步骤如下。

(1) 选择需要设置缩进的文本内容，然后在"开始"选项卡中单击"段落"对话框启动器按钮，打开"段落"对话框。

(2) 在"缩进和间距"选项卡中进行相应的缩进设置，完成后单击"确定"按钮，如图 3-26 所示。

3. 段前和段后间距

段前、段后间距的设置是指在段落的前后添加额外的空间，以增加或减少段落之间的距离。这些间距可以在"段落"对话框中进行调整，具体是在"间距"部分的"段前"和"段后"微调框中进行相应设置。

4. 设置行距

行距指的是段落中各行文本之间的垂直距离。设置行距的具体操作步骤如下。

(1) 选择需要设置行距的文本内容，然后在"开始"选项卡中单击"段落"对话框启动器按钮┘，打开"段落"对话框。

(2) 在"缩进和间距"选项卡中，通过"行距"下拉列表框选择合适的行距类型，然后单击"确定"按钮，如图 3-27 所示。

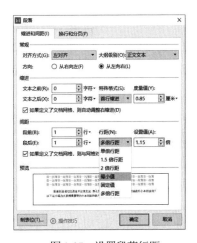

图 3-26　设置段落缩进　　　　　　图 3-27　设置段落行距

图 3-27 中"行距"下拉列表框中各选项的含义如下。

➢ 单倍行距：将行距设置为该行最大字体的高度加上一小段额外的间距。额外间距的大小取决于所使用的字体，单位为点数(磅)。通常，默认五号字体的单倍行距为 12 磅。

➢ 1.5 倍行距：行距为单倍行距的 1.5 倍。例如，对于 10 磅大小的文本，使用 1.5 倍行距时，行距约为 15 磅。

➢ 2 倍行距：行距为单倍行距的 2 倍。例如，对于 10 磅大小的文本，使用 2 倍行距时，行距约为 20 磅。

➢ 最小值：行距至少为设定的值，但如果行中包含较大的字符或元素，行距会自动增加以适应内容。

➢ 固定值：行距固定为设定的值，不会自动调整。

➢ 多倍行距：根据输入的倍数调整行距。例如，输入"2"，行距将变为单倍行距的 2 倍。

5. 段落布局

WPS 文字提供了段落布局工具，使用该工具可以更加直观地对段落进行各种属性的调整。设置段落布局的具体操作步骤如下。

(1) 将光标置于需要调整的段落中，此时光标左侧会出现"段落布局"工具按钮。

(2) 单击"段落布局"工具按钮，光标所在段落的周围会出现可调节的工具框。将鼠标指针移动到该工具框上，即可通过拖曳的方式对各种段落属性进行设置，如图 3-28 所示。

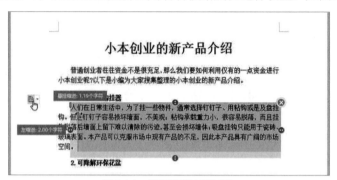

图 3-28　使用段落布局工具

这里需要注意的是，若要使用段落布局工具，则必须确保"开始"选项卡中的"显示/隐藏编辑标记"下拉列表框中的"显示/隐藏段落布局按钮"选项处于选中状态。

3.3.3　特殊格式设置

1. 边框和底纹

为了使文档更加美观，或突出显示某些重要内容，用户常常会为文本或段落添加边框或底纹。在 WPS 文字中，可以对文字、段落应用边框和底纹，也可以对整个页面添加边框。

对文档中的目标对象应用边框和底纹的具体操作步骤如下。

(1) 选择要应用边框和底纹的文本或段落，然后在"页面布局"选项卡中单击"页面边框"按钮，打开"边框和底纹"对话框。

(2) 在"页面边框"选项卡中，分别设置边框的样式、线型、颜色和宽度，然后将"应用于"设置为"整篇文档"，如图 3-29 所示。

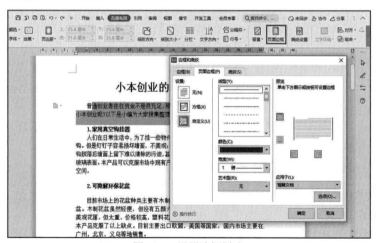

图 3-29　设置边框样式

(3) 选择"底纹"选项卡，在"填充"下拉列表框中选择合适的填充颜色，然后在"样式"下拉列表框中选择适当的图案样式。接下来，将"应用于"设置为"文字"，最后单击"确定"按钮，如图 3-30 所示。设置完边框和底纹后的效果如图 3-31 所示。

图 3-30　设置底纹样式

图 3-31　页面设置效果

这里需要注意的是，页面边框的设置方法与文字、段落的边框设置类似，在打开的"边框和底纹"对话框中的"页面边框"选项卡内进行相应设置即可。不过，在选择"应用于"范围时，需选择"整篇文档"或"本节"。此外，还可以选择"艺术型"边框效果。

2. 分栏

通过设置分栏可以丰富文档的排版样式，具体操作步骤如下。

(1) 选择要设置分栏的文本内容，然后在"页面布局"选项卡中单击"分栏"下拉按钮，在弹出的下拉列表中选择"更多分栏"选项。

(2) 打开"分栏"对话框，在"预设"组中选择希望使用的分栏格式(若需自定义栏数，可直接在"栏数"微调框内进行设定)。随后，分别设置栏宽、间距、应用范围及是否显示分隔线，最后单击"确定"按钮完成设置，如图 3-32 所示。

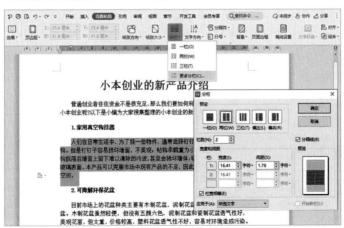

图 3-32　设置分栏

在设置分栏时，需注意选择"应用于"下拉列表框中的选项。选择不同的选项，分栏设置将应用于不同的范围。

> 整篇文档：选择此选项，分栏设置将应用于整个文档。
> 所选文字：选择此选项，分栏设置仅应用于选定的文本内容，其他未选中的部分不受影响。
> 所选节：选择此选项，分栏设置仅应用于当前节的内容，其他节不受影响。
> 插入点之后：若未选择任何文本内容而直接打开"分栏"对话框，则"应用于"下拉列表框中将出现此选项。选择该选项后，分栏设置将应用于光标之后的内容。

若要取消分栏设置，可在"分栏"对话框中将"栏数"设置为1。

3. 项目符号和编号

项目符号和编号是用于处理文档列表信息的格式工具。在 WPS 文字中，可以自动创建这些元素，如对相关信息构成的无序项目使用项目符号列表，而对有序项目使用编号列表。

在创建项目符号或编号列表时，每个段落被视为一个独立的列表项，并可拥有其独自的项目符号或编号。

1) 设置项目符号

设置项目符号的具体操作步骤如下。

(1) 选择要添加项目符号的文本内容，然后在"开始"选项卡中单击"项目符号"下拉按钮，在弹出的下拉列表框中选择所需的项目符号样式，如图 3-33 所示。

(2) 如果列表中没有符合要求的项目符号样式，则选择"自定义项目符号"选项。

(3) 在打开的"项目符号和编号"对话框中，选择"项目符号"选项卡，任意选择一种项目符号样式，单击"自定义"按钮，如图 3-34 所示。

图 3-33　选择项目符号样式

图 3-34　自定义项目符号样式

(4) 在打开的"自定义项目符号列表"对话框中，单击"高级"按钮以展开更多选项，从而设置其他辅助选项，如图 3-35 所示。

(5) 单击"字符"按钮打开"符号"对话框。在"符号"选项卡中，选择所需的符号，如图 3-36 所示。然后，单击"插入"按钮，返回相应对话框，最后依次单击"确定"按钮，即可完成设置。

图 3-35　设置其他辅助选项

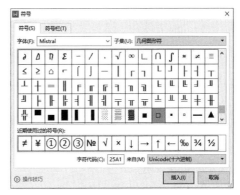

图 3-36　选择符号

2) 设置编号

设置编号的方法与设置项目符号类似。若要在输入文本内容时自动创建编号列表，可以参照以下步骤操作。

(1) 选择要设置编号的文本内容，然后在"开始"选项卡中单击"编号"下拉按钮，在打开的下拉列表框中选择所需的编号样式，如图 3-37 所示。

(2) 如果没有符合要求的编号样式，则选择"自定义编号"选项。

(3) 打开"项目符号和编号"对话框，在"编号"选项卡中任意选择一种编号样式，单击"自定义"按钮，如图 3-38 所示。

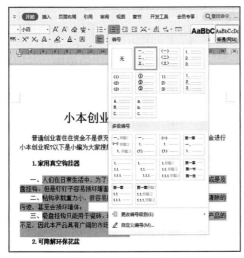

图 3-37　选择编号样式

图 3-38　自定义编号样式

（4）在打开的"自定义编号列表"对话框中的"编号样式"下拉列表框中选择一个样式，然后单击"高级"按钮以展开更多选项，从而设置其他辅助选项。设置完成后，单击"确定"按钮，如图 3-39 所示。

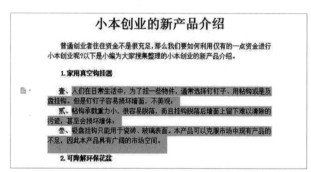

图 3-39　选择并应用自定义编号

这里需要注意以下两点。

➢ 单击"自定义编号列表"对话框中的"高级"按钮后，当展开更多选项时，"高级"按钮将变为"常规"按钮。

➢ 要取消项目符号或编号，可以在项目符号或编号的下拉列表框中选择"无"选项。

4. 页面背景

默认情况下，页面背景颜色为白色。在 WPS 文字中，用户可以将纯色、渐变色、纹理、图案和图片设置为页面背景。

在"页面布局"选项卡中单击"背景"下拉按钮，在弹出的下拉列表框中可以选择填充颜色，或使用渐变色、纹理、图案、水印等作为页面背景，如图 3-40 所示。

如果希望使用图案作为页面背景，可以在"背景"下拉列表框中选择"其他背景"|"图案"选项。在打开的"填充效果"对话框中，选择"图案"选项卡，选择合适的图案后单击"确定"按钮，如图 3-41 所示。

图 3-40　设置页面背景　　　　　　图 3-41　设置图案填充

若要使用水印作为页面背景，可以在"背景"下拉列表框中选择"水印"|"插入水印"选

项，在打开的"水印"对话框中进行相应设置，完成后单击"确定"按钮即可。

5. 首字下沉

"首字下沉"中的"首字"指的是段落中的第一个字，而"下沉"则是将这个字放大，使其占据下方几行的空间。设置首字下沉的具体操作步骤如下。

(1) 选择要设置首字下沉的段落，单击"插入"选项卡中的"首字下沉"按钮，如图 3-42(a)所示。

(2) 在打开的"首字下沉"对话框中，选择"下沉"或"悬挂"效果，并根据需要调整首字的"字体""下沉行数"及"距正文"等选项。设置完成后，单击"确定"按钮，如图 3-42(b)所示。

(a)　　　　　　　　　　　　　　　　　　　　(b)

图 3-42　设置首字下沉

6. 使用格式刷

文本内容可以复制和粘贴，让用户免于重复劳动。那么，格式是否也可以复制和粘贴呢？答案是肯定的。WPS 文字提供了方便的格式刷工具，即位于"开始"选项卡中的"格式刷"按钮。使用格式刷复制格式的具体操作步骤如下。

(1) 选择某部分内容(一个字符或一段文字)。

(2) 单击"开始"选项卡中的"格式刷"按钮 。

(3) 当鼠标指针变成刷子形状 时，在目标内容上拖曳(拖选目标内容)，即可完成格式的复制。这里需要注意以下几点。

➢ 单次单击"格式刷"按钮，只能复制一次格式。

➢ 双击"格式刷"按钮，可以多次复制格式。

➢ 要退出格式刷状态，可以按 Esc 键或再次单击"格式刷"按钮 。

任务 3-2

制作办公用品采购单

在 WPS 2019 中通过文字排版制作一份包含详细信息的办公用品采购单。

3.4　WPS 页面排版

WPS 文字中的页面排版有助于调整文本格式和布局，使文档更美观且专业，提升可读性，包括设置页边距、纸张、版式、分栏、页眉、页脚和页码等功能。

3.4.1　页面设置

在 WPS 文字中，所有与页面设置相关的功能都集中在"页面设置"对话框中。单击"页面布局"选项卡中的"页面设置"对话框启动器按钮，如图 3-43 所示，即可打开该对话框。

图 3-43　单击"页面设置"对话框启动器按钮

在"页面设置"对话框中，用户可以进行页边距、纸张、版式、文档网格和分栏等设置，具体内容如图 3-44 所示。

(a)　　　　　　　　　　(b)　　　　　　　　　　(c)

(d)　　　　　　　　　　(e)

图 3-44　"页面设置"对话框

图 3-44 所示"页面设置"对话框中各选项卡的主要功能说明如下。

➤ "页边距"选项卡：用于设置正文内容与纸张边缘的距离，包括上、下、左、右 4 个方向的页边距。用户还可以根据需求设定装订线的位置和宽度，并选择页面方向为"纵向"或"横向"。在选项卡下方的"预览"组中，用户可以指定设置的应用范围为"整篇文档"或"插入点之后"。

➤ "纸张"选项卡：在"纸张大小"下拉列表框中，用户可以选择不同规格的纸张。如果选择"自定义大小"选项，则可以通过手动设置"宽度"和"高度"来定义所需的纸张规格。

➤ "版式"选项卡：可以设置页眉和页脚为"奇偶页不同"或"首页不同"，并调整页眉和页脚与页面边界的距离。

➤ "文档网格"选项卡：允许为文档指定网格，并设置每页的行数及每行的字符数。

➤ "分栏"选项卡：用于对文档内容进行分栏设置。

这里需要注意的是，修改页边距不会影响页眉和页脚与页面边界的距离。

在"页面设置"对话框的各个选项卡中，用户会看到一个"应用于"下拉列表框，其功能是指定页面设置的应用范围。

"应用于"下拉列表框中各选项的具体功能如下。

➤ 整篇文档：将当前页面设置应用于整个打开的文档。

➤ 插入点之后：将当前页面设置应用于光标所在位置之后的内容。

➤ 本节：将页面设置应用于光标所在的节中(如果文档未分节，则不会显示此选项)。

➤ 所选文字：将页面设置仅应用于文档中当前选定的内容(如果未选择任何内容，则不会显示此选项)。

需要注意的是，如果已经选择了文档中的内容，并在"应用于"下拉列表框中选择了"所选文字"选项，则所选内容将自动成为单独的一节。

3.4.2 页眉页脚和页码设置

1. 设置页眉页脚

页眉和页脚是显示在每一页顶部(页眉)和底部(页脚)的内容，可以包含页码、章节标题、作者姓名或其他相关信息。

进入页眉和页脚编辑界面的方法有以下两种。

方法 1：单击"插入"选项卡中的"页眉页脚"按钮，进入页眉和页脚编辑界面，如图 3-45 所示。

方法 2：在页面的顶部(页眉位置)或底部(页脚位置)双击，进入页眉和页脚编辑界面。

为文档插入页眉和页脚的具体操作步骤如下。

(1) 双击页面的顶部(页眉位置)或底部(页脚位置)，进入编辑状态。在页眉编辑区输入相应文字，并设置文字格式。

(2) 设置完成后，在"页眉页脚"选项卡中单击"关闭"按钮，退出编辑状态。

(3) 按照类似的操作步骤为文档插入页脚。

需要注意的是，当进入页眉和页脚编辑状态时，正文内容会变灰，且无法进行编辑。

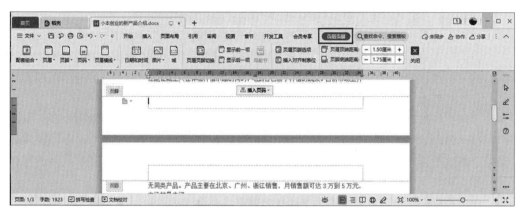

图3-45　页眉和页脚编辑界面

2. 设置页码

对于多页文档，通常需要插入页码。具体操作步骤如下。

(1) 单击"插入"选项卡中的"页码"下拉按钮，在弹出的下拉列表框中选择一种预设页码样式，如图3-46(a)所示。

(2) 如果需要自定义页码样式，选择"页码"下拉列表框中的"页码"选项，在打开的"页码"对话框中设置"样式"和"位置"后，单击"确定"按钮，如图3-46(b)所示。

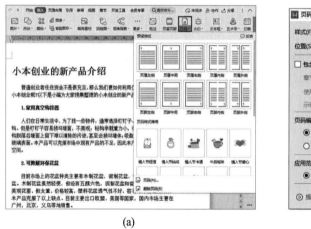

(a)　　　　　　　　　　　　　　　　　(b)

图3-46　在文档中插入并设置页码

需要注意的是，单击页码后，页码周围会出现可调节的方框，通过拖曳这些方框可以调整页码的位置。

3.4.3　打印与打印预览

在完成文档的编辑和排版后，即可将其打印出来。WPS文字提供了多种打印方式，用户可以选择打印整个文档、单独打印一页，或者指定打印文档中的某些页。在打印之前，应确保计算机已安装好打印机。

若要进行打印预览，用户可以选择"文件"菜单，选择"打印"|"打印预览"命令，以查看文档的打印效果，如图 3-47 所示。在"打印预览"界面中，还可以调整显示的比例以更好地查看文档。

如果对打印预览的效果感到满意，可以单击"直接打印"下拉按钮，并在弹出的下拉列表中选择"打印"选项，打开"打印"对话框，如图 3-48 所示。

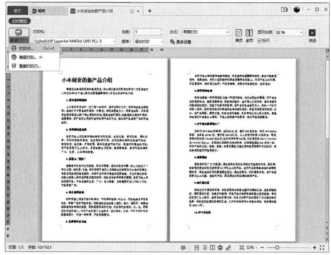
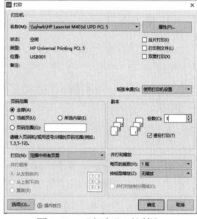

图 3-47　打印预览　　　　　　　　　　图 3-48　"打印"对话框

在文档编辑界面中，用户可以使用 Ctrl＋P 快捷键来快速打开"打印"对话框。如果希望直接打印文档而不打开"打印"对话框，可以单击快速访问工具栏中的"直接打印"按钮 。

在"打印"对话框中，用户可以设置各种打印选项，如打印的份数和打印页面的范围等。完成设置后，单击"确定"按钮即可开始打印。

这里需要注意的是，如果需要打印文档的第 1、4、7 页，可以在"打印"对话框的"页码范围"文本框中输入"1,4,7"。分隔页码的逗号需要在英文输入状态下输入。如果需要打印文档的第 8 至 12 页，可以在"页码范围"文本框中输入"8-12"。这里的"-"符号也必须在英文输入状态下输入。

任务 3–3

制作公司规章制度

通过创建专业模板、插入页眉页脚、设置标题样式和段落格式，制作一个结构清晰、格式统一的公司规章制度文档。

3.5　WPS 图形设置

在 WPS 文字中，图形设置功能允许用户灵活地插入和编辑各种图片及形状，支持的图片格式包括常见的.jpg、.gif、.bmp 和.tif 等，同时 WPS 文字也提供了丰富的形状库，涵盖线条、矩形、箭头、流程图等多种类型。用户可以通过简单的拖拽和调整操作，轻松添加和自定义图形，使得文档的内容更加生动和直观，从而有效提升信息的表达效果。

3.5.1 图形的插入

WPS 文字支持插入由多种应用程序生成的图片，包括 Windows 的画图程序、WPS 自带的绘图程序、Photoshop 及 AutoCAD 等软件生成的图片。可插入的图片格式包括 .jpg、.gif、.bmp、.tif 等。

1. 插入图片

在 WPS 文字中插入图片的具体操作步骤如下。

(1) 单击"插入"选项卡中的"图片"按钮，打开"插入图片"窗口，如图 3-49 所示。

(2) 在窗口中浏览并选择需要插入的图片，单击"打开"按钮，该图片将插入文档中光标当前所在的位置。

2. 绘制形状

WPS 文字提供了多种可供插入的形状，包括线条、矩形、基本形状、箭头总汇、公式形状、流程图、星与旗帜、标注等。绘制形状的具体操作步骤如下。

(1) 单击"插入"选项卡中的"形状"下拉按钮，在弹出的下拉列表框中选择所需的形状，如图 3-50 所示。

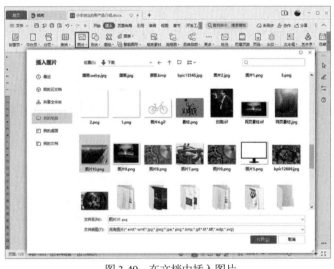

图 3-49　在文档中插入图片

图 3-50　"形状"下拉列表框

(2) 此时，鼠标指针在编辑区中将变为黑色十字形，按住鼠标左键并拖曳即可绘制出相应的形状。

图片和形状的区别在于：图片放大后可能会出现失真，而形状的大小可以任意调整。在"绘图工具"选项卡中，单击"编辑形状"按钮，可以对已绘制的形状进行修改。

3.5.2　图片和形状格式设置

单击文档中的图片或形状后，其四周会出现 8 个控制点。拖曳这些控制点可以调整图片或形状的大小，同时会显示"图片工具"或"绘图工具"选项卡，如图 3-51 所示。通过这些选项卡，用户可以设置图形的环绕方式、大小、位置和轮廓等属性。

(a)　"图片工具"选项卡

(b)　"绘图工具"选项卡

图 3-51　"图片工具"和"绘图工具"选项卡

下面介绍一些常用的图片和形状格式设置方法。

1. 改变图片的大小和位置

改变图片的大小和位置有两种方法。

方法 1：手动调整，具体操作步骤如下。

(1) 单击需要调整大小和位置的图片，图片四周将出现 8 个控制点，同时打开"图片工具"选项卡。

(2) 将鼠标指针移到图片任意位置，按住鼠标左键并拖曳，即可将图片移动到新位置。

(3) 将鼠标指针移到控制点上，当指针变为水平、垂直或斜对角的双向箭头时，按住鼠标左键沿箭头方向拖曳，即可改变图片在相应方向上的大小。

方法 2：精确调整，具体操作步骤如下。

(1) 右击需要设置大小和位置的图片，在弹出的快捷菜单中选择"其他布局选项"命令，打开"布局"对话框。

(2) 在"大小"选项卡中，根据需要设置图片的尺寸。

(3) 切换到"位置"选项卡，根据需要设置图片的位置。

这里需要注意以下几点。

➢ 如果图片的环绕方式为"嵌入型"，则无法在"布局"对话框中调整图片的位置。

➢ 如果对图片的尺寸设置不满意，可以选中图片，然后单击"图片工具"选项卡中的"重设大小"按钮恢复原状。

➢ 选中"锁定纵横比"复选框后，当调整图片的高度或宽度时，另一个维度会自动按比例调整。如果需要独立调整高度和宽度，应先取消"锁定纵横比"复选框的选中状态。

2. 剪裁图片

改变图片的大小只会按比例放大或缩小图片内容，而裁剪功能可以移除不需要的部分。具体操作步骤如下。

(1) 单击需要裁剪的图片，图片四周将出现 8 个控制点，同时打开"图片工具"选项卡。

(2) 单击"裁剪"按钮，将鼠标指针移动到图片的右下角，指针将变为裁剪图标。

(3) 将鼠标指针移到图片裁剪框的控制点上，按住鼠标左键拖曳即可裁剪图片。若同时按住 Ctrl 键，则可以进行对称裁剪。

(4) 完成裁剪后，再次单击"裁剪"按钮或按 Esc 键退出裁剪模式，图片将仅保留所需部分。

在执行以上操作时，单击快速访问工具栏中的"撤销"按钮 可以撤销上一次的裁剪操作。

3. 设置图片环绕方式

插入图片的默认环绕方式为"嵌入型"。在"图片工具"选项卡中，单击"环绕"下拉按钮，选择所需的环绕类型，如"四周型环绕"，即可更改图片的环绕方式。各种环绕方式的功能如表 3-9 所示。

表 3-9　各种环绕方式的功能

环绕方式	功能说明
嵌入型	图片像文档中的文字一样插入到文档中
四周型环绕	文字环绕在图片四周
紧密型环绕	文字紧密环绕在图片的定位点外，适用于不规则形状的图片
衬于文字下方	文字位于图片上方，图片可以被文字遮挡
浮于文字上方	图片位于文字上方，可以遮挡文字
上下型环绕	文字位于图片的上下方
穿越型环绕	文字围绕图片的顶点进行环绕

4. 为图片添加边框

为图片添加边框的具体操作步骤如下。

(1) 单击需要添加边框的图片，图片四周会出现 8 个控制点，同时打开"图片工具"选项卡。

(2) 在"图片工具"选项卡中单击"图片轮廓"下拉按钮，在弹出的列表中选择"图片边框"选项，然后在子列表中选择一种边框样式。

5. 在绘制的形状中添加文字

用户可以在绘制的形状中添加文字，具体操作步骤如下。

(1) 将鼠标指针移到需要添加文字的形状上，右键单击该形状，弹出快捷菜单。

(2) 在弹出的快捷菜单中选择"添加文字"命令，此时光标将定位到形状内部。

(3) 输入文字。

6. 设置形状颜色、线条和效果

通过"绘图工具"选项卡中的"填充""轮廓"和"形状效果"下拉按钮，用户可以为封闭形状填充颜色，设置形状线条的线型和颜色，以及添加阴影、发光等效果。具体操作步骤如下。

(1) 在"绘图工具"选项卡中，单击"填充"下拉按钮，选择一种颜色，或设置形状的图片、渐变、纹理等填充效果。

(2) 在"绘图工具"选项卡中，单击"轮廓"下拉按钮，选择一种颜色，或设置轮廓的粗细、虚线线型和箭头样式。

(3) 在"绘图工具"选项卡中，单击"形状效果"下拉按钮，选择所需的效果，如阴影、发光等。

7. 设置图片和形状叠放次序

当多个图片和形状对象重叠时，新添加的图片或形状会覆盖其他图形。用户可以使用"绘图工具"选项卡来调整各图形之间的叠放次序，具体操作步骤如下。

(1) 选中需要调整叠放次序的图形对象。

(2) 在"绘图工具"选项卡中，单击"上移一层"或"下移一层"下拉按钮，在弹出的列表中选择所需的叠放次序。

3.5.3　文本框的使用

文本框是一个独立的对象，其中的文字和图片会随文本框一起移动，这与单纯的文字边框不同。

1. 创建文本框

在"插入"选项卡中，单击"文本框"下拉按钮，选择"横向""竖向"或"多行文字"选项。当鼠标指针移到文档中时，指针将变为"十"字形，按住鼠标左键并拖曳即可绘制所需的文本框。放开鼠标左键后，光标将出现在文本框中，此时可以在文本框中输入文字或插入图片。

2. 调整文本框位置、大小和环绕方式

调整文本框位置、大小和环绕方式的具体操作方法如下。

➢ 移动文本框：将鼠标指针指向文本框的边框线，当鼠标指针变为"十"字形时，按住鼠标左键并拖曳即可移动文本框。

➢ 复制文本框：选中文本框，在移动文本框的同时按住 Ctrl 键，可以复制该文本框。

➢ 改变文本框的大小：选中文本框后，其周围会出现 8 个控制点。通过向内或向外拖曳这些控制点，可以调整文本框的大小。

➢ 改变文本框的环绕方式：选中文本框，然后在"绘图工具"选项卡中单击"文字环绕"下拉按钮，在弹出的列表中选择所需的环绕方式，即可更改文本框的环绕方式。

3. 设置文本框样式

在"绘图工具"选项卡中，用户可以对文本框的形状样式进行各种设置。例如，若要更改文本框的填充颜色，以及边框线的线型和颜色，具体操作步骤如下。

(1) 选中文本框。

(2) 选择"绘图工具"选项卡，单击"填充"下拉按钮，在弹出的列表中选择所需的填充颜色。

(3) 单击"轮廓"下拉按钮，在弹出的列表中选择边框线的线型和颜色。

制作门店开业宣传海报

通过选择模板、插入图片、编辑文字和布局调整，制作一张引人注目的门店开业宣传海报。

3.6 WPS 表格设置

相比纯文字，表格更加简洁、直观，且应用范围广泛。在工作、学习和生活中，我们经常需要制作各种表格，如班级成绩表、月收入支出表、工资表等。WPS 文字提供了强大的表格处理功能，帮助用户创建美观且实用的表格。

3.6.1 表格的创建

1. 使用虚拟表格创建表格

使用虚拟表格创建表格的具体操作步骤如下。

(1) 在"插入"选项卡中单击"表格"下拉按钮，在弹出的虚拟表格中移动鼠标指针，选择所需的行数和列数(如 5 行 7 列)，如图 3-52(a)所示。

(2) 单击选定后，即可在光标所在位置插入一个表格，如图 3-52(b)所示。

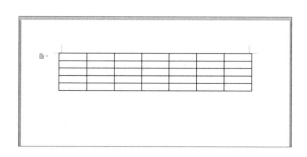

(a)　　　　　　　　　(b)

图 3-52　使用虚拟表格创建表格

这里需要注意的是，当使用虚拟表格创建表格时，最多可以选择 8 行 17 列的表格，即这种方法最多只能创建 8 行 17 列的表格。

2. 使用"插入表格"命令创建表格

通过"插入表格"命令创建表格的具体操作步骤如下。

(1) 单击"插入"选项卡中的"表格"下拉按钮，然后在弹出的下拉列表中选择"插入表格"选项。

(2) 打开"插入表格"对话框，在"列数"和"行数"微调框内输入所需的列数和行数。例如，要创建一个 20 行 58 列的表格，则设置"列数"为 58，"行数"为 20，如图 3-53 所示。

(3) 最后，单击"确定"按钮，即可完成表格的创建。

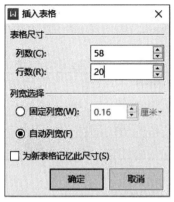

图 3-53　"插入表格"对话框

这里需要注意，列宽的选择有两种方式。

➢ 选择"固定列宽"单选按钮后，可以在右侧的微调框中手动输入列宽值。

➢ 选择"自动列宽"单选按钮后，表格会根据当前页面编辑区域的宽度自动调整列宽，使表格占满整个页面编辑区域。

3. 使用固定格式的文本创建表格

用户还可以通过"文本转换成表格"选项，将具有固定格式的文本直接转换为表格。具体操作步骤如下。

(1) 选中需要转换为表格的文本内容。

(2) 单击"插入"选项卡中的"表格"下拉按钮，然后选择"文本转换成表格"选项。

(3) 在打开的"将文字转换成表格"对话框中选择"制表符"单选按钮，然后单击"确定"按钮，如图 3-54 所示，即可完成转换。

图 3-54　将文字转换成表格

3.6.2 表格的基本操作

1. 编辑表格内容

单击表格中的任意单元格，光标将出现在该单元格内，使其处于可编辑状态。此时，用户可以在单元格中输入文字、插入符号或图片等。

用户可以使用鼠标或键盘移动光标。若使用鼠标，则只需单击目标单元格即可。若使用键盘，则移动光标的方式如表 3-10 所示。

表 3-10　使用键盘移动光标的方式

按键	功能说明	按键	功能说明
↑	向上移动一个单元格	→	向右移动一个单元格
↓	向下移动一个单元格	Tab	移至下一个单元格
←	向左移动一个单元格	Shift + Tab	移至上一个单元格

2. 移动和缩放表格

将鼠标指针移至表格任意位置，表格左上角会出现一个十字形箭头标记。拖曳该标记可以移动表格。若将鼠标指针移至表格右下角，当指针变为双向箭头形状时，按住鼠标左键并拖曳至适当位置，即可放大或缩小表格。图 3-55 展示了移动和缩放表格的方法。

图 3-55　移动和缩放表格

3. 选择表格中的内容

设置表格内容格式的方法与设置正文格式类似，首先需要选择相应的对象。表格中可选择的对象包括单个单元格、一列、一行或单元格中的文本。选择方法有使用菜单命令和使用鼠标/键盘两种。

使用菜单命令选择表格内容的具体操作步骤如下。

(1) 将光标定位在表格的某一单元格中。

(2) 单击"表格工具"选项卡中的"选择"下拉按钮，在弹出的下拉列表中选择"单元格""列""行"或"表格"选项，即可选择相应的内容。例如，选择"列"选项，如图 3-56 所示。

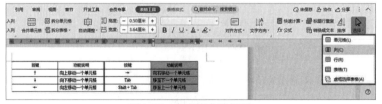

图 3-56　在表格中选择列

使用鼠标或键盘选择表格内容的方法，如表 3-11 所示。

表 3-11　使用鼠标或键盘选择表格内容的方法

选中对象	执行操作
选择一个单元格	将鼠标指针移至单元格的左边框，当鼠标指针变为 ➚ 形状时，单击
选择一行	将鼠标指针移至该行的左侧，当鼠标指针变为 ⇗ 形状时，单击
选择一列	将鼠标指针移至该列顶端，当鼠标指针变为 ↓ 形状时，单击
选择下一个单元格中的文本	按 Tab 键
选择上一个单元格中的文本	按 Shift＋Tab 快捷键
选择连续多个单元格、多行或多列	在要选择的单元格、行或列上拖曳鼠标指针；或者先选择某个单元格、行或列，然后在按住 Shift 键的同时选择其他单元格、行或列

需要注意的是，无论选择了单元格、行、列，还是整个表格，只需在文本编辑区的任意位置单击，即可取消选择。

3.6.3　修改表格结构

修改表格结构的操作主要包括插入行和列、删除行和列、插入单元格、删除单元格、合并单元格、拆分单元格，以及调整列宽和行高。

1. 插入行和列

要在表格中插入列，首先需要选择插入列的位置，然后执行相应命令。插入列的操作有两种方法。

方法 1：在"表格工具"选项卡中，单击"在左侧插入列"或"在右侧插入列"按钮。

方法 2：选择要插入列的位置，然后单击鼠标右键，在弹出的快捷菜单中选择"插入"命令，再选择"在左侧插入列"或"在右侧插入列"命令，即可在选定列的左侧或右侧插入新列，如图 3-57 所示。

图 3-57　使用快捷菜单插入列

使用快捷菜单插入行的方法与插入列的方法类似，区别在于需要选择的是"行"而不是"列"。用户可以一次选择多行或多列，然后批量插入多行或多列。

2. 删除行和列

在表格中删除行和列的操作非常简单。首先选择要删除的行或列，然后单击"开始"选项卡中的"剪切"按钮，或按 Ctrl + X 快捷键。另外，用户也可以在"表格工具"选项卡中通过单击"删除"下拉按钮，选择"行"或"列"选项来删除行或列。

如果需要删除整个表格，可以在"表格工具"选项卡中单击"删除"下拉按钮，在弹出的下拉列表中选择"表格"选项。

3. 插入单元格

插入单元格的操作与插入行或列有所不同。首先选择要插入单元格的位置，然后在"表格工具"选项卡中单击"插入单元格"对话框启动器按钮。此时，会打开"插入单元格"对话框，如图 3-58 所示。其中，提供了 4 种插入单元格的方式供用户选择。

图 3-58　在表格中插入单元格

(1) 活动单元格右移：插入新单元格后，当前单元格将向右移动。
(2) 活动单元格下移：插入新单元格后，当前单元格将向下移动。
(3) 整行插入：在当前单元格位置插入一行，原单元格所在行下移。
(4) 整列插入：在当前单元格位置插入一列，原单元格所在列右移。

4. 删除单元格

当需要删除单元格时，首先选中要删除的单元格，然后右击该单元格，在弹出的快捷菜单中选择"删除单元格"命令。此时，系统将打开如图 3-59 所示的"删除单元格"对话框，用户可以从中选择一种删除单元格的方式。

需要注意的是，"剪切"命令只能用于删除单元格中的文本，而不能用于删除单元格本身。

5. 合并或拆分单元格

在实际工作中，我们经常需要处理不规则的表格。例如，图 3-60 所示的复杂表格，无法通过之前介绍的常规方法轻松创建。

利用 WPS 文字中的"合并单元格"和"拆分单元格"功能，可以轻松制作出结构复杂的表格。

图 3-59　删除单元格　　　　　　　　　　图 3-60　复杂表格

1) 合并单元格的具体操作步骤

(1) 创建一个新表格，选中需要合并的多个相邻单元格。

(2) 右击选中的单元格，在弹出的快捷菜单中选择"合并单元格"命令，如图 3-61 所示。

(3) 完成以上操作后，单元格将合并为一个，效果如图 3-62 所示。

2) 拆分单元格的具体操作步骤

(1) 将光标定位在要拆分的单元格内，右击并在弹出的快捷菜单中选择"拆分单元格"命令，如图 3-63 所示。

(2) 在打开的"拆分单元格"对话框中设置要拆分的行数和列数(例如，拆分为 2 行 3 列)，然后单击"确定"按钮，如图 3-64 所示。

(3) 完成以上操作后，拆分单元格的效果如图 3-65 所示。

图 3-61　合并单元格　　　　　　　　　　图 3-62　合并效果

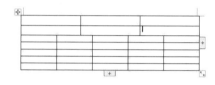

图 3-63　拆分单元格　　　　　图 3-64　设置拆分选项　　　　　图 3-65　拆分效果

6. 设置表格的列宽和行高

1) 设置表格列宽

设置表格列宽有两种方法：一种是使用鼠标拖曳，另一种是使用菜单命令。

方法 1：通过鼠标拖曳。将鼠标指针放置在需要调整宽度的列的边框上，当鼠标指针变为 ↔ 形状时，按住鼠标左键并拖曳，直至达到所需的列宽后松开鼠标左键。

方法 2：使用菜单命令，具体操作步骤如下。

(1) 单击需要调整列宽的单元格，然后在"表格工具"选项卡中单击"表格属性"按钮。

(2) 在打开的"表格属性"对话框中，选择"列"选项卡，然后在"指定宽度"微调框中输入所需的数值，并单击"确定"按钮，如图 3-66 所示。

2) 设置表格行高

行高的设置方法与列宽类似，具体操作步骤如下。

(1) 在"表格属性"对话框中选择"行"选项卡，然后选中"指定高度"复选框。

(2) 在"行高值是"下拉列表框中选择"固定值"选项，然后在"指定高度"微调框中设置所需行高值，并单击"确定"按钮，如图 3-67 所示。

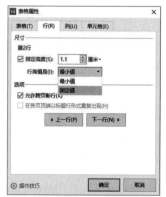

图 3-66　设置列宽　　　　　　　　　　　图 3-67　设置行高

7. 绘制斜线表头

在实际工作中，经常会遇到如图 3-68 所示的带有斜线表头的表格。斜线表头可以通过菜单命令绘制，也可以手动绘制。本书重点介绍使用菜单命令绘制斜线表头的方法，具体操作步骤如下。

(1) 单击需要添加斜线的单元格(通常是第 1 行的第 1 个单元格)，然后在"表格样式"选项卡中单击"绘制斜线表头"按钮。

(2) 打开"斜线单元格类型"对话框，选择一种表头类型，单击"确定"按钮，如图 3-69 所示。

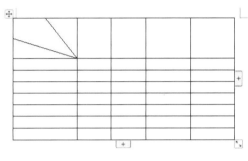

图 3-68　斜线表头

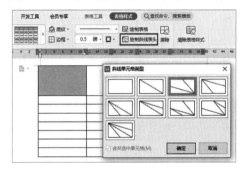

图 3-69　绘制斜线表头

(3) 在斜线表头中分别输入行标题和列标题。

3.6.4　表格样式设置

使用表格样式可以对表格外观进行修饰，增强表格的表现力。与文字或段落样式类似，表格样式是预先设置好的针对表格行、列和单元格的边框、底纹及文本格式的各种搭配组合。

在 WPS 中为表格应用样式的具体操作步骤如下。

(1) 单击表格，或将光标置于表格的任意单元格中。

(2) "表格样式"选项卡被激活，在"表格样式"选项卡中选择一种样式，此时表格便应用了此种样式，如图 3-70 所示。

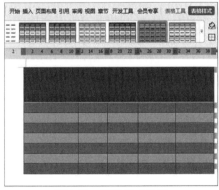

图 3-70　表格样式效果

WPS 文字为用户提供了多种不同风格、不同填充效果的内置样式，包括浅色系、中色系和深色系三种类别。用户可以根据表格的结构和需要展示的内容选择合适的样式。在"表格样式"

选项卡左侧有"首行填充""末行填充""隔行填充""隔列填充""首列填充""末列填充"6种填充效果，用户可以根据需要自行选择。

3.6.5　表格格式设置

为了使表格更加美观，还需要对表格的格式进行设置。

1. 表格内容居中显示

表格文字的修饰方式与普通文字的修饰方式相同。首先选择要修饰的文字，然后根据需要设置文字或段落格式。

在表格中输入文字后，有时需要让表格内的文字(尤其是表格第 1 行的文字，即标题)居中显示。使用段落对齐功能设置标题行文字居中的效果如图 3-71 所示。

图 3-71　设置文字居中

设置文字居中后，有时会遇到这样的问题：表格第 1 行的文字已经居中显示了，但表格看起来仍然不美观。这是因为目前的居中仅仅是水平居中，文字在垂直方向上并没有居中。下面介绍将单元格中的文字设置为水平、垂直都居中的方法。

(1) 选择需要设置水平、垂直居中的单元格。

(2) 在"表格工具"选项卡中单击"对齐方式"下拉按钮，在弹出的下拉列表框中选择"水平居中"选项。

(3) 使用同样的方法设置单元格中的文字为垂直居中。

2. 设置边框和底纹

用户通过设置表格的边框和底纹属性，可以有效提升表格的美观度。表格边框的属性包括线型、宽度、颜色等，用户还可以选择是否显示边框。

下面以图 3-72 所示的表格为例，介绍设置表格边框和底纹的具体方法。要求如下。

➢ 设置外侧框线为虚线，蓝色，2.25 磅。

➢ 设置内侧框线为单实线，黑色，0.5 磅。

➢ 将表格第 2 行和第 10 行的底纹设置为灰色。

要为表格设置不同宽度、线型和颜色的框线，可以通过"边框和底纹"对话框来实现。

1) 设置表格框线的具体操作步骤

(1) 选中整个表格。

(2) 在"表格样式"选项卡中单击"边框"下拉按钮，在弹出的下拉列表中选择"边框和底纹"选项，如图 3-73 所示。

(3) 打开"边框和底纹"对话框，在"边框"选项卡的"设置"组中选择"自定义"选项。在"线型"列表框中选择单实线,在"颜色"下拉列表中选择黑色,在"宽度"下拉列表中选择 0.5 磅。然后在"预览"组中单击相应的内侧框线按钮,如图 3-74 所示。

图 3-72　简历表格　　　　图 3-73　设置边框和底纹　　　　图 3-74　设置表格内部边框

(4) 将"线型"设置为虚线,"颜色"设置为蓝色,"宽度"设置为 2.25 磅。完成设置后,在"预览"组中单击相应的外侧框线按钮。

(5) 在"边框和底纹"对话框的右下角,有一个"应用于"下拉列表,其中包含两个选项:① "表格"选项用于将设置应用于整个表格;② "单元格"选项用于设置仅应用于选定的部分表格,可以是一个单元格,也可以是一行或一列。根据要求,本例选择"表格"选项,如图 3-75 所示。单击"确定"按钮,完成内外框线的样式设置。至此,表格内外框线的样式设置完成,效果如图 3-76 所示。

2) 设置底纹颜色的具体操作步骤

(1) 按住 Ctrl 键的同时选中表格第 2 行和第 10 行,按照设置表格框线的步骤(2)打开"边框和底纹"对话框。

(2) 选择"底纹"选项卡,然后单击"填充"下拉按钮,在弹出的下拉列表中选择"标准颜色"组中的"灰色"(当鼠标指针悬停在某一颜色上时,会在颜色下方显示其名称)。在"应用于"下拉列表中选择"单元格"选项,单击"确定"按钮,如图 3-77 所示。

至此,表格格式设置完成,效果如图 3-78 所示。

图 3-75　设置表格外边框　　　　　　　　图 3-76　表格框线效果

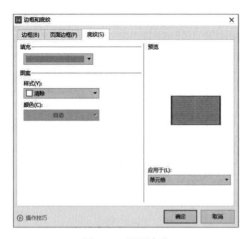

图 3-77 设置底纹

图 3-78 底纹效果

3.6.6 表格数据的操作

除了前文提到的基本操作，用户还可以对表格数据进行排序和求和等操作。

1. 排序表格数据

制作表格的主要目的是为了合理、有序地存储数据，从而方便查询和计算。例如，我们需要将图 3-79 所示的销售统计表中的数据按第二列从高到低排序。具体操作步骤如下。

(1) 将光标定位到需要排序的任意单元格。

(2) 在"表格工具"选项卡中单击"排序"按钮。

(3) 在打开的"排序"对话框中选择"有标题行"单选按钮，然后在"主要关键字"组中，从下拉列表框中选择"列 2"选项，在"类型"下拉列表框中选择"数字"选项，并选择"降序"单选按钮，最后单击"确定"按钮，如图 3-80 所示。排序后的效果如图 3-81 所示。

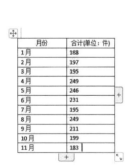

图 3-79 销售统计表　　　　图 3-80 "排序"对话框　　　　图 3-81 排序效果

2. 表格数据求和

用户还可以利用 WPS 文字的表格计算功能进行一些简单的数据计算。例如，计算图 3-82 所示表格中 1~11 月销售的总量。具体操作步骤如下。

(1) 选中第 2 列的倒数第 2~12 行的单元格。

(2) 在"表格工具"选项卡中，单击"快速计算"下拉按钮，并在下拉列表框中选择"求和"选项，如图 3-83 所示。此时，第 2 列的最后一行单元格中将显示"2343"，如图 3-84 所示，这表明"总计"已计算完成。

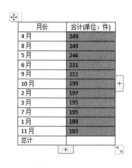

图 3-82　需要求和的表格　　　　图 3-83　快速求和　　　　　图 3-84　求和结果

在 WPS 文字的表格中，除了求和，用户还可以计算平均值、最大值、最小值等。

任务 3-5

制作求职个人简历

在 WPS 2019 中，通过选择布局整齐的表格模板，详细填写个人信息、教育背景和工作经历等内容，并精心设置合适的字体和边框，快速制作一份既专业又美观的求职个人简历。

3.7　WPS 邮件合并

邮件合并功能可以将文档中变化的部分(如姓名、地址等)作为数据源，而固定不变的部分则作为主文档，然后将数据源的信息自动合并到主文档中。

3.7.1　创建主文档

使用邮件合并功能的第一步是创建主文档，这个过程非常简单。下面介绍具体的操作步骤。

(1) 使用 WPS 打开"工资表.xls"文件，如图 3-85 所示。

(2) 新建一个空白文档，命名为"主文档"。选择"页面布局"|"纸张方向"|"横向"命令，输入标题并设置标题字体样式。

(3) 按 Enter 键，插入一张 8 列 2 行的表格。

(4) 根据 Excel 素材表格中的标题行，在表格中输入相应的行标题，如图 3-86 所示。

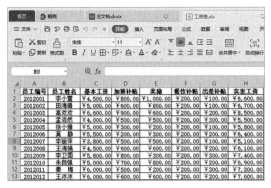

图 3-85　工资表.xls

图 3-86　设计主文档

3.7.2　创建数据源

创建数据源是指利用现有的数据文件进行合并操作。具体操作步骤如下。

(1) 选择"引用"选项卡，然后单击"邮件"按钮。

(2) 在"邮件合并"选项卡中单击"打开数据源"下拉按钮，在弹出的下拉列表中选择"打开数据源"选项，如图 3-87 所示。

图 3-87　打开数据源

(3) 在打开的"选取数据源"对话框中选择"工资表.xls"文件并单击"打开"按钮，如图 3-88 所示。

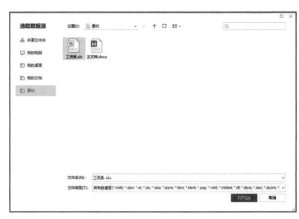

图 3-88　选择数据源文件

3.7.3　将数据源合并到主文档

最后需要将数据源合并到主文档，具体操作步骤如下。

(1) 将光标定位到第 2 行第 1 个单元格，单击"邮件合并"选项卡中的"插入合并域"按钮。

(2) 打开"插入域"对话框，选择"员工编号"选项后单击"插入"按钮，如图 3-89 所示。

(3) 此时，光标所在单元格会插入合并域"《员工编号》"，如图 3-90 所示。

图 3-89　插入域

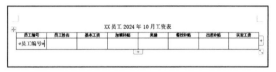

图 3-90　插入合并域

(4) 使用相同方法，依次插入合并域"员工编号""员工姓名""基本工资""加班补贴""奖励""餐饮补贴""出差补贴"及"实发工资"。

(5) 单击"邮件合并"选项卡中的"合并到新文档"按钮，打开"合并到新文档"对话框，选择"全部"单选按钮后，单击"确定"按钮，如图 3-91 所示。

图 3-91　合并到新文档

(6) 此时，WPS 会自动生成一个新文档，并分页显示员工的工资条，如图 3-92 所示。

图 3-92　显示员工工资条

（7）按 Ctrl＋H 快捷键，打开"查找和替换"对话框，在"查找内容"文本框中输入"^b"，然后单击"全部替换"按钮，如图 3-93 所示。

（8）此时，文档将不再分页显示，如图 3-94 所示。

图 3-93　删除分页符　　　　　　　　　　图 3-94　不分页显示工资表

在文档中完成数据源的合并后，合并域的默认显示是带有灰色底纹的。为了取消这一底纹，只需单击"邮件合并"选项卡中的"合并域底纹"按钮即可(这个操作会使文档看起来更加整洁和专业)。

任务 3-6

批量制作会议邀请函

使用 WPS 2019 的邮件合并功能，批量制作会议邀请函。

3.8　WPS 长文档编排

排版长文档是办公人员处理办公文档时必须要面对的问题。此类文档对内容、序号、章节、标题、图表、页码、页眉、页脚的要求颇多，处理难度也相对较高。

3.8.1　组织文档结构

1. 为标题设置大纲级别

WPS 提供了 9 级标题样式，方便用户将文档中的标题设置为不同的级别，从而直观地展现文档的层次结构。在"视图"选项卡中，单击"大纲"按钮以切换到大纲视图，显示图 3-95 所示的"大纲"选项卡。

图 3-95　"大纲"选项卡

在"大纲"选项卡中，用户可以执行以下操作组织文档的结构。

(1) 选中需要设置大纲级别的段落，在"大纲级别"下拉列表中选择所需级别，如图 3-96 所示。图 3-96 展示了 WPS 提供的 9 级标题和一个正文级别，其中最高级别为"1 级"，最低级别为"正文文本"。

(2) 使用相同的方法为其他标题设置大纲级别。完成设置后，用户会注意到不同级别的标题具有不同的缩进值：级别越高，向右缩进越小，同级标题的缩进对齐，如图 3-97 所示，这样文档的层次结构一目了然。每个标题左侧将显示一个符号，✥表示该标题包含正文或更低级别的标题，▫表示该标题不包含正文或较低级别标题，▫表示该级别内容为正文文本。

图 3-96　设置大纲级别　　　　　　　　图 3-97　不同级别标题

(3) 在大纲视图中选择要编辑的标题。单击标题左侧的符号，可以选中该标题及其子标题和正文；如果只想选择单个标题而不包括子标题和正文，可以将鼠标指针移到标题左侧的空白处并单击。

(4) 更改标题的级别。在"大纲"选项卡中，单击"提升"按钮↿或"降低"按钮↾以提高或降低选中标题的层次级别；单击"降低至正文"按钮↾可将标题降级为正文，单击"提升至标题 1"按钮↿可将正文升级为标题 1。同时，也可以在"大纲级别"下拉列表中直接选择标题的级别。

此外，用户还可以通过调整标题的缩进量来便捷地更改标题的级别。将鼠标指针移到标题左侧的符号上，当指针变为四向箭头时，按住鼠标左键并横向拖曳，此时将显示一条灰色的竖线和蓝色的数字框，表示到达的缩进位置和标题级别。拖动到合适的位置后释放鼠标即可。

(5) 调整同级标题的排列次序。选中要移动的标题或内容，在"大纲"选项卡中，单击"上移"按钮将其上移，或单击"下移"按钮将其下移。

(6) 设置完成后，单击"大纲"选项卡中的"关闭"按钮，即可退出大纲视图。

2. 更改显示级别

创建文档大纲后可以根据需要隐藏低级别的标题，仅显示所需的标题结构。具体操作步骤如下。

(1) 切换到大纲视图，在"显示级别"下拉列表中选择要在大纲中显示的级别，如图 3-98 所示。此时，只有所选级别及更高级别的标题将显示在大纲中，其余内容则会被隐藏。包含隐藏内容的标题下方会显示一条灰色的横线。

如果选择"显示所有级别"选项，则在大纲视图中将显示包括正文在内的所有内容。

这里需要注意以下两点。

➢ 如果选中"显示首行"复选框，多个段落的文本将只显示第一段的首行。

➢ 默认情况下，大纲中的内容将按应用的文本格式显示；如果取消选中"显示格式"复选框，则字符格式将不再显示。

(2) 要显示对应标题下隐藏的内容，可以双击下方显示有横线的标题，或者选中标题后单击"展开"按钮。相应地，若想隐藏某个标题的下属内容，可以双击该标题，或选中标题后单击"折叠"按钮。

3. 使用导航窗格

在"页面"视图中，用户可以利用导航窗格方便地查看文档的层次结构，具体操作如下。

(1) 切换到"页面"视图后，在"视图"选项卡中单击"导航窗格"下拉按钮，弹出"导航窗格"下拉列表。

(2) 在"导航窗格"下拉列表中选择导航窗格的显示位置。例如，选择"靠左"以实现左侧显示效果，如图 3-99 所示。

图 3-98 设置大纲效果

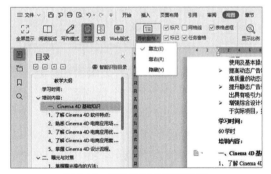

图 3-99 导航窗格显示在左侧

(3) 根据需要，在导航窗格中选择功能面板。

导航窗格默认展示文档的目录，用户可以利用左侧的任务栏在目录▤、章节▥、书签▯及查找和替换▢面板之间进行切换。

➢ 在"目录"面板中，可以查看整个文档的标题结构，单击某个标题即可在文档中迅速定位到对应的位置。通过单击标题左侧的"折叠"按钮或"展开"按钮，用户可以折叠或展开该标题的下属内容。

➢ "章节"面板以页面缩略图的形式显示文档内容，单击某个页面的缩略图，可以快速定位到指定页面。

➢ "书签"面板按名称或位置列出文档中的所有书签,单击某个书签即可快速跳转至相应位置。

➢ "查找和替换"面板用于在文档中查找并批量替换文本。用户可以在搜索栏中输入关键字,查找结果将以黄色高亮显示。单击某个查找结果,也可以迅速定位到指定位置。

(4) 如果用户想在目录中新增一个目录项,可以选中一个与新目录项相邻的目录项,右击并在弹出的快捷菜单中选择添加目录项的位置和类型,如图 3-100 所示。这样,用户就可以在选中的目录项上方或下方新增一个目录项占位行,并在对应的文档位置新增一行以输入目录项。

如果要在当前目录项下方新增一个与之同级的目录项,可以直接单击"目录"面板顶部的"新增同级目录项"按钮 □ 。

4.智能识别目录

在查阅长文档时,如果希望快速了解文档的大纲结构,可以使用 WPS 提供的智能识别目录功能。

(1) 打开导航窗格,在"目录"面板中单击右上角的"智能识别目录"按钮。此时,将弹出"WPS 文字"对话框,如图 3-101 所示,该对话框中将显示当前文档的内容,并询问用户是否启用 WPS AI 助手进行目录识别。

图 3-100 新增目录项

(2) 在"WPS 文字"对话框中单击"确定"按钮,自动生成的目录将显示在导航窗格中。

(3) 智能识别的结果可能无法完全满足预期,因此还需进行手动整理。如果某些应显示为目录的标题没有被正确识别,用户可以在对应的内容行上右击,在弹出的快捷菜单中选择"设置目录级别"命令,然后在级联菜单中选择相应的目录级别,如图 3-102 所示。如果选择"普通文本",则该标题将被降级为正文文本,不会在目录中显示。

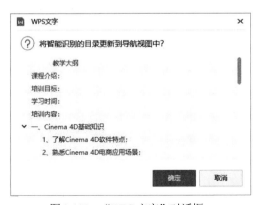

图 3-101 "WPS 文字"对话框

图 3-102 设置目录级别

3.8.2 使用分隔符划分章节

长篇文档通常包含多个并列或层级的组成部分。在编排这类文档时，合理地进行分页和分节可以使文档结构更加清晰。通过分页或分节，用户还可以在不同内容部分应用不同的页面布局和版面设置。

1. 使用分隔符分页

分页符用于标记一页的结束并开始新的一页。默认情况下，当文档内容超出页面所能容纳的行数时，文本会自动进入下一页。如果希望在文档中的特定位置开始新的一页，可以使用分页符进行精确分页，具体操作步骤如下。

(1) 将光标定位在文档中需要分页的位置。在"插入"选项卡中，单击"分页"下拉按钮，在弹出的下拉列表中选择"分页符"选项，或者直接按 Ctrl + Enter 快捷键，如图 3-103 所示。

(2) 此时，将在指定位置插入分页符标记。分页符前后的页面属性默认保持一致。

2. 使用分节符分节

使用分节符可以将文档内容按结构划分为不同的"节"，并在各个"节"中应用不同的页面设置或版式。在长文档中插入分节符的具体操作步骤如下。

(1) 将光标定位在文档中需要分节的位置。

(2) 在"插入"选项卡中，单击"分页"下拉按钮，在弹出的下拉列表中选择所需的分节符。可选的分节符包括以下几种。

➢ 下一页：将插入点之后的内容移到新的一页，作为新节的内容。

➢ 连续：内容将在同一页面上换行，但可以设置新的格式或版面，通常用于混合分栏的文档。

➢ 偶数页：将内容转移到下一个偶数页开始显示。如果插入点位于偶数页，将自动插入一个空白页。

➢ 奇数页：将内容转移到下一个奇数页开始显示。如果插入点位于奇数页，将自动插入一个空白页。

插入分节符后，上一页的内容结尾处会显示分节符的标记。如果用户想删除分节符，可以将光标定位在分节符的左侧，然后按下 Delete 键。

此外，用户也可以通过"章节"选项卡中的"新增节"下拉菜单，如图 3-104 所示，方便地创建分节符。单击"删除本节"按钮可删除当前光标所在节的内容及分节符标记；单击"上一节"或"下一节"按钮可将光标定位到上一节或下一节的开始位置。

图 3-103　插入分页符

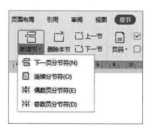

图 3-104　新增节

3.8.3　应用样式统一格式

在编排长文档时，为了确保文档风格的统一，通常需要对多个文字和段落设置相同的格式。如果逐一设置或通过格式刷复制格式，不仅费时费力，而且容易出错；一旦需要进行格式更改，就必须全部重新设置，这无疑是一项烦琐的工作。通过定义样式，用户可以简化文档编排流程，减少重复性操作。只需修改样式，应用该样式的文本或段落将自动更新，从而能够高效地制作高质量的文档。

1. 套用样式

简单来说，样式是应用于文档页面对象的一组格式集合。通过样式，用户可以一键将多种格式应用于选中的页面对象。

WPS 2019 内置了多种标题样式和正文样式，这些样式可以在“开始”选项卡的“样式和格式”功能组中的“样式”下拉列表框中找到，如图 3-105 所示。单击所需样式即可将其应用于选中的文本或段落。

图 3-105　“样式和格式”组

此外，用户还可以通过“样式和格式”任务窗格方便地使用样式，具体操作方法如下。

(1) 选择要应用内置样式的段落(可以选择多个段落)，然后单击图 3-105 所示的“样式和格式”功能组右下角的扩展按钮 ，在弹出的列表中选择“显示更多样式”选项，在文档编辑窗口右侧显示如图 3-106 所示的“样式和格式”任务窗格。

(2) 在“请选择要应用的格式”列表框中，每个样式名称右侧都有一个符号，用于指示样式的类型。符号 4 表示段落样式；符号 a 表示字符样式。

(3) 在“请选择要应用的格式”列表框中，单击所需样式，即可将其应用于选中的文本或段落。

(4) 如果用户希望清除应用于文本或段落的样式，可以在选中文本或段落后，在“样式和格式”任务窗格中单击“清除格式”按钮。

2. 自定义样式

如果用户觉得内置样式缺乏新意，想要创建个性化的格式，可以自定义新的样式。

(1) 在“样式和格式”任务窗格中单击“新样式”按钮，或者在“样式和格式”功能组中选择“新样式”下拉菜单中的“新样式”命令，打开如图 3-107 所示的“新建样式”对话框。

(2) 根据需要，在“新建样式”对话框的“属性”区域设置新样式的类型；在“格式”区域设置字体格式和段落格式。

➢ 名称：输入新样式的名称，该名称将在样式库中显示。

➢ 样式类型：选择样式的适用范围，用户可以指定为段落样式或字符样式。

➢ 样式基于：指定一个内置样式作为基准，以创建新样式。

➢ 后续段落样式：指定在应用当前样式的段落后，后续段落将使用的样式。

> ➢ 同时保存到模板：将新样式添加到当前使用的模板中(这样以后基于该模板创建的新文档也可以使用该样式)。
> ➢ 格式：单击该按钮，在弹出的下拉菜单中，用户可以利用各种命令分别设置样式的字体、段落、制表位、边框、编号、快捷键和文本效果。

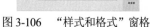

图 3-106 "样式和格式"窗格　　　　　　图 3-107 "新建样式"对话框

(3) 完成以上所有设置后，单击"确定"按钮关闭对话框，用户将在"样式"下拉列表框中看到创建的样式。

3. 修改样式

在编排文档的过程中，用户可以根据需要修改已应用的样式。修改样式后，所有应用该样式的文本将自动更新。修改样式的具体操作步骤如下。

(1) 在文档中选中一处已应用样式的文本，此时该样式将在"样式和格式"任务窗格中自动处于选中状态。

(2) 右击要修改的样式，在弹出的快捷菜单中选择"修改"命令，如图 3-108 所示。

(3) 在打开的"修改样式"对话框中进行格式修改，如图 3-109 所示。

图 3-108 修改样式　　　　　　图 3-109 "修改样式"对话框

(4) 修改完成后，单击"确定"按钮，此时文档中应用该样式的文本格式也会相应变化。

3.8.4　添加引用

在编排长篇文档时，通常需要创建目录以便查阅，摘录文档中的术语或主题并标明出处，以便于检索，或添加引用文献的标注以尊重他人的版权。虽然这些操作看似烦琐，但在 WPS 2019 中，使用引用功能可以轻松解决。

1. 插入文档目录

对于长篇文档，目录是不可或缺的部分，它帮助用户快速把握文档的结构和要点，并能够迅速定位到指定章节。在文档中插入目录的具体操作步骤如下。

(1) 选中需要显示在目录中的标题，选择"开始"选项卡，在"样式"下拉列表框中选择相应级别的标题样式。

(2) 将光标定位在要插入目录的位置，选择"引用"选项卡，单击"目录"下拉按钮，弹出如图 3-110 所示的下拉列表框。

(3) WPS 内置了几种目录样式，单击即可插入所选样式的目录。如果需要自定义目录，可以选择"自定义目录"命令，打开如图 3-111 所示的"目录"对话框。在此对话框中，用户可以自定义目录标题与页码之间的分隔符、显示级别及页码显示方式。

图 3-110　选择目录

图 3-111　"目录"对话框

> "显示级别"下拉列表框用于指定在目录中显示的标题的最低级别，低于此级别的标题将不会在目录中显示。
> 如果选中"使用超链接"复选框，目录项将显示为超链接，单击后将跳转到相应的标题内容。

> 如果希望将目录项的级别与标题样式的级别对应起来，可以单击"选项"按钮，打开如图 3-112 所示的"目录选项"对话框进行相应设置。

（4）设置完成后，单击"确定"按钮，即可插入目录。此时，按住 Ctrl 键并单击目录项，即可跳转到对应的位置。如果对目录的结构或内容进行了修改，应及时更新目录，以确保目录结构与文档内容保持一致。

（5）在目录中右击，在弹出的快捷菜单中选择"更新域"命令，或者直接按 F9 键，打开如图 3-113 所示的"更新目录"对话框。

图 3-112 "目录选项"对话框

图 3-113 "更新目录"对话框

（6）如果文档的目录结构没有发生变化，可以选择"只更新页码"单选按钮；如果修改了文档结构，则选择"更新整个目录"单选按钮，以同时更新目录的标题和页码。设置完成后，单击"确定"按钮关闭对话框。

2. 使用题注自动编号

如果文档中包含大量的图片、图表、公式、表格，手动添加编号会非常耗时，而且容易出错。如果后期又增加、删除或者调整了这些页面元素的位置，那么还需要重新编号排序。使用题注功能可以为多种不同类型的对象自动添加编号，修改后还可以自动更新。

（1）选择需要插入题注的对象，在"引用"选项卡中单击"题注"按钮，打开如图 3-114 所示的"题注"对话框。此时，"题注"文本框中自动显示题注类别和编号，不要修改该内容。

（2）在"标签"下拉列表框中选择需要的题注标签，"题注"文本框中的题注类别会自动更新为指定标签。如果下拉列表框中没有需要的标签，可以单击"新建标签"按钮，在打开的"新建标签"对话框的"标签"文本框中输入新的标签。

（3）在"位置"下拉列表框中选择题注的显示位置。

（4）题注由标签、编号和说明信息三部分组成，如果不希望在题注中显示标签，应选中"题注中不包含标签"复选框。

（5）单击"编号"按钮打开"题注编号"对话框，在如图 3-115 所示的"格式"下拉列表框中选择编号样式，然后设置编号中是否包含章节编号。

（6）完成以上设置后，单击"确定"按钮关闭对话框，即可在指定位置插入题注。对于插入文档中的题注，可以像普通文档一样设置格式和样式。

图 3-114　"题注"对话框

图 3-115　"题注编号"对话框

如果在文档中插入了新的题注，则所有同类标签的题注编号将自动更新。如果删除了某个题注，在快捷菜单中选择"更新域"命令，或直接按 F9 键可以更新所有题注。

如果要更改题注的标签类型，可以先选中一个需要更改的题注，然后打开"题注"对话框进行修改。

3. 添加脚注和尾注

脚注通常显示在页面底部，用于注释当前页中难以理解的内容，而尾注则一般出现在整篇文档的末尾，用于说明引用文献的出处。

脚注和尾注均由两部分组成：注释标记和注释文本。注释标记是标注在需要注释的文字右上角的编号，而注释文本则提供详细的说明信息。

1) 在文档中添加脚注的具体操作步骤

(1) 将光标定位在需要插入脚注的位置，然后在"引用"选项卡中单击"插入脚注"按钮。WPS 将自动跳转到该页底部，显示一条分隔线和注释标记。

(2) 输入脚注内容，如图 3-116 所示。

图 3-116　插入脚注

(3) 脚注内容输入完成后，插入脚注的文本右上角将显示相应的脚注注释标号。将鼠标指针移动到该标号上，指针会变为手形，同时自动显示脚注文本提示，如图 3-117 所示。

图 3-117　查看脚注

（4）重复上述步骤，可以在 WPS 文字中添加其他脚注。新增的脚注会根据其在文档中的位置自动调整顺序和编号。

（5）如果要修改脚注的注释文本，只需直接在脚注区域修改文本内容即可。

（6）如果需要调整脚注的格式和布局，可以在"引用"选项卡中单击"脚注和尾注"组右下角的扩展按钮 。在打开的"脚注和尾注"对话框中，可以修改脚注的位置、注释标号的样式、起始编号、编号方式及应用范围，如图 3-118 所示。如果希望使用特殊符号作为脚注的注释标号，可以单击"符号"按钮，在打开的"符号"对话框中选择所需的符号，如图 3-119 所示。

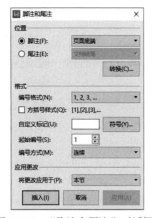

图 3-118　"脚注和尾注"对话框

图 3-119　"符号"对话框

（7）要删除脚注，只需在文档中选中脚注标号，然后按 Delete 键即可。

2）在文档中添加尾注的具体操作步骤

（1）将光标置于需要插入尾注的位置。

（2）在"引用"选项卡中单击"插入尾注"按钮，WPS 将自动跳转到文档末尾，并显示一条分隔线和一个注释标号。

（3）直接输入尾注内容。输入完成后，将鼠标指针移动到插入尾注的文本位置，会自动显示尾注文本提示。与脚注类似，在一页中可以添加多个尾注，WPS 会根据尾注注释标记的位置自动调整顺序和编号。如果需要修改尾注标号的格式，可以打开如图 3-118 所示的"脚注和尾注"对话框进行设置。

4. 创建交叉引用

交叉引用是在文档的某个位置引用其他位置的题注、尾注、脚注、标题等内容，以便于快速定位或相互参考。创建交叉引用的具体操作步骤如下。

(1) 将光标定位在需要创建交叉引用的位置，然后在"引用"选项卡中单击"交叉引用"按钮，打开如图 3-120 所示的"交叉引用"对话框(这里需要注意，在创建交叉引用之前，文档中必须有可供引用的项目，如题注、标题或脚注等)。

图 3-120 "交叉引用"对话框

(2) 在"引用类型"下拉列表框中选择要引用的类型，包括标题、书签、脚注、尾注、图表、表格、公式和图形。

(3) 在"引用内容"下拉列表框中选择具体要引用的内容。不同的引用类型对应不同的引用内容。例如，编号项可以引用段落编号、文字或页码，而标题则可以引用标题文字、标题编号或页码。

(4) 如果希望将引用的内容以超链接的形式插入文档，使其可以直接跳转到该内容，应选中"插入为超链接"复选框。

(5) 在"引用哪一个编号项"列表框中选择一个可引用的项目。

(6) 设置完成后，单击"插入"按钮即可在指定位置插入交叉引用。完成后，单击"关闭"按钮以关闭"交叉引用"对话框。此时，按住 Ctrl 键单击文档中的交叉引用，即可跳转到指定的位置。

5. 应用书签

创建书签是为文档中特定位置或对象赋予名称，以便快速定位。具体操作步骤如下。

(1) 在要插入书签的位置单击，或选中要添加书签的文本、段落、图形或标题等对象。

(2) 在"插入"选项卡中单击"书签"按钮，打开如图 3-121 所示的"书签"对话框。如果已在文档中创建书签，则"书签名"文本框下方的列表框将显示已创建的书签列表，用户可以选择按"名称"或"位置"对书签进行排序。

(3) 在"书签名"文本框中输入书签名称，然后单击"添加"按钮，即可在指定位置添加书签，并关闭对话框。如果选择已创建的书签并单击"添加"按钮，将在新位置插入书签，同时删除原位置的书签(这里需要注意的是，默认情况下 WPS 文字中不显示书签标记。如需查看文档中的书签，可以打开导航窗格)。

(4) 在"视图"选项卡中单击"导航窗格"按钮，在文档窗口中显示导航窗格。然后，单击左侧工具栏中的"书签"按钮，即可切换到"书签"任务窗格以查看书签。

(5) 在"书签"任务窗格中单击书签名称(或在书签名称上右击，在弹出的快捷菜单中选择"跳转到书签位置"命令，如图 3-122 所示)，即可跳转到指定位置。如果文档中的书签较多，可以在图 3-121 所示的快捷菜单中选择相应的命令，按名称或位置对书签进行排序、重命名或删除。选择"显示书签标记"命令后，文档中所有的书签将以灰色"[]"

图 3-121 "书签"对话框

形标记显示。

(6) 重复以上操作，可以在文档中添加其他书签。

图 3-122　"书签"任务窗格

任务 3–7

制作创业项目计划书

在 WPS 中通过排版文档、插入脚注和尾注、交叉引用等功能，制作创业项目计划书。

3.9　课后习题

操作题

通过百度百科下载一篇关于人工智能的文章，用 WPS 文字对素材文件夹下的文档进行编辑、排版和保存。

1. 设置文档页面布局，具体要求如下。

(1) 纸张方向：横向。

(2) 纸张大小：16 开。

(3) 页边距：

➢　上、下：2 厘米。

➢　左、右：3 厘米。

(4) 页面背景颜色：主题颜色"灰色-25%，背景 2"。

2. 段落标记处理，具体要求如下。

(1) 开启"显示段落标记"功能。

(2) 将文档中的"手动换行符"全部替换为"段落标记"。

(3) 删除所有无内容段落。

3. 文本处理，具体要求如下。

(1) 删除文档中的所有空段。

(2) 将文档中的"AI"一词替换为"人工智能"。

4. 标题格式设置，具体如下。

(1) 输入标题"人工智能"，设置标题字号为小二号、颜色设为红色，并居中对齐。

(2) 将文档内的中文字体设为黑体，英文字体设为 Times New Roman。

(3) 为文档中的英文添加圆点型着重号。

(4) 在标题左侧插入素材文件夹下的图片 gift.jpg。

5. 正文格式设置，具体要求如下。

(1) 设置正文字体格式为蓝色、小四号字。

(2) 段落格式：首行缩进 2 字符、段前间距为 0.5 行、1.5 倍行间距。

6. 表格标题与内容处理，具体要求如下。

(1) 在文档中插入一个 5 行 2 列的表格，将"常用人工智能一览表"作为表格标题，居中显示，字体格式设为小三号字、楷体、红色。

(2) 在表格中输入内容，将表格的外框线格式设为蓝色、双细线、0.5 磅，内框线格式设为蓝色、单细线、0.75 磅，第一行和第一列填充"浅绿"色。

7. 表格格式设置，具体要求如下。

(1) 将表格列宽依次设为 45 毫米和 120 毫米。

(2) 所有行的行高均设为固定值 8 毫米，整体居中显示。

(3) 表格的第 1 列文字设为加粗、水平居中对齐，第 2 列中文字设为靠左、垂直居中对齐。

8. 将制作好的文档打印三份。

第 4 章
WPS表格的使用

☑ 学习目标

WPS 表格作为一款功能强大的电子表格应用组件，不仅能够集成数据、图形和图表，还能进行高效的数据处理、分析及辅助决策，广泛服务于管理、统计和金融等多个领域。本章将深入解析 WPS 表格的具体使用技巧与操作方法。

☑ 学习任务

任务一：掌握 WPS 表格的基础操作
任务二：学会使用公式和函数
任务三：学会数据分析与数据保护

4.1　WPS 表格的基础操作

本章将介绍 WPS Office 的另一个重要组件——WPS 表格。WPS 表格是一款应用广泛的数据处理软件，适用于各种数据分析、处理和打印输出等任务。

4.1.1　WPS 表格的启动和退出

1. 启动 WPS 表格

用户可以使用多种方法启动 WPS 表格，具体如下。

方法 1：通过"开始"菜单启动。单击"开始"按钮，在弹出的菜单中选择"所有程序"｜"WPS Office"命令，然后在首页中单击"新建"｜"表格"｜"新建空白文档"按钮。

方法 2：双击桌面上的 WPS Office 快捷图标，启动 WPS Office，然后在首页中单击"新建"｜"表格"｜"新建空白文档"按钮。

方法 3：双击已存在的 WPS 表格文件图标。

2. 退出 WPS 表格

退出 WPS 表格的方法也有多种，具体如下。

方法 1：在菜单栏中选择"文件"｜"退出"命令。

方法 2：使用 Alt + F4 快捷键。

方法 3：单击 WPS 表格窗口右上角的"关闭"按钮×。

4.1.2 WPS 表格的窗口组成

1. 窗口组成

WPS 表格窗口由工作簿标签栏、快速访问工具栏、选项卡、功能区、数据编辑区、工作簿标签、工作表标签栏、状态栏等几个部分组成，如图 4-1 所示。

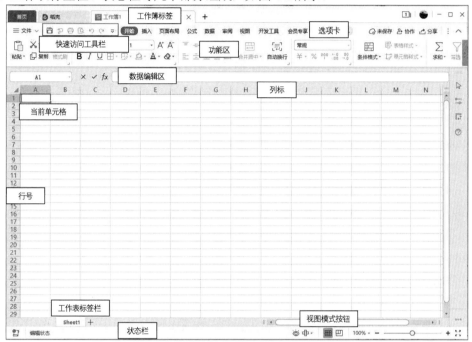

图 4-1 WPS 表格的窗口组成

WPS 表格窗口中各组成部分的功能说明如表 4-1 所示。

表 4-1 WPS 表格窗口各部分功能说明

组成部分	功能说明
工作簿标签栏	位于窗口顶部，显示当前工作簿的名称。右侧是窗口控制按钮，依次为"最小化"按钮、"最大化"按钮和"关闭"按钮
快速访问工具栏	包含用户常用的功能按钮，如保存、撤销、打印等。用户可以根据实际需要添加自己常用的功能按钮
选项卡	用于对各功能进行分类，默认选项卡包括"开始""插入""页面布局""公式""数据""审阅""视图"等。使用某些功能时会激活相应的选项卡
功能区	显示各选项卡所包含的具体功能项。单击选项卡后，功能区将显示该选项卡中的所有命令按钮，每个按钮用于执行不同的操作

（续表）

组成部分	功能说明
数据编辑区	用于输入或编辑当前单元格中的值或公式,由名称框、数据按钮和编辑栏三部分组成。在公式编辑状态和非编辑状态下，显示的数据按钮有所不同
工作簿标签	一个 WPS 表格可以包含多个工作簿，单击工作簿标签可在不同工作簿间切换
工作表标签栏	包括工作表标签和滚动条,单击不同的工作表标签可以切换工作表。当工作表过多时,使用滚动按钮可以显示所有工作表标签
状态栏	显示与当前工作表编辑状态有关的信息，其右侧有全屏显示、普通视图、分页预览、阅读模式和护眼模式五种视图模式的按钮。最右侧为当前视图模式下的显示比例和调节按钮

2. 工作簿和工作表

在 WPS 表格中，工作簿是指一个 WPS 表格文件，包含一个或多个工作表。工作表则是工作簿中的一个表格，可以理解为一本书中的一页。默认情况下，新建的工作簿只有一个工作表，名称为 Sheet1，对应的工作表标签也是唯一的。用户可以修改工作表标签的名称，也可以根据需要增减工作表的数量。要更改新建工作簿的默认工作表数量，用户可以选择"文件"|"选项"命令，在打开的"选项"对话框中选择"常规与保存"选项卡，然后在右侧的"新工作簿内的工作表数"微调框中输入所需的工作表数量，如图 4-2 所示。

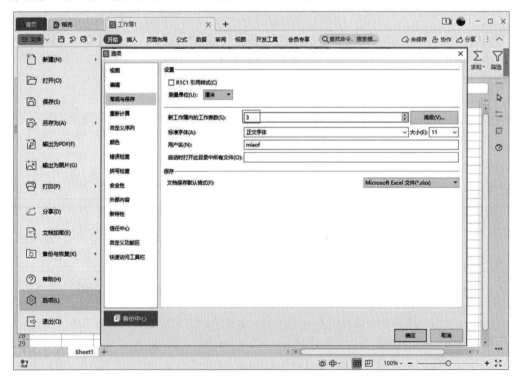

图 4-2　更改工作簿包含的工作表数量

3. 单元格和当前单元格

单元格是表格中行与列交汇形成的区域，通常称为"表格中的一个格子"，它是 WPS 表格中最小且最基本的操作单位。一个工作表最多可以包含 1 048 576 行和 16 384 列。

当鼠标指针指向某个单元格并单击时，该单元格的边框会变成绿色粗线，这时该单元格被称为当前单元格。当前单元格的名称显示在上方的名称框中，而其所在的行和列对应的行标和列标会变为浅绿色。同时，当前单元格中的数据也会在编辑栏中显示。

4.1.3　工作簿的基础操作

在 WPS 表格中，工作簿即为 WPS 表格文件，其基本操作包括新建工作簿、保存工作簿、打开工作簿和关闭工作簿。以下将介绍具体的操作步骤。

1. 新建工作簿

用户可以通过以下几种方式新建一个空白工作簿。

方法 1：单击工作簿标签栏上的"新建标签"按钮＋。

方法 2：在"视图"选项卡中单击"新建窗口"按钮。

方法 3：选择"文件"|"新建"|"表格"|"新建"命令。

2. 保存工作簿

在 WPS 表格中，用户可以通过以下几种方式保存工作簿。

方法 1：单击快速访问工具栏中的"保存"按钮。

方法 2：选择"文件"|"保存"命令，在打开的"另存文件"对话框中输入工作簿名称，然后单击"位置"下拉按钮，在下拉列表中选择存放工作簿的位置，最后单击"保存"按钮。

方法 3：选择"文件"|"另存为"命令，在打开的"另存文件"对话框中输入工作簿名称，然后单击"位置"下拉按钮，在下拉列表中选择存放工作簿的位置，最后单击"保存"按钮，如图 4-3 所示。

图 4-3　"另存文件"对话框

3. 打开工作簿

打开工作簿的方法如下。

方法 1：直接单击快速访问工具栏中的"打开"按钮🗁(如果"打开"按钮未添加到快速访问工具栏中，可以通过"自定义快速访问工具栏"按钮▽添加该按钮)。

方法 2：选择"文件"|"打开"命令，在打开的"打开文件"对话框中选中一个工作簿文件后，单击"打开"按钮，如图4-4所示。

图 4-4　"打开文件"对话框

4. 关闭工作簿

要关闭工作簿，可以单击工作簿标签右侧的"关闭"按钮✕。

4.1.4　工作表的基础操作

1. 选取工作表

一个工作簿通常由多个工作表组成，但默认情况下只有一个工作表。用户可以根据需要移动或复制工作表，以自定义工作表的数量。具体方法如下。

在"文件"菜单中选择"选项"命令，在打开的"选项"对话框中单击"常规与保存"选项卡，在"新工作簿内的工作表数"微调框中输入所需的工作表数量(如"3")。设置完成后，通过"文件"菜单新建的工作簿将包含三个工作表。

图 4-5 中显示了 Sheet1 工作表处于选中状态。如果要选中其他两个工作表，可以直接单击它们的工作表标签。

图 4-5　在工作表标签栏中选取 Sheet1 工作表

选中多个工作表的方法与选中多个单元格的方法类似，具体操作如下。

(1) 选取相邻工作表：单击第一个工作表标签，然后按住 Shift 键，单击最后一个工作表标签，以选中所有相邻的工作表。

(2) 选取不相邻工作表：按住 Ctrl 键，然后单击要选中的各个工作表标签，以选择不相邻的多个工作表。

(3) 全选所有工作表：右键单击任意工作表标签，在弹出的快捷菜单中选择"选中全部工作表"命令，以选中所有工作表。

这里需要注意的是，如果用户同时选中的多个工作表中只有一个是当前工作表，那么在当前工作表上所做的编辑操作将会同时应用到所有选中的工作表。例如，如果在当前工作表的某个单元格中输入数据或进行格式设置，那么所有被选中的工作表都会执行相同的操作。

2. 重命名工作表

重命名工作表的具体操作步骤如下。

(1) 双击工作表标签(如双击 Sheet1)，使标签文字进入可编辑状态。

(2) 输入新的工作表名称，如图 4-6 所示。

图 4-6　输入新工作表的名称

(3) 单击工作表名称外的任意位置，或者按 Enter 键，即可完成工作表的重命名操作。

用户也可以通过右键单击工作表标签，在弹出的快捷菜单中选择"重命名"命令来修改工作表名称。

3. 设置工作表标签的颜色

在工作表标签上右击，在弹出的快捷菜单中选择"工作表标签颜色"命令，然后在打开对话框中的"主题颜色"或"标准色"组中选择所需的颜色，如图 4-7 所示。

4. 移动与复制工作表

在 WPS 中，用户可以通过拖曳和快捷菜单两种方法移动或复制工作表。

(1) 拖曳法：按住鼠标左键拖曳工作表标签，可以将工作表移动到其他位置，如图 4-8 所示；在按住 Ctrl 键的同时，按住鼠标左键拖曳工作表标签，这样可以复制该工作表，新工作表中的内容将与原工作表相同。

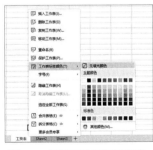

图 4-7　设置工作表标签颜色

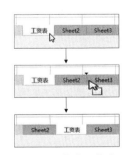

图 4-8　拖曳工作表

(2) 快捷菜单法：通过工作表的快捷菜单，用户可以对工作表执行删除、重命名、新建、复制、移动等操作。移动工作表的具体步骤如下。

① 右击工作表标签，在弹出的快捷菜单中选择"移动或复制工作表"命令。

② 在打开的"移动或复制工作表"对话框中，从"工作簿"下拉列表中选择要移动到的工作簿，然后在"下列选定工作表之前"列表中选择移动的位置，最后单击"确定"按钮，如图4-9所示。

5. 拆分与冻结工作表窗口

在"视图"选项卡中单击"拆分窗口"按钮，即可将当前工作表窗口拆分为4个部分(这里需要注意的是，拆分的起始位置为所选单元格的左上方)，如图4-10所示。

图4-9 移动或复制工作表

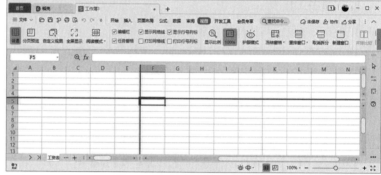

图4-10 拆分工作表窗口

在"视图"选项卡中单击"取消拆分"按钮，可以取消窗口的拆分。

当工作表内容较大，无法一次性显示所有信息，且需要固定显示某些行或列时，可以使用冻结窗口的功能。冻结首行或首列的方法是，选中任意单元格，然后在"视图"选项卡中单击"冻结窗格"下拉按钮，在弹出的下拉列表中选择"冻结首行"或"冻结首列"选项。

如果需要同时冻结行和列，可以选中这两个部分的交点右下角的单元格。例如，要同时冻结首行和首列，可以选中B2单元格，然后在"视图"选项卡中单击"冻结窗格"下拉按钮，从下拉列表中选择"冻结至第1行A列"选项，如图4-11所示。

图4-11 冻结窗格

要取消冻结窗口，可以再次在"视图"选项卡中单击"冻结窗格"下拉按钮，在弹出的下拉列表中选择"取消冻结窗格"选项。

4.1.5　单元格的基础操作

在一个工作表中，每个单元格都有唯一的地址，地址由列号和行号组成，其中列号在前，行号在后。列号的范围为 A 至 Z、AA 至 AZ、BA 至 BZ，依此类推，直到 XFA 至 XFD；行号的范围为 1 至 1 048 576。例如，D3 表示 D 列第 3 行的单元格。

多个连续单元格的地址可以用"最左上角单元格地址: 最右下角单元格地址"的形式表示，例如 B3:C5。而多个不连续单元格的地址可以用"单元格地址 1，单元格地址 2，单元格地址 3，……"的形式表示。

1. 选取单元格

在对单元格进行操作之前，必须先选中相应的单元格。选中单元格的方法与选中文件或文件夹的方法类似。

用户可以使用以下几种方法，通过使用鼠标和键盘选取工作表中的单元格。

➢ 单击某个单元格，即可选中该单元格。

➢ 按住鼠标左键并拖曳鼠标指针，可以选中多个连续的单元格。

➢ 按住 Ctrl 键并单击单元格，可以选中多个不连续的单元格。

➢ 若要选中整个工作表的所有单元格，只需单击工作表左上角的全选按钮 ◢。

有时需要快速选中一块连续区域或某些不连续的单元格，可以通过在名称框中输入单元格地址来实现，具体方法如下。

(1) 输入连续单元格的地址，格式为"开始单元格地址: 结束单元格地址"，如 D4:H19，然后按 Enter 键。

(2) 输入不连续单元格的地址，格式为"单元格地址 1，单元格地址 2，单元格地址 3，……"如"D4，E13，B11，F19"，然后按 Enter 键。

2. 选取行和列

在工作表中选取行和列的方法有以下几种。

➢ 选中一行或一列的方法：单击对应的行号或列号。

➢ 选中相邻的多行或多列：按住鼠标左键并拖曳以选中行号或列号，或者选中第一行(列)后按住 Shift 键，再单击最后一行(列)的行号(列号)。

➢ 选中不相邻的行或列：按住 Ctrl 键，逐个单击行号或列号(此方法类似于在 Windows 系统中选中不相邻的文件或文件夹)。

3. 全选整个工作表

单击工作表 A 列左侧(第 1 行上方)的全选按钮 ◢，可以选中整个工作表。

这里需要注意的是，无论选中什么样的单元格区域，只需单击任意一个单元格，即可取消选中状态。

4. 移动和复制单元格

除了前面介绍的方法，在 WPS 表格中还可以使用拖曳法来移动和复制单元格。

➢ 使用拖曳法移动单元格：将鼠标指针移动到要移动的单元格边框上，当鼠标指针变为十字形箭头时，按住鼠标左键并将其拖曳到目标位置(此时会出现一个随鼠标指针移动的单元格粗线框)，释放鼠标左键即可完成单元格的移动。

➢ 使用拖曳法复制单元格：在按住鼠标左键拖曳单元格的同时按住 Ctrl 键，这样拖曳鼠标的过程就会变成复制过程。

5. 清除单元格内容

清除单元格意味着清除单元格内的数据或格式，而不是删除单元格本身。在 WPS 表格中，用户可以选择全部、格式、内容、批注 4 种清除选项。

如果用户只想清除单元格内的数据，可以在选中单元格后直接按 Delete 键。这一操作仅会清除单元格内的数据，而不会影响其格式。若之后在该单元格中输入新数据，仍会自动应用原有的格式。

清除单元格内容的具体操作步骤如下。

(1) 选中需要清除的单元格。

(2) 单击"开始"选项卡中的"单元格"下拉按钮，在弹出的下拉列表中选择"清除"选项，然后选择"全部""格式""内容""批注"选项，如图 4-12 所示，以选择"格式"选项为例。不同的清除选项会产生不同的效果。

图 4-12　清除单元格格式

6. 插入行(列)和单元格

1) 在表格中插入行或列的具体操作步骤

(1) 选中某一行或列。

(2) 单击"开始"选项卡中的"行和列"下拉按钮，在弹出的下拉列表中选择"插入单元格"|"插入行(插入列)"选项。如图 4-13 所示，这将在选中行或列之前插入一行或一列。

2) 在表格中插入单元格的具体操作步骤

(1) 选中某个单元格。

(2) 单击"开始"选项卡中的"行和列"下拉按钮，在弹出的下拉列表中选择"插入单元格"|"插入单元格"选项。

(3) 打开"插入"对话框，如图 4-14 所示。在"插入"组中，根据需要选择"活动单元格右移""活动单元格下移""整行"或"整列"的单选按钮。

图 4-13　插入行

图 4-14　"插入"对话框

(4) 完成以上设置后，单击"确定"按钮即可。

插入单元格和插入行(列)的操作顺序是相似的，但二者的具体操作有所不同。在插入单元格的过程中，"插入"对话框提供 4 种插入方式可供选择。选择不同的插入方式，插入的效果也会有所差异。图 4-15(a)展示了表格的原始状态，选中单元格 B3，其内原数据为"丁"。在选择不同的插入方式后，所产生的效果分别如图 4-15(b)~(e)所示。

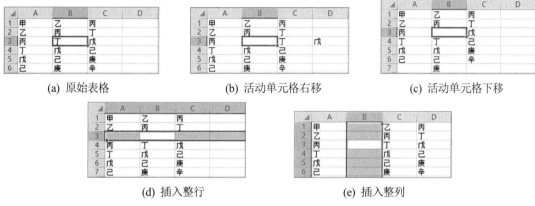

(a) 原始表格　　　　　　　(b) 活动单元格右移　　　　　　(c) 活动单元格下移

(d) 插入整行　　　　　　　　　　(e) 插入整列

图 4-15　使用不同的插入方式

7. 删除单元格

删除表格中单元格的具体操作步骤如下。

(1) 选中需要删除的单元格。

(2) 单击"开始"选项卡中的"行和列"下拉按钮，在弹出的下拉列表中选择"删除单元格"|"删除单元格"选项。

(3) 在打开的"删除"对话框中选择"右侧单元格左移"或"下方单元格上移"的单选按钮，如图 4-16 所示。

(4) 最后，单击"确定"按钮以完成操作。

8. 合并和取消合并单元格

在 WPS 表格中，用户可以将连续的单元格合并为一个单元格，也可以取消已合并的单元格。合并单元格的具体操作步骤如下。

(1) 选中需要合并的单元格区域。

(2) 单击"开始"选项卡中的"合并居中"下拉按钮，在弹出的下拉列表中选择"合并居中""按行合并""合并单元格"或"跨列居中"等选项，如图 4-17 所示，以完成单元格的合并(这里需要注意的是，合并的单元格如果包含数据，则合并后的单元格只会保留合并区域左上角单元格中的数据，其他单元格中的数据将会丢失)。

若要取消合并单元格，只需单击"开始"选项卡中的"合并居中"下拉按钮，然后在弹出的下拉列表中选择"取消合并单元格"选项即可。

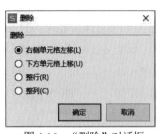

图 4-16　"删除"对话框

图 4-17　合并单元格

9. 重命名单元格

在 WPS 表格中，选中任意单元格时，其名称会自动显示在左上角的名称框中，而单元格的内容则会显示在上方的编辑栏中。以下是对当前选中的单元格或单元格区域进行重命名的具体操作步骤。

(1) 选中要重命名的单元格或单元格区域。

(2) 直接在左上角的名称框中输入希望设置的名称。

(3) 输入完成后，按 Enter 键确认。这样，该单元格或单元格区域就会被重命名。

以后在引用该单元格或单元格区域时，可以使用这个新的名称来表示。例如，用户可以将 D2:D8 单元格区域重命名为"薪级工资"，如图 4-18 所示。

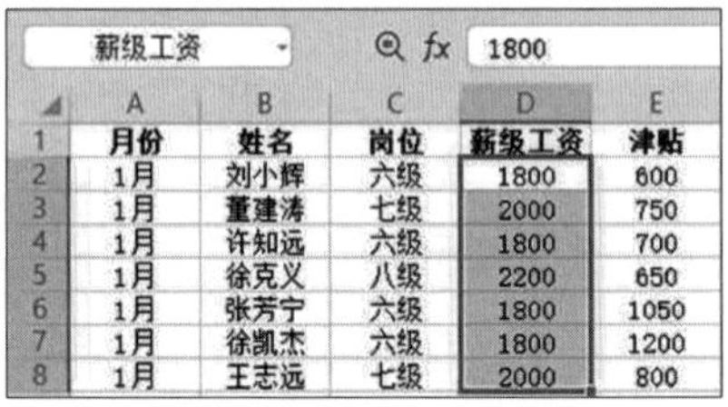

图 4-18　重命名单元格区域

10. 添加、编辑与删除单元格批注

批注是为单元格添加注释的一种方式。当用户在单元格中添加批注后，该单元格的右上角会出现一个红色三角形标识。当鼠标指针悬停在该单元格上时，批注信息将显示出来。

要为单元格添加批注，首先选中目标单元格，然后在"审阅"选项卡中单击"新建批注"按钮。在弹出的批注框中输入批注文字，输入完成后，单击批注框外的工作表区域即可完成添加，如图 4-19 所示。

若要编辑或删除批注，选中包含批注的单元格，右键单击该单元格，在弹出的快捷菜单中选择"编辑批注"或"删除批注"命令，即可进行相应操作，如图 4-20 所示。

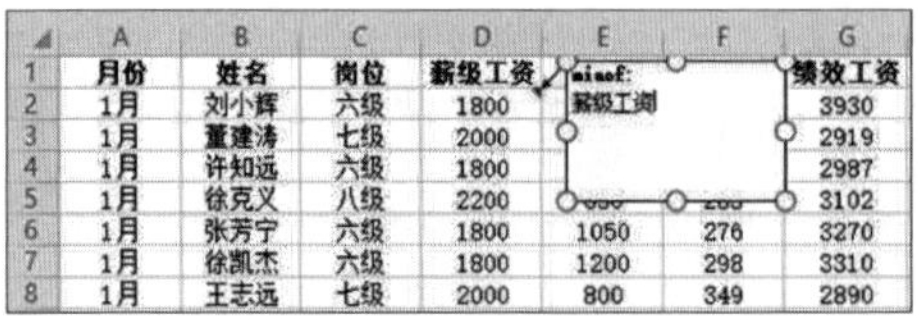

图 4-19　添加批注

图 4-20　编辑和删除批注

11. 设置单元格行高和列宽

设置行高和列宽的方法有多种，以下介绍两种常用的方法。

1）拖曳法

如果对行高和列宽的尺寸没有精确要求，可以采用拖曳法进行设置。使用拖曳法时，也可以同时设置多行或多列的行高和列宽。方法是先选中多行或多列，然后按照以下方法进行操作。

(1) 将鼠标指针移动到相邻的行号或列号之间，此时鼠标指针会变为双向箭头。

(2) 按住鼠标左键，向左右(或上下)拖动，直到调整至满意的行高(或列宽)。

2）菜单命令法

使用菜单命令设置行高和列宽的步骤如下。

(1) 选中一行(列)或多行(列)。

(2) 单击"开始"选项卡中的"行和列"下拉按钮，在弹出的下拉列表中选择"行高"或"列宽"选项。

(3) 在打开的"行高"或"列宽"对话框中输入合适的数值，单击"确定"按钮完成设置，如图 4-21 和图 4-22 所示。

这里需要注意的是，在"行和列"下拉列表中，除了"行高"和"列宽"选项，还有"最适合的行高"和"最适合的列宽"选项。选择这两个选项后，WPS 表格会自动为表格设置其认为最合适的行高和列宽。

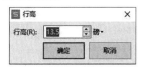

图 4-21　"行高"对话框

图 4-22　"列宽"对话框

4.1.6　数据的高效录入

在 WPS 表格的工作表中输入数据时，通常只需选中单元格并输入数据。接下来将介绍如何输入特殊数据、日期和时间、逻辑值等。

1. 输入长字符串

在 WPS 表格的工作表中输入"2025 年计算机等级考试"时，由于默认的单元格宽度有限，可能无法完整显示该字符串。因此，需要进行一些设置以确保字符串能够完全展现。接下来，在 B2 单元格中输入"1"，并在 A1 和 A2 单元格中分别输入"2025 年计算机等级考试"，观察输入这些字符后的效果。

在 WPS 表格中，当输入的字符串长度超过单元格的宽度时，会出现以下两种显示情况。

情况一：如果右侧单元格为空，长字符串的超出部分会在右侧单元格中显示出来，如图 4-23 所示的 A1 单元格。这种情况下，尽管长字符串看起来覆盖了其他单元格，实际上它仍然只存在于 A1 单元格中。

情况二：如果右侧单元格有内容，长字符串的超出部分则会被隐藏，如图 4-23 中的 A2 单元格所示。

2. 输入长数值

之前提到，当输入的字符串超出单元格宽度时会呈现不同的显示效果。那么，输入长数值时又会发生什么情况呢？例如，我们分别输入 500、8345.67 和 123456789123456789 这三个数值。前两个数值的显示没有问题，而最后一个长数值则显示为图 4-24 所示的效果。

▲	A	B	C
1	2025年计算机等级考试		
2	2025年计算	A	
3			

图 4-23　输入长字符串

▲	A	B	C
1	500		
2	8345.67		
3	1.235E+17		

图 4-24　输入长数值

这是因为在 WPS 表格中，如果输入的数值长度超过 11 位，系统会自动将其转换为文本(字符串)。数值通常由数字(0~9)、符号(+、－、()、E、e、%、$、¥、/、,、.)等组合而成。例如，+20、－5.24、4.23E-2、2,891、\$234、30%和(863)等。在这些示例中，"2,891"中的逗号表示千位分隔符，"30%"表示 0.3，而"(863)"表示－863。

这里需要注意的是，如果将超过 11 位的数值直接复制到单元格中，该数值将被转换为科学计数法表示。双击单元格进入编辑状态后，长数值会自动转换为文本(字符串)。此外，数值中的符号需在英文状态下输入。

3. 输入数字字符串

如果用户想输入类似于"00001"的序号，通常情况下，前面的"0000"会被自动舍去，导致无法达到预期效果。为避免这种情况，可以将数值视为字符串输入。这样，WPS 表格会将这些数据视为文本，而不会进行自动更改。不过，这种方法的缺点是，输入的数据将无法参与计算。

要将输入的数值转换为字符串，只需在数值前添加一个英文状态下的单引号"'"。例如，在图 4-25 所示的 A1 和 A2 单元格中，A1 单元格中的数据为字符串形式输入，因此前面的"0000"没有被舍去，而 A2 单元格中的数据则作为数值输入，前面的"0000"被自动删除。

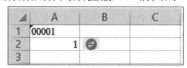

图 4-25　输入数字字符串的比较

在 WPS 表格中，用户输入的所有内容统称为"数据"，包括汉字、英文、符号及数值等。数值和字符串在 WPS 表格中有明显的区别：其一，数值可以参与计算，而字符串无法参与；其二，两者的显示效果不同，数值会右对齐，而字符串会左对齐，如图 4-25 所示。

4. 输入日期和时间

在 WPS 表格中，当输入的数据符合既定的日期或时间格式时，该数据将按日期或时间格式存储。以 2024 年 8 月 12 日为例，该日期可以通过以下几种格式输入：

> ➢ 24/08/12
> ➢ 2024/08/12
> ➢ 2024-08-12

> ➢ 12-Aug-24
> ➢ 12/Aug/24

在 WPS 表格中，日期是通过计算自 1900 年 1 月 1 日起至该日期的天数存储的。例如，1900年 1 月 2 日的内部存储值为 2，而 2020 年 5 月 20 日的存储值为 43 971。

时间的常用输入格式如下：

> 20:35
> 7:15 PM

> 18 时 55 分
> 下午 5 时 30 分

这里需要注意的是，AM 或 A 表示上午，PM 或 P 表示下午。如果同时输入日期和时间，系统会将二者组合，中间用空格分隔。

5. 输入逻辑值

逻辑值有 TRUE(真)和 FALSE(假)两个。可以直接在单元格中输入逻辑值 TRUE 和 FALSE，也可以输入计算结果为逻辑值的公式。

6. 检查数据的有效性

使用"数据有效性"对话框可以控制单元格可接收数据的类型和范围。例如，在工资表中将基本工资的输入范围设置为 5000～8000 之间的整数，设置数据有效性的具体步骤如下。

(1) 选中要设置数据有效性的单元格或单元格区域。

(2) 在"数据"选项卡中单击"有效性"按钮，打开"数据有效性"对话框。

(3) 在"设置"选项卡中，在"有效性条件"组中的"允许"下拉列表框中选择数据类型，如设置为"整数"；在"数据"下拉列表框，以及"最小值"和"最大值"文本框中设置要限定的数据范围，然后单击"确定"按钮，如图 4-26 所示。

(4) 当用户输入的数值不在 5000～8000 的整数范围内时，系统会弹出警告提示，阻止该输入，如图 4-27 所示。

图 4-26　设置数据有效性

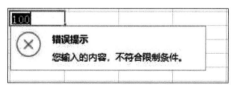

图 4-27　输入提示

7. 智能填充数据

在输入一些有规律的数据时，可以利用 WPS 表格提供的智能填充功能。

1) 填充相同的数据

例如，在 A1 单元格中输入"等级考试"，然后使用智能填充功能将该数据复制到相邻的单元格，具体操作步骤如下。

(1) 选中 A1 单元格后，将鼠标指针移动到单元格右下角，鼠标指针会变成一个黑色的十字形状的填充句柄，如图 4-28(a)所示。

(2) 按住鼠标左键，拖曳填充句柄到 A6 单元格。

(3) 释放鼠标左键填充完成，效果如图 4-28(b)所示。用户还可以进行横向填充，只需将填充句柄拖动到 D1 单元格，填充完成后的效果如图 4-28(c)所示。在自动填充时，系统默认以序列的方式进行填充。

| (a) | (b) | (c) |

图 4-28　填充相同的数据

WPS 表格已经预设了一些常用的、有规律的数据序列。当输入一组这样的数据时，可以利用智能填充功能。例如，输入"星期一"，然后拖曳填充句柄，后续单元格将按顺序自动填充"星期二""星期三"等。

除此之外，还有许多预定义的序列数据，如月份、季度、天干地支等。当然，用户也可以定义一些常用的自定义序列。

2) 设置自定义序列

设置自定义序列的具体操作步骤如下。

(1) 选择"文件"|"选项"命令。

(2) 在打开的"选项"对话框中选择"自定义序列"选项卡。

(3) 在"自定义序列"列表框中选择"新序列"选项，然后在右侧的"输入序列"文本框中输入"红""橙""黄""绿""青""蓝""紫"，每输入一个数据后按一次 Enter 键，如图 4-29(a)所示。

(4) 单击"添加"按钮后，"自定义序列"列表框的最后一行将显示刚输入的序列数据，单击"确定"按钮完成设置，效果如图 4-29(b)所示。

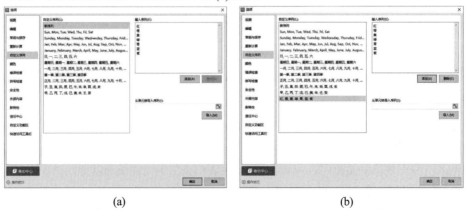

| (a) | (b) |

图 4-29　设置自定义序列

(5) 最后，在工作表中验证设置的效果。在 A1 单元格中输入"红"，然后拖曳填充句柄至 A7 单元格，结果将显示 A2 到 A7 单元格分别被填充为"橙""黄""绿""青""蓝""紫"，表示设置成功。

除了上述介绍的智能填充方法，用户还可以按照特定规律(如等差规律)进行数据的智能填充。例如，在 A1 单元格中输入"1"，在 A2 单元格中输入"2"。选中这两个单元格后，向下拖曳填充句柄，系统将自动按照等差规律填充后续单元格，依次显示"3""4""5""6"等。

此外，如果用户在选中这两个单元格的情况下，按住 Ctrl 键同时拖动填充句柄，系统将循环填充"1"和"2"，结果将是"1""2""1""2"……以此类推。

任务 4–1

制作学生成绩表

使用 WPS 表格制作一份学生成绩表，用于方便地输入、计算和分析学生的各科成绩，生成直观的成绩汇总和图表。

4.2　WPS 表格的格式设置

WPS 表格提供多种格式设置功能，允许用户灵活调整单元格的外观和数据类型。用户可以选择常规、数值、货币、日期、百分比、文本及特殊格式，以清晰地展示数据。此外，用户还可以通过字体、颜色和边框等样式设置，提升表格的可读性和美观度，使数据呈现更加专业。

4.2.1　设置数字格式

在 WPS 表格中，数字可以有多种类型，如货币型、日期型和百分比型等，不同类型的数字具有不同的格式。在输入数字时，WPS 表格会自动识别其类型并应用相应的格式。例如，输入"$1234"时，系统会将其识别为货币型数字，并格式化为"$1,234"。表 4-2 所示为常用的数字类型及其对应格式。

表 4-2　WPS 表格常用的数字类型及其说明

数字类型	功能说明	示例
常规格式	无任何特定格式的数字	12345
数值格式	用于表示一般数字，可以设置小数位数、千位分隔符和负数的表示方式	−123.45、(123.45)、3,456
货币格式	为数字添加货币单位	¥456、$23,456
日期和时间格式	可选择多种日期和时间格式	2008-08-08 17:15

（续表）

数字类型	功能说明	示例
百分比格式	将数字设置为百分比	100%
文本格式	将数字视为文本，此类数字无法参与计算	"0012345"（作为文本输入）
特殊格式	可将数字格式化为常用的中文大小写数字、邮政编码或人民币大写格式	壹仟贰佰叁拾肆元

以图 4-30 所示的工作表为例，将"实发工资(元)"列中的数字设置为货币格式(人民币)的具体操作步骤如下。

(1) 选中"实发工资(元)"列中相应的单元格区域，如图 4-30 所示。

(2) 右击选中的区域，在弹出的快捷菜单中选择"设置单元格格式"命令。

(3) 在打开的"单元格格式"对话框中选择"数字"选项卡，在"分类"列表框中选择"货币"选项。在"小数位数"微调框中输入"0"，并在"货币符号"下拉列表框中选择"¥"选项，最后单击"确定"按钮，如图 4-31 所示

图 4-30　选择区域　　　　　图 4-31　设置货币格式

这里需要注意的是，单元格一旦设置了格式，无论其中是否有数据，该格式始终有效。输入的新数据会默认应用该单元格的格式。即使单元格中的数据发生变化，之前设置的格式也将继续保留。

4.2.2　设置单元格格式

1. 设置字符格式

在 WPS 表格中，设置字符格式的方法与 WPS 文字相似。选中单元格后，可以在"开始"选项卡中调整字符的字体、字号、颜色，以及设置粗体和斜体等格式，如图 4-32 所示。

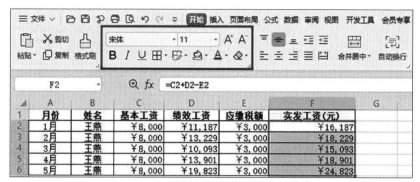

图 4-32　设置表格中选取区域的字符格式

2. 设置标题居中

通常，表格的第一行为标题行。例如，在图 4-33 所示的表格中，"1—5 月份工资表"就是该表格的标题。标题通常位于表格的中央，并且文字位于一个单元格中。

图 4-33　表格示例

以图 4-33 所示的表格为例，将标题设置为居中的具体操作步骤如下。

(1) 选中表格范围内的第一行单元格，这里选择 A1:F1 单元格区域。

(2) 单击"开始"选项卡中的"合并居中"按钮，如图 4-34 所示。

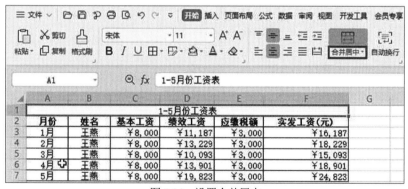

图 4-34　设置合并居中

如果合并的单元格区域中有两个或更多单元格包含数据，WPS 表格会弹出对话框，要求用户选择合并方式，如图 4-35 所示。

如果要取消合并单元格，可以单击"开始"选项卡中的"合并居中"下拉按钮，然后在弹出的菜单中选择"取消合并单元格"选项，如图 4-36 所示。

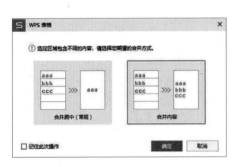

图 4-35　选择合并方式

图 4-36　取消合并单元格

在执行合并单元格操作时需要注意的是，如果将 A1~F1 单元格合并，则合并后只有一个单元格，其地址为第一个单元格的地址，即 A1。

3. 设置数据对齐

与 WPS 文字中的表格相似，WPS 表格中的数据对齐方式分为水平对齐和垂直对齐。水平对齐可通过"开始"选项卡中的三个按钮进行设置，垂直对齐则可以通过"开始"选项卡中的相应按钮调整。数据对齐方式还可以通过"单元格格式"对话框中的"对齐"选项卡进行设置，如图 4-37 所示。设置不同的垂直和水平对齐方式会产生不同的效果，如图 4-38 所示。

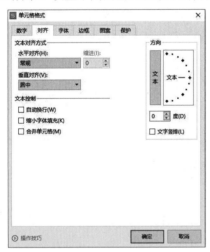

图 4-37　"对齐"选项卡

图 4-38　不同的对齐效果

4. 设置底纹

为了使表格更加美观，可以为其添加颜色或图案，即常说的"底纹"。底纹的设置同样在"单元格格式"对话框中进行，具体操作步骤如下。

(1) 选中并右击要添加颜色或图案的单元格，在弹出的快捷菜单中选择"设置单元格格式"

命令，打开"单元格格式"对话框。

(2) 选择"图案"选项卡，在"颜色"中选择所需的填充颜色，然后在"图案样式"下拉列表中选择合适的图案，再在"图案颜色"下拉列表中选择图案颜色，最后单击"确定"按钮完成设置，如图 4-39 所示。

5. 设置边框

完成工作表的数据输入和格式设置后，在打印表格时，用户可能会发现表格没有边框。这是因为 WPS 表格中的单元格框线只是虚拟线条，并不是实际的边框。要为表格添加框线，需要进行相应的设置。设置表格边框的方法有以下两种。

➢ 使用下拉列表框进行简单设置：选中需要设置边框的单元格区域，单击"开始"选项卡中的"边框"下拉按钮，在弹出的"边框"下拉列表框中选择不同的框线类型，以设置不同的边框效果，如图 4-40 所示。通常情况下，选择"所有框线"选项即可。选择"所有框线"选项后，表格的边框将立即显示出来。

➢ 在对话框中进行详细设置：选中需要设置边框的单元格区域后，打开"单元格格式"对话框，选择"边框"选项卡，在该选项卡中设置边框的颜色和样式后，单击"确定"按钮即可，如图 4-41 所示。

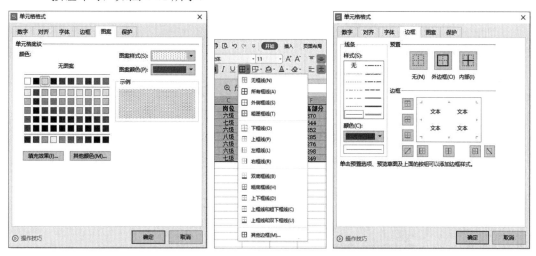

图 4-39　"图案"选项卡　　　图 4-40　"边框"下拉列表　　　图 4-41　"边框"选项卡

4.2.3　设置条件格式

在 WPS 表格中，用户可以通过对包含数值或其他内容的单元格，或含有公式的单元格应用特定条件，来设置单元格数据的显示格式。以图 4-42 所示的表格为例，将 D2:D8 单元格区域中大于或等于 1000 的数字设置为红色的具体操作步骤如下。

(1) 选中 D2:D8 单元格区域，单击"开始"选项卡中的"条件格式"下拉按钮，在弹出的下拉列表中选择"突出显示单元格规则"命令，然后在子菜单中选择"其他规则"命令，如图 4-42 所示。

(2) 在打开的"新建格式规则"对话框中，保持"只为满足以下条件的单元格设置格式"

部分的第一个下拉列表框为"单元格值"的默认设置。在第二个下拉列表框中选择"大于或等于"选项，然后在最后的文本框中输入"2000"，如图 4-43 所示。

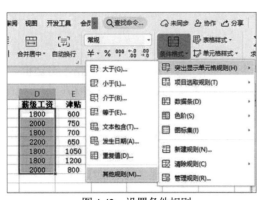

图 4-42　设置条件规则

图 4-43　"新建格式规则"对话框

(3) 单击"格式"按钮，在弹出的"单元格格式"对话框中切换到"字体"选项卡，将"颜色"设置为"红色"。然后单击"确定"按钮，返回到"新建格式规则"对话框，再次单击"确定"按钮以完成设置。

4.2.4　套用表格样式

套用表格样式是指将 WPS 表格提供的样式应用于用户选择的单元格区域，使表格更美观，便于浏览。以下是套用表格样式的具体操作步骤。

(1) 选中单元格区域(如 A1:I8)，然后单击"开始"选项卡中的"表格样式"下拉按钮，在弹出的下拉列表中选择一种预设样式，如图 4-44 所示。

(2) 在打开的"套用表格样式"对话框中保持默认设置，直接单击"确定"按钮，如图 4-45 所示。

图 4-44　套用预设样式

图 4-45　"套用表格样式"对话框

在图 4-45 所示的对话框中，"仅套用表格样式"选项将只使用表格样式，而"转换成表格，并套用表格样式"选项则会将单元格区域转换为表格并应用样式。

4.2.5　设置数据有效性

在 WPS 表格中，可以设置单元格数据的有效性，限制输入数据的类型及范围，以避免在参与运算的单元格中输入错误的数据。

1. 设置有效性条件

设置数据有效性的具体操作步骤如下。

(1) 选中要设置有效性条件的单元格或区域。

(2) 在"数据"选项卡中，单击"有效性"下拉按钮，在弹出的下拉列表中选择"有效性"选项，打开"数据有效性"对话框。

(3) 在"允许"下拉列表框中，指定允许输入的数据类型，如图 4-46 所示。其中比较常用的几种数据类型的说明如下。

① "整数"和"小数"：仅允许输入数字。

② "日期"和"时间"：仅允许输入日期或时间。

③ "序列"：只能输入指定的数据序列项。

④ "文本长度"：限制在单元格中输入的字符个数。

(4) 如果选择"序列"选项，对话框底部将显示"来源"文本框，用于输入或选择有效数据序列的引用，如图 4-47 所示(如果工作表中存在可引用的序列，单击"来源"文本框右侧的按钮，可以缩小对话框，以避免遮挡视线。再次单击按钮可恢复对话框的原始大小)。

图 4-46　"数据有效性"对话框　　　　　图 4-47　设置序列

(5) 如果在"数据有效性"对话框中设置允许的数据类型为整数、小数、日期、时间或文本长度，还需在"数据"下拉列表框中选择数据之间的操作符，并根据选定的操作符指定数据的上限或下限(某些操作符仅需一个操作数，如"等于")，或同时指定上下限，如图 4-48 所示。

(6) 如果允许单元格中出现空值，或者在设置上下限时所用的单元格引用或公式引用基于初始值为空的单元格，应选中"忽略空值"复选框。

(7) 若希望从定义好的序列列表中选择数据填充单元格，应在图 4-47 所示的对话框中选中"提供下拉箭头"复选框。

(8) 最后，单击"确定"按钮关闭对话框。此时在设置允许值为序列的单元格右侧会显示下拉按钮，单击该按钮可在弹出的序列项列表中选择需要填充的数据，如图 4-49 所示。如果在限定数据范围的单元格中输入不在限定范围内的数据，将弹出图 4-50 所示的提示信息。

图 4-48　设置数据范围

图 4-49　选择序列值

图 4-50　输入错误提示

2. 设置有效性提示信息

在单元格中输入数据时，显示数据有效性的提示信息可以帮助用户输入正确的数据。

(1) 选中要设置有效性条件的单元格或区域。

(2) 在"数据"选项卡中，单击"有效性"下拉按钮，在弹出的下拉列表中选择"有效性"选项，打开"数据有效性"对话框并选择"输入信息"选项卡。

(3) 若希望在选中单元格时显示提示信息，应选中"选定单元格时显示输入信息"复选框。

(4) 如果要在信息中显示黑体的提示信息标题，应在"标题"文本框中输入所需的文本。

(5) 在"输入信息"文本框中输入要显示的提示信息，如图 4-51 所示。

(6) 单击"确定"按钮以完成设置。当选中指定的单元格时，将弹出如图 4-52 所示的提示信息，提醒用户输入正确的数据。

3. 设置出错警告

默认情况下，当在设置了数据有效性的单元格中输入错误数据时，弹出的错误提示仅告知用户输入的数据不符合限制条件，但用户可能并不清楚具体的错误原因。WPS 允许用户定制出错警告的内容，并控制用户的响应方式。

(1) 选中要定制出错警告的单元格或区域，然后在"数据有效性"对话框中切换到"出错警告"选项卡，如图 4-53 所示。

图 4-51　设置标题和信息

图 4-52　单元格提示信息

图 4-53　"出错警告"选项卡

(2) 选中"输入无效数据时显示出错警告"复选框。

(3) 在"样式"下拉列表框中选择出错警告的信息类型，如图 4-54 所示。

① 停止：默认信息类型，在输入值无效时显示提示信息，并在错误得到更正或取消之前禁止用户继续输入数据。

② 警告：在输入值无效时询问用户是否确认输入有效并继续其他操作。

③ 信息：在输入值无效时显示提示信息，用户可选择保留已经输入的数据。

(4) 如果希望信息中包含标题，应在"标题"文本框中输入所需的文本。

(5) 若希望在信息中显示特定的提示文本，应在"错误信息"文本框中输入所需内容，按 Enter 键可以换行，如图 4-55 所示。

(6) 单击"确定"按钮关闭对话框后，在指定单元格中输入无效数据时，系统将弹出图 4-56 所示的错误提示，按 Enter 键确认输入。

图 4-54　选择信息类型

图 4-55　输入出错信息

图 4-56　输入出错警告

任务 4–2

制作学生成绩汇总表

使用 WPS 2019 制作一个学生成绩汇总表，用于整理和分析学生的各科成绩。

4.3　WPS 图表设置

在日常工作中，用户有时需要比较几个月的产品销量或展示不同区域的销售额。虽然表格可以完成这些任务，但其表现形式往往不够直观。为了以更直观的方式呈现数据并吸引观众的注意力，我们可以将数据转化为图表。

4.3.1　图表的基本概念

1. 图表简介

首先，让我们了解 WPS 表格提供了哪些类型的图表及其特点。WPS 表格提供了 11 类图表，每一类中又包含多种图表类型。表 4-3 对常见的 4 类图表的功能进行了简要说明。

表 4-3　WPS 常用图表及其功能说明

图表类型	功能说明	示例
柱形图	强调各项之间的差异	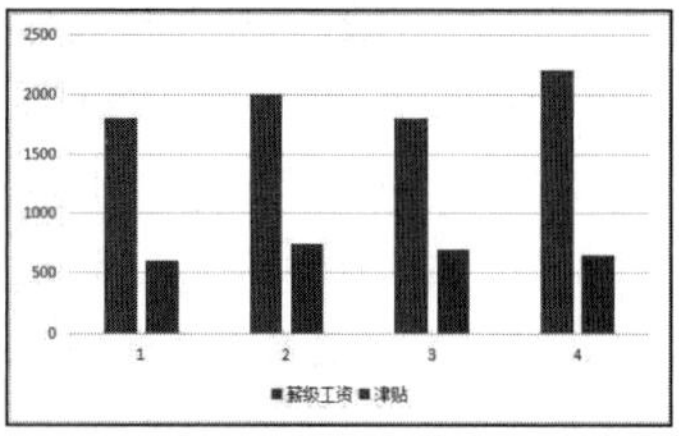
折线图	强调数值的变化趋势	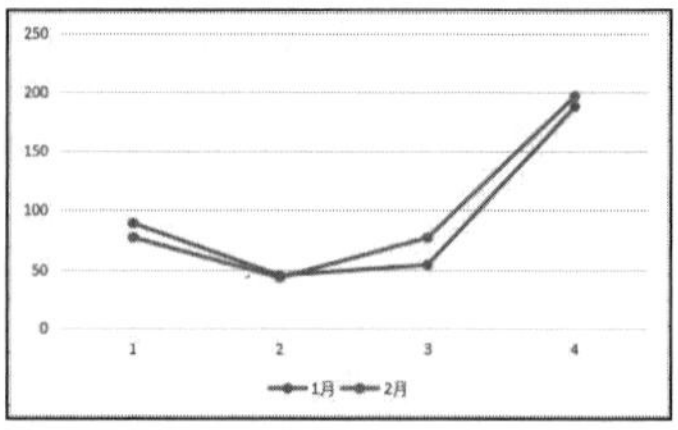
条形图	柱形图的水平表示形式	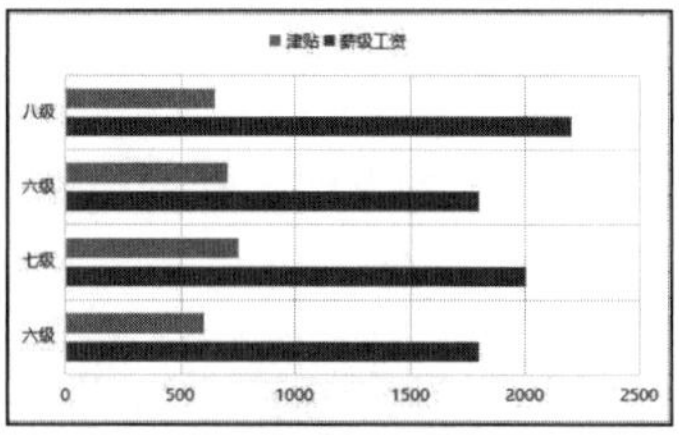
饼图	显示整体中各部分所占的比例	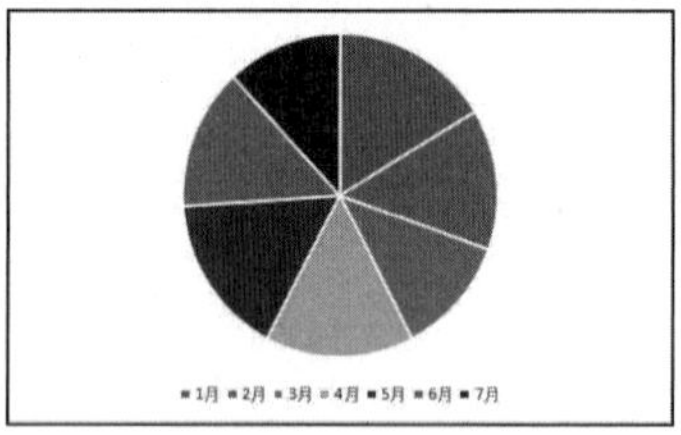

2. 图表和工作表的关系

图表是工作表中全部或部分数据的另一种表现形式，它是基于工作表中的数据创建的图形。如果没有工作表中的数据，图表就失去了实际意义。因此，创建图表的前提是工作表中必须已有准确无误的数据。

一个工作表可以包含多个图表，这些图表既可以作为工作表的一部分以展示数据，也可以作为独立的工作表插入到工作簿中。图表的数据来自工作表，图表形状因数据的不同而各异。图表并非静态，它会根据工作表中的数据变化自动进行调整。

3. 图表中的常用术语

图表中的常用术语如下。

➢ 数据源：数据源是指创建图表所需的数据来源。

➢ 数据系列：数据系列是一组相关的数据，通常来自工作表中的一行或一列，如图 4-57 所示的"姓名""薪级工资""津贴"，以及"刘小辉""徐克义""张芳宁"等。在图表中，同一系列的数据以相同的形式表示。

	A	B	C
1	姓名	薪级工资	津贴
2	刘小辉	1800	600
3	徐克义	2200	650
4	张芳宁	1800	1050

图 4-57　图表示例

➢ 数据点：数据点是数据系列中的一个独立数据，通常来自一个单元格，如图 4-57 所示的姓名系列中的"刘小辉""徐克义""张芳宁"等。

4. 嵌入式图表和独立图表

嵌入式图表作为一个对象，与相关的工作表数据存放在同一个工作表中。

独立图表以单独的工作表形式插入工作簿，打印时占用一个页面。

4.3.2　创建图表

在 WPS 表格中，创建图表有多种方法，其中最常用的是利用"插入"选项卡中的"全部图表"按钮。

下面以图 4-58 所示的工作表为例，说明创建图表的步骤。

(1) 选择图表的数据源，如在图 4-58 中选择 B2:E8 区域。

(2) 单击"插入"选项卡中的"全部图表"按钮，打开"插入图表"对话框。

(3) 在"柱形图"选项卡中选择一种簇状柱形图，然后单击"插入"按钮，如图 4-59 所示。新创建的图表效果如图 4-60 所示。

图 4-58　图表数据源

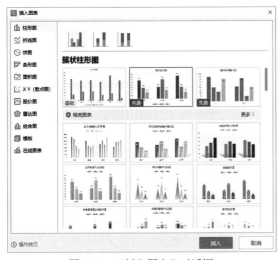

图 4-59　"插入图表"对话框

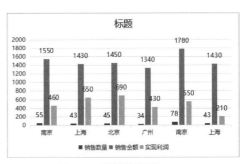

图 4-60　簇状柱形图

插入的图表通常包括数据系列(来源于行/列)、标题(包括图表标题、横坐标轴标题和纵坐标轴标题)、图例、数据标签、坐标轴及网格线等元素。这些元素均可在"图表工具"选项卡中进行设置和修改。

以图 4-60 所示的簇状柱形图为例，我们将数据系列设置为来源于列，图表标题设为"新产品 A 销售情况调查分析"，横坐标轴标题为"新产品 A"，纵坐标轴标题为"销售数据"。具体操作步骤如下。

(1) 插入的图表数据系列默认来源于列。如果想切换为行，可以在"图表工具"选项卡中单击"切换行列"按钮，切换后的效果如图 4-61 所示。

(2) 图表标题默认显示在图表上方。如果图表标题未显示，可以单击"图表工具"选项卡中的"添加元素"下拉按钮，在弹出的列表中选择"图表标题"|"图表上方"选项。

(3) 将图表上方的"图表标题"修改为"新产品 A 销售情况调查分析"，如图 4-62 所示。

(4) 单击"图表工具"选项卡中的"添加元素"下拉按钮，在弹出的列表中选择"轴标题"|"主要横向坐标轴"选项，此时在图表的横坐标轴下方会出现"坐标轴标题"，将其改为"新产品 A"，如图 4-63 所示。

(5) 再次单击"图表工具"选项卡中的"添加元素"下拉按钮，在弹出的列表中选择"轴标题"|"主要纵向坐标轴"选项，此时在图表的纵坐标轴左侧会出现"坐标轴标题"，将其改为"销售数据"，如图 4-64 所示。

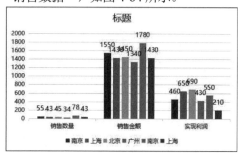

图 4-61　切换行列

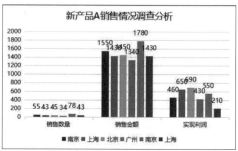

图 4-62　添加图表标题

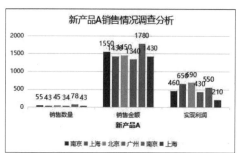

图 4-63　添加横坐标轴标题

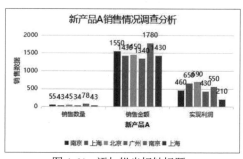

图 4-64　添加纵坐标轴标题

在默认情况下，WPS 表格中的图表为嵌入式图表。用户不仅可以在同一个工作表中调整图表的位置，还可以将图表移动到单独的工作表中。单击"图表工具"选项卡中的"移动图表"按钮，打开"移动图表"对话框，如图 4-65 所示，选择图表放置的位置，然后单击"确定"按钮以完成移动。

图 4-65　"移动图表"对话框

4.3.3 图表设置

新建的图表通常在美观性上存在不足，如图表主体较小、坐标轴文字过大等。以下将简要介绍图表的组成要素及其设置方法。

1. 图表的组成元素

一个图表主要由以下几个要素组成，如图 4-66 所示。

➢ 图表标题：用于简洁明了地概述图表所呈现的主要内容和数据趋势。

➢ 图表区：图表所在的整体区域，所有其他要素均放置在此区域内，图表区可视为图表的"桌面"。

➢ 绘图区：图表的主体部分，用于展示数据的图形。

➢ 图例：对绘图区中图形的说明，帮助观众理解数据。

➢ 坐标轴标题：指横坐标轴和纵坐标轴的名称，虽然不是图表的必备要素，但能够提供额外的上下文信息。

➢ 数据标签：在图表中用于直接显示每个数据点的具体数值。

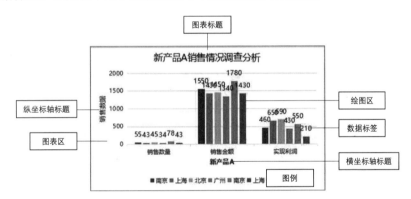

图 4-66　图表的组成元素

2. 添加或隐藏图表元素

选中图表后，将激活"图表工具"选项卡，如图 4-67 所示。通过"图表工具"选项卡中的功能按钮，或在图表区内右键单击以打开快捷菜单，用户可以对图表进行各种修改和编辑。

图 4-67　"图表工具"选项卡

单击"图表工具"选项卡中的"添加元素"下拉按钮，在弹出的下拉列表中，用户可以通过选中或取消选中具体的选项，在图表中显示或隐藏图表元素。例如，选中图 4-66 所示的图表后，选择"添加元素"|"数据标签"|"无"选项，可以隐藏图表中的数据标签，如图 4-68 所示。

3. 修改图表源数据

以图 4-68 所示的图表为例，假设需要删除图表中的"销售数量"数据系列，可以执行以下操作步骤。

(1) 选中图表后单击"图表工具"选项卡中的"选择数据"按钮，打开"编辑数据源"对话框。

(2) 在"类别"组中取消"销售数量"复选框的选中状态，然后单击"确定"按钮即可，如图 4-69 所示。删除数据系列后的图表效果如图 4-70 所示。

如果用户需要在图表中添加数据，可以在"编辑数据源"对话框的"图例项(系列)"组中单击"添加"按钮➕，打开"编辑数据系列"对话框。在"系列名称"文本框中输入要添加的系列名称，将光标置于"系列值"文本框中，选择相应的单元格区域，最后单击"确定"按钮，如图 4-71 所示。

此外，如果需要同时删除工作表和图表中的数据，只需在工作表中删除相应数据，图表会自动更新。若只想从图表中删除数据，可以在图表中单击要删除的数据系列后按 Delete 键。

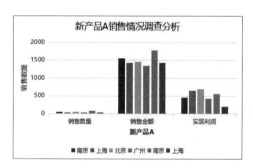

图 4-68　隐藏数据标签

图 4-69　"编辑数据源"对话框

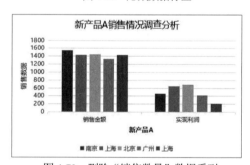

图 4-70　删除"销售数量"数据系列

图 4-71　"编辑数据系列"对话框

4. 修改图表类型

选中图表后，单击"图表工具"选项卡中的"更改类型"按钮，打开"更改图表类型"对话框。在此对话框中，用户可以选择并修改图表的类型。例如，图 4-72 是将图 4-70 中的簇状柱形图修改为条形图的结果。

5. 美化图表

用户可以通过修饰图表来更好地展示数据。在"图表工具"选项卡中，利用功能按钮可对图表区、绘图区、坐标轴等要素的颜色、图案、线型和填充效果进行设置。此外，还可以通过图表要素的设置窗格进行更详细的属性设置，具体操作如下(以美化图表的图表区为例)。

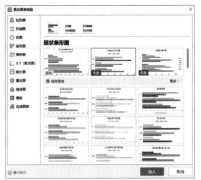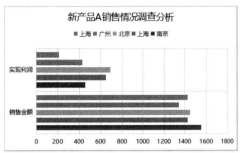

图 4-72　更改图表类型

(1) 选中并右击图表的图表区，在弹出的快捷菜单中选择"设置图表区域格式"命令，打开"属性"窗格。

(2) 在"图表选项"的"填充与线条"选项卡中，单击"线条"按钮，展开"线条"组。接着，选择"实线"单选按钮，并在"颜色"下拉列表中选择一种颜色作为图表边框颜色(例如，选择"白色，背景 1，深色 25%"选项)，如图 4-73(a)所示。

(3) 展开"填充"组，选中"纯色填充"单选按钮，然后在"颜色"下拉列表中选择一种颜色作为图表的背景颜色，如图 4-73(b)所示。

(4) 完成以上设置，图表的效果如图 4-73(c)所示。

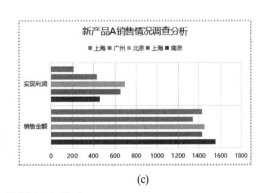

(a)　　　　　　　　　　(b)　　　　　　　　　　(c)

图 4-73　设置图表区格式

任务 4-3

制作学生成绩分析图表

使用 WPS 2019 制作一个学生成绩分析图表(簇状柱形图),直观展示学生的成绩分布和各科目表现, 帮助教师分析学习效果。

4.4 公式和函数

WPS 表格最大的特色不仅在于创建和修饰表格,更在于对数据的处理。在日常工作中,用户常常需要对数据进行计算,如求和、求平均值等。对于一两个数据,我们可以轻松应对,但当数据量增大时,工作量也会随之加重。此时,如果能够熟练掌握公式和函数的相关知识,就能够方便、快速且准确地处理大量数据,从而大大提高工作效率。

4.4.1 公式的使用

1. 公式的格式

公式是 WPS 表格工作表中的计算式,亦称为等式。在图 4-74(a)所示的工作表中,设备采购金额的计算式为"金额＝单价×数量"。

这样的计算式在 WPS 表格中无法直接使用,我们需要将其转换为 WPS 表格可以识别的格式。在 WPS 表格中,上述计算式可以表示为"=B2*C2"。将这个公式输入 D2 单元格后,按 Enter键或单击 D2 单元格外的区域,该单元格将自动显示 B2 和 C2 单元格中数值的乘积,如图 4-74(b)所示。

| (a) | (b) |

图 4-74　使用公式

公式的一般格式为"=表达式"。表达式由运算符(如＋、－、*、/等)、常量、单元格地址、函数名称及括号组成。

这里需要注意以下两点。

(1) 公式中的表达式前面必须有等号"="。

(2) 公式中不能包含空格。

2. 输入公式

输入公式的方法有以下两种。

方法 1：双击目标单元格,在光标处输入公式,如"=B2*C2",然后按 Enter 键或单击单元格外的区域确认。

方法 2：单击目标单元格,再单击数据编辑区中的编辑栏,在光标处输入公式,按 Enter键或单击编辑栏左侧的"输入"按钮☑确认。

在输入单元格地址时，用户可以手动输入，也可以直接单击该单元格。例如，在 D2 单元格中输入"=B2*C2"的操作步骤如下。

(1) 双击 D2 单元格，输入等号"="，如图 4-75(a)所示。

(2) 单击 B2 单元格，此时 D2 单元格中将显示"B2"，如图 4-75(b)所示。

(3) 在 D2 单元格中输入运算符"*"，如图 4-75(c)所示。

(4) 单击 C2 单元格，此时 D2 单元格中将显示"C2"，按 Enter 键或单击 D2 单元格外的区域以完成操作，如图 4-75(d)所示。

如果在输入公式的过程中单击了编辑栏左侧的"取消"按钮×，则已输入的公式将被全部删除。若需修改已输入的公式，用户可以单击公式所在的单元格，在编辑栏中进行修改；也可以双击单元格直接在单元格内修改。

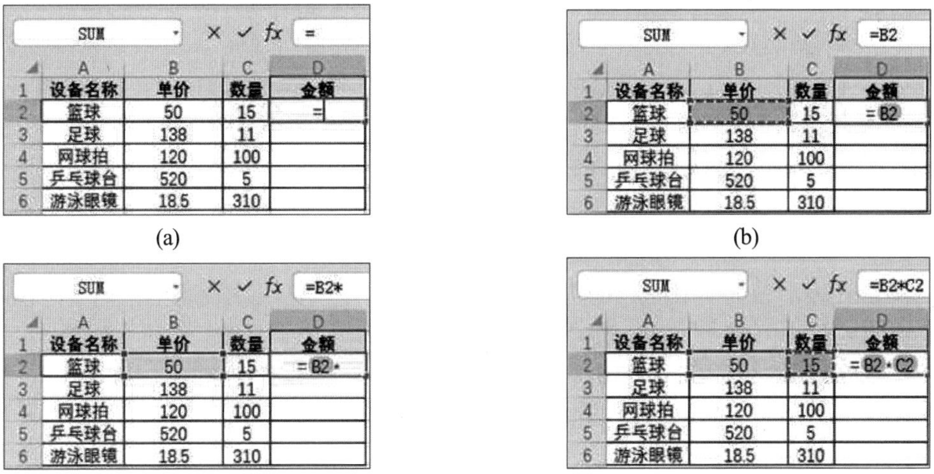

图 4-75 输入公式

3. 使用运算符

WPS 表格中的运算符不仅包括加、减、乘、除等算术运算符，还包括字符连接运算符和关系运算符。其中，算术运算符是最常用的。

在数学中，当加、减、乘、除同时出现在一个表达式中时，运算的先后顺序是固定的：首先计算乘除，然后计算加减。在 WPS 表格中，运算符也遵循相同的优先级规则。表 4-4 按优先级从高到低列出了常用的运算符及其功能说明。

表 4-4 常用运算符及其功能说明

运算符	功能说明	示例
-	负号	-3、$-A1$
%	百分号	10% (0.1)
^	乘方	4^2 ($4^2=16$)
* /	乘、除	$4*3$、$16/4$
＋ －	加、减	$5+3$、$10-6$

（续表）

运算符	功能说明	示例
&	字符串连接符	"考试" & "大纲"（"考试大纲"）
= <>	等于、不等于	1 = 2(结果为假)，1 <> 2(结果为真)
> >=	大于、大于等于	2 > 1(结果为真)，5 >= 2(结果为真)
< <=	小于、小于等于	2 < 1(结果为假)，5 <= 2(结果为假)

4.4.2　复制公式

在之前的内容中，我们讲解了输入公式的基本操作，但目前仅设置了一个公式来解决特定的数据计算问题。如果需要处理大量数据，难道还要一个个地输入公式吗？

当然不必！逐一输入公式的效率远远不及直接使用计算器。实际上，公式是可以被复制的。接下来，我们将以图 4-76 所示的工作表为例，演示如何复制公式，并计算所有设备的采购费用。

首先，按照之前的方法，在 D2 单元格中输入计算篮球采购金额的公式"=B2 *C2"。然后，我们将这个公式复制到 D3 单元格。有些读者可能会问，既然复制的是"=B2 *C2"，那么直接粘贴后不就又计算了 B2 和 C2 的乘积吗？我们不妨先进行实际操作，看看结果。

右击包含公式的单元格，在弹出的快捷菜单中选择"复制"命令。接着，将鼠标指针移动到目标单元格(D3)，右击并在弹出的菜单中选择"粘贴"命令。这时足球的采购金额也将被准确计算出来。细心的读者会发现，D3 单元格中的公式自动变成了"=B3 *C3"，如图 4-77 所示。

这是怎么回事呢？我们明明复制的是"=B2 *C2"，粘贴后却变成了"=B3 *C3"。这个现象涉及 WPS 表格公式中的相对地址和绝对地址两个重要概念。

1. 相对地址

在 WPS 表格中，单元格地址用于表示特定单元格的位置。例如，A1 单元格指的是 A 列与第 1 行交叉的单元格。当我们复制公式时，WPS 表格会根据原公式的位置和复制后的位置的变化，自动调整公式中的单元格地址。

以公式"=B2 *C2"为例，假设它最初位于 D2 单元格，现在我们将其复制到 D3 单元格。相较于 D2，D3 的列号保持不变，但行号增加了 1。因此，WPS 表格会将公式中每个单元格地址的行号加 1，而列号保持不变，最终导致 B2 变为 B3，C2 变为 C3。

那些随公式所在单元格位置变化而变化的单元格地址称为相对地址，例如公式"=B2 *C2"中的 B2 和 C2。

2. 绝对地址

在某些情况下，我们可能希望引用一个固定的单元格地址，以避免在复制公式时该地址自动更改。例如，在图 4-78 所示的工作表中，我们在计算每种设备的采购金额时，使用相对地址是很方便的。然而，当我们要计算每种设备的采购量占所有设备采购总金额的百分比时，总采购金额的单元格地址 D7 必须保持不变。如果在公式中 D7 变成了 D8，计算结果显然会出错。

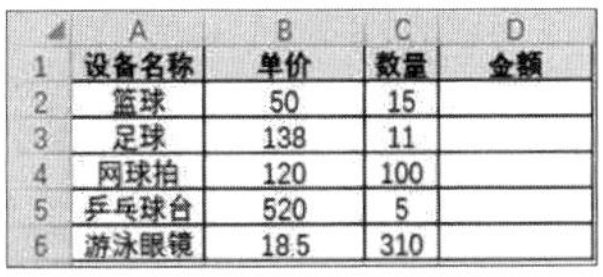

设备名称	单价	数量	金额
篮球	50	15	
足球	138	11	
网球拍	120	100	
乒乓球台	520	5	
游泳眼镜	18.5	310	

图 4-76　设备采购费用表

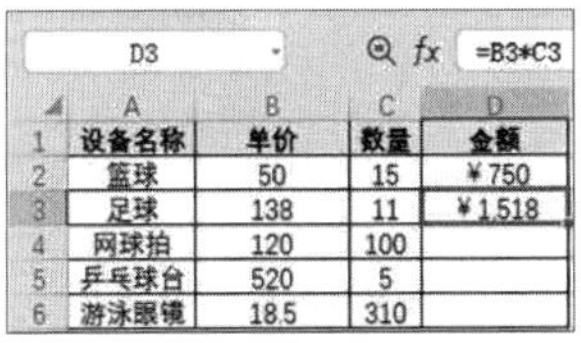

设备名称	单价	数量	金额
篮球	50	15	¥750
足球	138	11	¥1,518
网球拍	120	100	
乒乓球台	520	5	
游泳眼镜	18.5	310	

图 4-77　复制公式后的结果

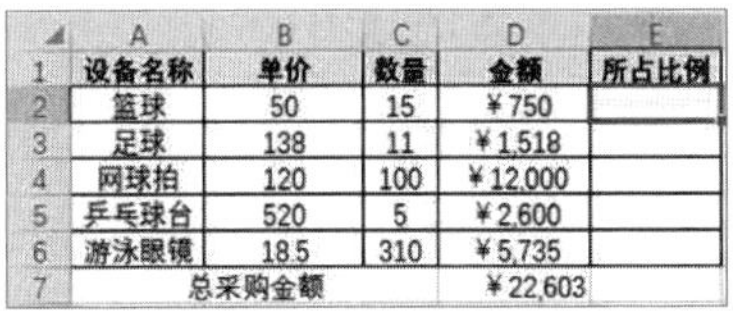

设备名称	单价	数量	金额	所占比例
篮球	50	15	¥750	
足球	138	11	¥1,518	
网球拍	120	100	¥12,000	
乒乓球台	520	5	¥2,600	
游泳眼镜	18.5	310	¥5,735	
总采购金额			¥22,603	

图 4-78　计算所占比例

在这种情况下，我们需要使用绝对地址来表示总销售量的单元格地址。在 WPS 表格中，无论将公式复制到哪个单元格，绝对地址都不会改变。为了区分相对地址和绝对地址，通常会在单元格地址的列号或行号前加上“$”符号来表示绝对地址。

- A1：相对地址。
- $A1：列号 A 为绝对地址，行号 1 为相对地址。
- A1：列号 A 和行号 1 均为绝对地址。
- A$1：列号 A 为相对地址，行号 1 为绝对地址。

3. 混合地址

混合地址的形式如 D$3、$A8 等。当含有这些地址的公式被复制到目标单元格时，公式中的相对地址部分会根据原位置和目标位置的变化进行调整，而绝对地址部分则保持不变。例如，将 D1 单元格中的公式“=($A1＋B$1＋C1)/2”复制到其他单元格时，相对部分会相应调整，绝对部分则不变。

4. 跨工作表单元格地址引用

单元格地址的一般引用格式为

[工作簿文件名]工作表名! 单元格地址

在引用当前工作簿中各工作表的单元格地址时，可以省略“[工作簿文件名]”；在引用当前工作表中的单元格地址时，可以省略“工作表名!”。例如，某个单元格中的公式为“=(C4+D4+E4)*Sheet3!B5”，其中“Sheet3!B5”表示当前工作簿中 Sheet3 工作表的 B5 单元格，而 C4 则指的是当前工作表的 C4 单元格。

用户可以引用当前工作簿中另一工作表的单元格，也可以引用其他工作簿中多个工作表的单元格。例如，“=SUM([Sale1.xlsx]Sheet1:Sheet4!$A\$5)”表示对 Sale1 工作簿中 Sheet1 至 Sheet4 的 4 个工作表的 A5 单元格中的数据进行求和。这种引用同一个工作簿的多个工作表中相同单元格或单元格区域数据的方法被称为三维引用。

5. 拖动单元格句柄复制公式

除了前面介绍的复制和粘贴公式的方法，还可以通过拖曳单元格的填充句柄来复制公式。具体操作步骤如下。

(1) 在某个单元格中输入公式。

(2) 向下(或向右)拖曳该单元格的填充句柄，将公式填充至其他单元格，即可完成公式的复制。

4.4.3 函数的使用

通俗来说，函数是常用公式的一种简化表达方式。例如，求 A1、B1 和 C1 单元格的和可以用公式"=A1+B1+C1"表示，也可以用"=SUM(A1, B1, C1)"或"=SUM(A1:C1)"表示，其中"SUM"就是一个求和函数。

在 WPS 表格中，函数分为 9 类，每一类包含若干不同的函数，如求和函数 SUM、平均值函数 AVERAGE、最大值函数 MAX 等。

1. 函数的格式

函数的一般格式如下：

函数名(参数 1，参数 2，……)

例如，上述提到的 SUM 函数。

在 WPS 表格中使用函数时，需要遵循以下几点要求。

(1) 函数必须有名称，如 SUM。

(2) 函数名后面必须跟一对括号。

(3) 参数可以是数值、单元格引用、文本或其他函数的计算结果。

(4) 各参数之间用逗号分隔。

(5) 参数可以有，也可以没有；可以是 1 个参数，也可以是多个参数。

2. 常用函数

WPS 表格中有许多函数，其中一些是经常使用的，而另一些则相对不常用。表 4-5 列出了几个常用函数及其功能说明。

表 4-5　常用的函数及其功能说明

运算符	功能说明
SUM(A1, A2, ……)	求各参数的和
AVERAGE(A1, A2, ……)	求各参数的平均值
MAX(A1, A2, ……)	求各参数中的最大值
MIN(A1, A2, ……)	求各参数中的最小值
COUNT(A1, A2, ……)	求各参数中数值型参数的个数
ABS(A1)	求参数的绝对值
ROUND(A1, 2)	将参数四舍五入后保留 2 位小数

3. 引用函数

例如，要在某个单元格中输入公式"=AVERAGE(A2:A18)"，可以采用以下两种方法。

方法 1：直接在单元格中输入公式"=AVERAGE(A2:A18)"。

方法 2：选中单元格，然后单击"公式"选项卡中的"插入函数"按钮 *fx*(或者单击"常用函数"下拉按钮，在弹出的下拉列表中选择"插入函数"选项)。这时会打开"插入函数"对话框。在"全部函数"选项卡的"查找函数"文本框中输入 aver，在"选择函数"列表框中选择

AVERAGE，如图 4-79(a)所示，然后单击"确定"按钮。接着会打开"函数参数"对话框。在该对话框的"数值 1"文本框中输入"A2:A18"，然后单击"确定"按钮，如图 4-79(b)所示。

(a)　　　　　　　　　　　　　　　　(b)

图 4-79　插入函数

4. 嵌套函数

函数的嵌套是指一个函数可以作为另一个函数的参数。例如：

ROUND(AVERAGE(A1:C3)，1)

在这个例子中，ROUND 是一级函数，而 AVERAGE 是二级函数。在计算时，首先执行 AVERAGE 函数，然后再执行 ROUND 函数。

5. 自动求和

求和是 WPS 表格中常用的操作。除了使用公式和函数计算多个单元格中数值的和，还可以通过"开始"选项卡中的"自动求和"按钮Σ快速进行求和。具体操作步骤如下。

(1) 选中需要参与求和的单元格及存放结果的单元格，如图 4-80(a)所示。

(2) 单击"开始"选项卡中的"自动求和"按钮Σ，即可完成求和计算，如图 4-80(b)所示。

(a)　　　　　　　　　　　　　　　　(b)

图 4-80　自动求和

实际上，"求和"按钮相当于使用求和函数 SUM。

此外，使用"自动求和"按钮Σ还可以一次性求多组数据的和。例如，在图 4-81(a)所示的工作表中，计算每名学生的总分，具体操作步骤如下。

(1) 选中需要参与求和的单元格区域及存放结果的单元格区域，这里我们选择 D2:G14 单元格区域。

(2) 单击"开始"选项卡中的"自动求和"按钮Σ，可以一次性完成每名学生总分的求和计算。求和计算完成后的结果如图 4-81(b)所示。

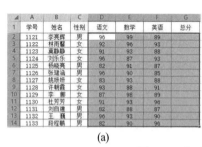

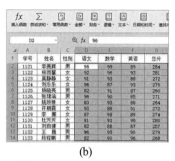

(a)

(b)

图 4-81　自动求和多组数据

任务 4–4

制作学生成绩查询表

使用 WPS 制作一个学生成绩查询表，帮助教师轻松整理、记录和查询学生的成绩信息。

4.5　数据分析和处理

本章前面的内容介绍了 WPS 表格的基本操作、数据计算、表格修饰、图表设置，以及公式和函数的使用。接下来，我们将探讨 WPS 表格的数据分析和处理功能。

WPS 表格允许用户以数据库管理的方式来管理工作表中的数据。工作表的数据由标题行(表头)和数据部分组成，其中每一行相当于数据库中的记录，行标题则相当于记录的名称；每一列相当于数据库中的字段，列标题则为字段的名称。用户可以方便地在工作表中通过数据库管理方式进行数据的输入、修改、删除和移动。

4.5.1　数据排序

排序通常是指"排名"，如产品销量排行或考生成绩排名。排序是基于一个或多个关键字，通过特定的排序规则重新排列数据。例如，产品销量排行以"产品销量"为关键字，按照销量从高到低进行排列；考生成绩排名则以"分数"为关键字，按照分数从高到低进行排列。

下面以图 4-81(b)所示的表格为例，介绍 WPS 表格的排序功能。

1. 简单排序

将表中数据按照"总分"高低进行排序，高分排在前，低分排在后，具体操作步骤如下。

(1) 选中表格中"总分"列的任意单元格。

(2) 在"数据"选项卡中，单击"排序"下拉按钮，在弹出的下拉列表中选择"降序"选项，完成总分的降序排列，如图 4-82 所示。

这里需要注意的是，排序会导致数据顺序发生变化，但并不是简单地调整数据的位置，而是统一调整一列中所有数据。WPS 表格的排序功能将每一列的数据(一条记录)视为一个整体进行处理，以确保排序后每行数据的完整性。

图 4-82　降序排序结果

2. 高级排序

下面我们将介绍一种较为复杂的排序方法——高级排序。以图 4-82 所示的表格为例，如果需要对数据按照性别顺序进行排列(依次为男、女)，并在同一性别内按总分从高到低进行排序，具体操作步骤如下。

(1) 选中表格中 A1:G14 单元格区域的任意单元格。

(2) 在"数据"选项卡中，单击"排序"下拉按钮，在弹出的下拉列表中选择"自定义排序"选项，打开"排序"对话框。

(3) 在"主要关键字"下拉列表中选择"性别"选项，在"次序"下拉列表中选择"自定义序列"选项，如图 4-83 所示，打开"自定义序列"对话框。

(4) 在"自定义序列"对话框右侧的"输入序列"文本框中输入"男""女"，然后依次单击"添加"按钮和"确定"按钮，关闭"自定义序列"对话框，如图 4-84 所示。

图 4-83　"排序"对话框

图 4-84　"自定义序列"对话框

(5) 返回"排序"对话框，单击"添加条件"按钮。在随即出现的"次要关键字"下拉列表中选择"总分"选项，并在"次序"下拉列表中选择"降序"选项，如图 4-85 所示。

(6) 单击"确定"按钮以完成排序。排序后的结果如图 4-86 所示。

图 4-85　添加排序条件

图 4-86　排序结果

如图 4-86 所示，WPS 表格首先按照性别(自定义序列：男、女)的顺序对数据进行排列，在班级相同的情况下，再按总分进行降序排列。

这里需要注意的是，如果一次排序有两个排序依据(关键字)，则会首先按"主要关键字"进行排序。在"主要关键字"相同的情况下，才会按"次要关键字"进行排序。如果数据不相同，即在按第一个关键字排序后已经区分出所有"名次"，那么再按第二个关键字排序就没有任何意义。

4.5.2 数据筛选

筛选数据是指将符合特定条件的数据提取并显示出来，同时隐藏不符合条件的数据。例如，在图 4-86 所示的表格中，我们可以将"性别"为"男"的所有人员记录显示出来，而其他人员的记录则不予显示。在 WPS 表格中，筛选数据主要有两种方法：自动筛选和高级筛选。

1．自动筛选

下面将以图 4-86 所示的工作表为例，介绍如何使用 WPS 表格的"自动筛选"功能来筛选数据。

(1) 单击工作表数据区域中的任意单元格。

(2) 在"数据"选项卡中单击"自动筛选"按钮。此时，工作表标题行的单元格中会出现下拉按钮▼。单击"性别"单元格的下拉按钮▼。

(3) 在弹出的下拉列表框中单击"男"选项右侧出现的"仅筛选此项"选项，然后单击"确定"按钮，如图 4-87(a)所示。

(4) 此时，工作表发生了变化：许多行的数据消失了，只显示"性别"为"男"的记录。这表明筛选数据的操作成功，筛选结果如图 4-87(b)所示。

	A	B	C	D	E	F	G
1	学号	姓名	性别	语文	数学	英语	总分
2	1121	李亮辉	男	96	99	89	284
6	1125	杨晓亮	男	82	91	87	260
7	1126	张珺涵	男	96	90	85	271
12	1131	刘自建	男	82	88	87	257
13	1132	王巍	男	96	93	90	279
14	1133	段程鹏	男	82	90	96	268
15							
16							

(a)　　　　　　　　　　　　　　　　　　　(b)

图 4-87　自动筛选数据

实际上，其他数据仍然存在，只是未显示出来。筛选操作仅将符合条件的数据提取并显示，而隐藏了不符合条件的数据。

要恢复原始数据，可以再次单击"性别"单元格的下拉按钮▼，在弹出的下拉列表中选中"全选"复选框，然后单击"确定"按钮，这样原来的数据就会重新显示。

2．自定义筛选

当筛选条件较为特殊，且在下拉列表中没有相应选项时，可以使用"自定义筛选"功能来筛选数据。下面以图 4-86 中的表格为例，演示如何筛选"总分"在 275 分以上(含 275 分)的所有记录，具体操作步骤如下。

(1) 单击工作表数据区域中的任意单元格。

(2) 在"数据"选项卡中单击"自动筛选"按钮，在工作表标题行显示下拉按钮▼。

(3) 单击"总分"单元格的下拉按钮▼，在弹出的下拉列表中选择"数字筛选"|"自定义筛选"选项，如图 4-88(a)所示。

(4) 在打开的"自定义自动筛选方式"对话框中，在"总分"组的下拉列表中选择"大于或等于"选项，并在右侧的文本框中输入"275"，然后单击"确定"按钮以完成自定义筛选，如图 4-88(b)所示。

(a)

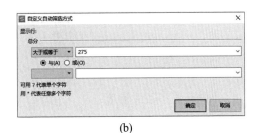

(b)

图 4-88 自定义筛选数据

(5) 数据筛选结果如图 4-89 所示。

数据筛选后，如果要取消筛选可以使用以下两种方法。

方法 1：单击"数据"选项卡中的"全部显示"按钮。

方法 2：再次单击"数据"选项卡中的"自动筛选"按钮。

3. 同元素多条件筛选

通过灵活组合多重条件，用户可以轻松对复杂数据进行统计和分析。例如，如果需要在图 4-86 所示的表格中同时显示"李亮辉""杨晓亮""张珺涵"和"莫静静"等 4 个人的考试成绩，这里的"李亮辉""杨晓亮""张珺涵"和"莫静静"均为"姓名"列中的数据，这类数据被称为同元素。针对同元素进行多条件筛选的具体操作步骤如下。

(1) 单击筛选区域中的任意单元格，单击"数据"选项卡中的"自动筛选"按钮。

(2) 单击"姓名"单元格的下拉按钮▼，在弹出的下拉列表框中，取消除"李亮辉""杨晓亮""张珺涵"和"莫静静"以外所有复选框的选中状态，如图 4-90 所示。

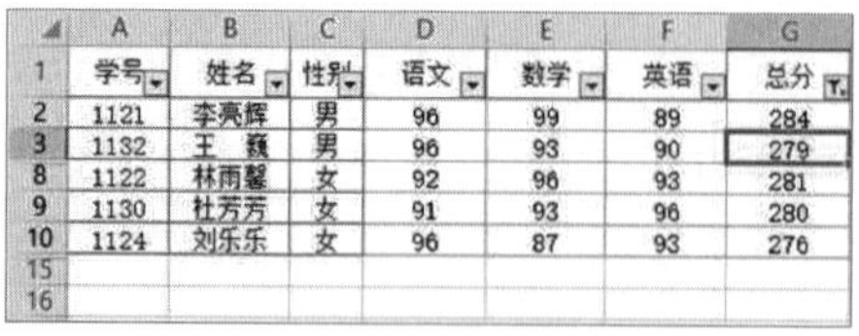

	A	B	C	D	E	F	G
1	学号	姓名	性别	语文	数学	英语	总分
2	1121	李亮辉	男	96	99	89	284
3	1132	王 巍	男	96	93	90	279
8	1122	林雨馨	女	92	96	93	281
9	1130	杜芳芳	女	91	93	96	280
10	1124	刘乐乐	女	96	87	93	276
15							
16							

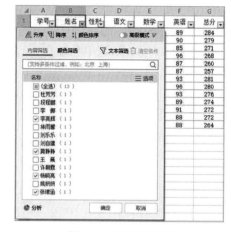

图 4-89　自定义筛选结果

图 4-90　设置筛选条件

(3) 最后，单击“确定”按钮，筛选结果将如图 4-91 所示。

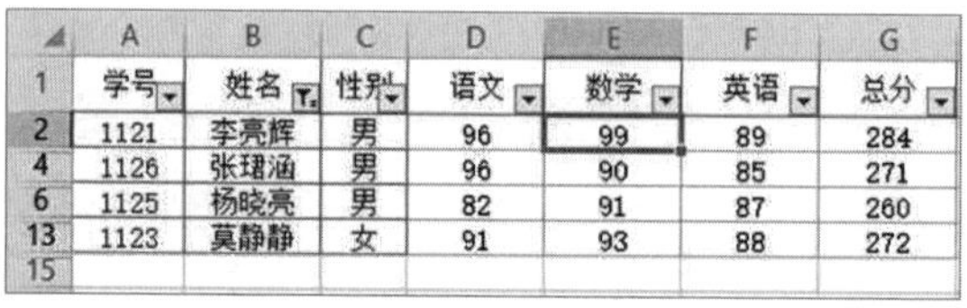

	A	B	C	D	E	F	G
1	学号	姓名	性别	语文	数学	英语	总分
2	1121	李亮辉	男	96	99	89	284
4	1126	张珺涵	男	96	90	85	271
6	1125	杨晓亮	男	82	91	87	260
13	1123	莫静静	女	91	93	88	272
15							

图 4-91　同元素多条件筛选结果

4. 不同元素多条件筛选

假设要在图 4-91 所示筛选结果的基础上，筛选出“总分”在 270 分以上(含 270 分)的数据，由于“总分”和“姓名”列中的数据处于不同列，这样的数据被称为不同元素。针对不同元素进行多条件筛选的具体操作步骤如下。

(1) 单击筛选区域中的任意单元格。

(2) 单击“数据”选项卡中的“自动筛选”按钮。

(3) 单击“姓名”单元格的下拉按钮，在弹出的下拉列表框中，取消除“李亮辉”“杨晓亮”“张珺涵”和“莫静静”以外所有复选框的选中状态。

(4) 单击“总分”单元格的下拉按钮，在弹出的下拉列表框中，选择“数字筛选”|“自定义筛选”选项，打开“自定义自动筛选方式”对话框。

(5) 在“总分”组的下拉列表框中选择“大于或等于”选项，在右侧的文本框中输入“270”，最后单击“确定”按钮以完成筛选，结果如图 4-92 所示。

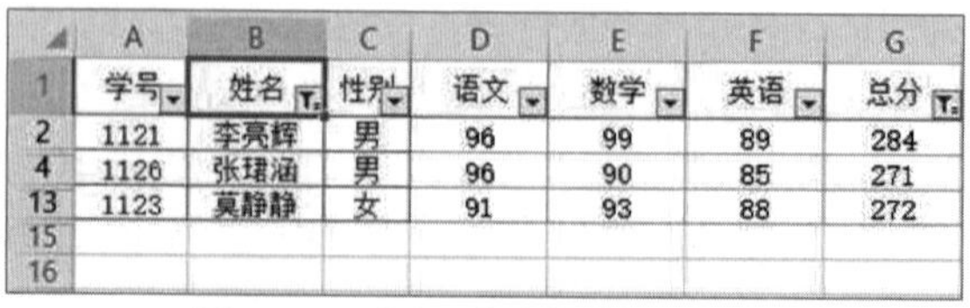

	A	B	C	D	E	F	G
1	学号	姓名	性别	语文	数学	英语	总分
2	1121	李亮辉	男	96	99	89	284
4	1126	张珺涵	男	96	90	85	271
13	1123	莫静静	女	91	93	88	272
15							
16							

图 4-92　不同元素多条件筛选结果

4.5.3　数据合并

利用数据合并功能，用户可以对来自不同源数据区域的数据进行合并运算和分类汇总等操作。这些不同源数据区域可以位于同一工作表中、同一工作簿的不同工作表中，或不同工作簿中的数据区域。数据合并是通过建立合并表的方式完成的，合并表可以在源数据区域所在的工作表中创建，也可以在其他工作表中创建。

例如，某公司“北京”和“上海”的销售数据分别统计在同一工作簿中的不同工作表“北京”和“上海”中，如图 4-93(a)和图 4-93(b)所示。现在需要在“合计销售单”工作表中计算北京和上海的销售总和(包括“数量”和“销售金额”)。操作步骤如下。

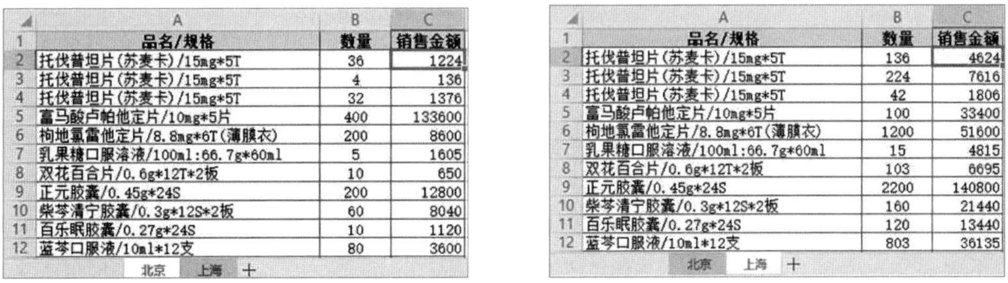

	A	B	C
1	品名/规格	数量	销售金额
2	托伐普坦片(苏麦卡)/15mg*5T	36	1224
3	托伐普坦片(苏麦卡)/15mg*5T	4	136
4	托伐普坦片(苏麦卡)/15mg*5T	32	1376
5	富马酸卢帕他定片/10mg*5片	400	133600
6	枸地氯雷他定片/8.8mg*6T(薄膜衣)	200	8600
7	乳果糖口服溶液/100ml:66.7g*60ml	5	1605
8	双花百合片/0.6g*12T*2板	10	650
9	正元胶囊/0.45g*24S	200	12800
10	柴芩清宁胶囊/0.3g*12S*2板	60	8040
11	百乐眠胶囊/0.27g*24S	10	1120
12	蓝芩口服液/10ml*12支	80	3600

(a)

	A	B	C
1	品名/规格	数量	销售金额
2	托伐普坦片(苏麦卡)/15mg*5T	136	4624
3	托伐普坦片(苏麦卡)/15mg*5T	224	7616
4	托伐普坦片(苏麦卡)/15mg*5T	42	1806
5	富马酸卢帕他定片/10mg*5片	100	33400
6	枸地氯雷他定片/8.8mg*6T(薄膜衣)	1200	51600
7	乳果糖口服溶液/100ml:66.7g*60ml	15	4815
8	双花百合片/0.6g*12T*2板	103	6695
9	正元胶囊/0.45g*24S	2200	140800
10	柴芩清宁胶囊/0.3g*12S*2板	160	21440
11	百乐眠胶囊/0.27g*24S	120	13440
12	蓝芩口服液/10ml*12支	803	36135

(b)

图 4-93　某公司销售情况统计表

(1) 在工作簿中新建一个用于存放合并数据的工作表，命名为“合计销售单”。

(2) 在“合计销售单”工作表中选中 A2 单元格。

(3) 单击“数据”选项卡中的“合并计算”按钮，打开“合并计算”对话框。在“函数”下拉列表中选择“求和”选项。单击“引用位置”右侧的“切换”按钮，如图 4-94(a)所示，选中“北京”工作表中的 A2:C12 单元格区域，如图 4-94(b)所示，再次单击“切换”按钮返回“合并计算”对话框，单击“添加”按钮，将“北京”工作表中的数据添加到“所有引用位置”列表框中，如图 4-94(c)所示。

(a)　　(b)　　(c)

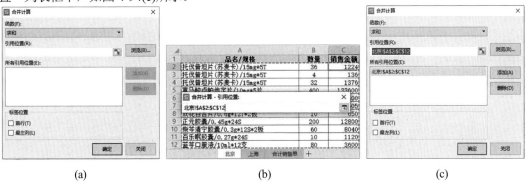

图 4-94　设置引用“北京”工作表中的数据范围

(4) 再次单击“引用位置”右侧的“切换”按钮，选中“上海”工作表中的 A2:C12 单元格区域，然后再次单击“切换”按钮返回“合并计算”对话框，单击“添加”按钮，将“上海”工作表中的数据添加到“所有引用位置”列表框中。接下来，选中“标签位置”组中的 “最左列"复选框，并单击"确定"按钮，如图 4-95 所示。

(5) 最后，在 A1:C1 单元格区域中手动输入标题，合并后的结果如图 4-96 所示。

图 4-95　设置合并条件

图 4-96　数据合并结果

4.5.4　分类汇总

分类汇总包括分类和汇总两种主要操作。分类是指将相同的数据集中在一起，而汇总则是对每个类别的指定数据进行计算，如求和或求平均值。

以图 4-97 所示的销售数据表为例，我们可以将"分类"字段为"批发订单"的记录归为一类，将"分类"字段为"代理分销"的记录归为另一类，依此类推。接下来，我们将分别计算每种销售类别销售金额的平均数。下面将通过实际操作介绍 WPS 表格的分类汇总功能。

在进行分类汇总之前，需要先对相关数据进行排序。这里我们需要对"分类"列进行排序，以便进行分类汇总。具体操作步骤如下。

(1) 选中"分类"列中的任意单元格，单击"数据"选项卡中的"排序"下拉按钮，在弹出的下拉列表中选择"升序"选项。

(2) 单击"数据"选项卡中的"分类汇总"按钮，打开"分类汇总"对话框。

(3) 在"分类字段"下拉列表中选择"分类"选项；在"汇总方式"下拉列表中选择"平均值"。在这里，用户可以选择多种汇总数据的计算方式，除了"平均值"，还可以选择"求和""计数""最大值"等选项。在"选定汇总项"列表框中选中要参与汇总计算的数据列，这里选择"金额"复选框，如图 4-98 所示。

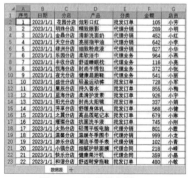

图 4-97　销售数据表

图 4-98　"分类汇总"对话框

(4) 最后单击"确定"按钮以完成分类汇总操作，结果如图 4-99 所示。

图 4-98 所示"分类汇总"对话框中其他选项的含义如下。

> 替换当前分类汇总：如果之前已进行过分类汇总操作，未选中该复选框时，原有的分类汇总结果将被保留。

> 每组数据分页：选中该复选框后，打印时每类汇总数据(例如，"批发订单"为一类、"代理业务"为另一类)将单独占用一页。

> 汇总结果显示在数据下方:选中该复选框后，汇总计算的结果将显示在每个分类的下方。

> 全部删除：若要取消分类汇总操作，可以单击该按钮。

图 4-99　分类汇总结果

4.5.5　数据透视表

数据透视表是一种交互式工具，可以快速汇总和比较大量数据，并动态调整其布局以便以不同方式分析数据。例如，如果要在图 4-100 所示的工作表中创建一个数据透视表，以统计公司各部门人员的学历情况，具体操作步骤如下。

(1) 选中工作表数据区域中的任意单元格，然后在"插入"选项卡中单击"数据透视表"按钮，打开"创建数据透视表"对话框。

	A	B	C	D	E	F	G	H	I	J
1	工号	姓名	性别	部门	出生日期	入职日期	学历	基本工资	绩效系数	奖金
2	1121	李亮辉	男	销售部	2001/6/2	2020/9/3	本科	5,000	0.50	4,750
3	1122	林雨馨	女	销售部	1998/9/2	2018/9/3	本科	5,000	0.50	4,981
4	1123	莫静静	女	销售部	1997/8/21	2018/9/3	专科	5,000	0.50	4,711
5	1124	刘乐乐	女	财务部	1999/5/4	2018/9/3	本科	5,000	0.50	4,982
6	1125	杨晓亮	男	财务部	1990/7/3	2018/9/3	本科	5,000	0.50	4,092
7	1126	张珺涵	男	财务部	1987/7/21	2019/9/3	专科	4,500	0.50	4,671
8	1127	姚妍妍	女	财务部	1982/7/5	2019/9/3	专科	4,500	0.60	6,073
9	1128	许朝霞	女	人事部	1983/2/1	2019/9/3	本科	4,500	0.60	6,721
10	1129	李娜	女	人事部	1985/6/2	2017/9/3	本科	6,000	0.70	6,872
11	1130	杜芳芳	女	开发部	1978/5/23	2017/9/3	本科	6,000	0.70	6,921
12	1131	刘自建	男	开发部	1972/4/2	2010/9/3	博士	8,000	1.00	9,102
13	1132	王巍	男	开发部	1991/3/5	2010/9/3	博士	8,000	1.00	8,971
14	1133	段程鹏	男	人事部	1992/8/5	2010/9/3	博士	8,000	1.00	9,301

图 4-100　员工信息表

(2) 在"请选择要分析的数据"组中，选择"请选择单元格区域"单选按钮，并选中数据源中的单元格区域 A1:J14。在"请选择放置数据透视表的位置"组中，选择"新工作表"单选按钮(如果希望将数据透视表放置在当前工作表中，可以选择"现有工作表"单选按钮，并指定单元格位置)，如图 4-101 所示。

(3) 单击"确定"按钮，在新工作表中创建数据透视表。

(4) 在"数据透视表"窗格中的"字段列表"组中将"部门"字段拖曳至"行"区域，将"学历"字段拖曳至"列"区域和"值"区域，如图 4-102 所示。

(5) 此时，将在工作表中创建图 4-103 所示的数据透视表，以统计各部门人员的学历情况。

图 4-101　"创建数据透视表"对话框　　图 4-102　"数据透视表"窗格　　图 4-103　学历统计结果

如果要设置数据透视表中的数据格式，可以在图 4-102 中单击"值"区域中的字段，在弹出的列表中选择"值字段设置"选项，如图 4-104(a)所示，在打开的"值字段设置"对话框中单击左下角的"数字格式"按钮，如图 4-104(b)所示，在打开的"单元格格式"对话框中进行设置。

(a)

(b)

图 4-104　设置数据透视表中的数据格式

4.5.6 数据透视图

数据透视图是一种交互式图表，用于以图形方式表示数据透视表中的数据。它不仅结合了数据透视表的便利性和灵活性，还能以更直观、更易于理解的方式反映数据及其之间的关系。

1. 创建数据透视图

在工作表中单击任意单元格，然后在"插入"选项卡中单击"数据透视图"按钮，打开如图4-105所示的"创建数据透视图"对话框。

此时，创建数据透视图有以下两种方法。

方法1：直接使用数据源(如单元格区域、外部数据源或多重合并计算区域)进行创建。若选择此方式，应选中所需的数据源类型，并指定相应的单元格区域或外部数据源。

图4-105 创建数据透视图

方法2：在现有数据透视表的基础上创建数据透视图。若选择此方式，应选择"使用另一个数据透视表"单选按钮，然后在下方的列表框中单击所需的数据透视表名称。

在图4-105所示的"创建数据透视图"对话框中选择放置数据透视图的位置后，单击"确定"按钮，即可创建一个空白的数据透视表和数据透视图。此时，工作表右侧将显示"数据透视图"任务窗格，同时菜单功能区会自动切换到"图表工具"选项卡，如图4-106所示。

图4-106 创建空白数据透视表和数据透视图

接下来，在"字段列表"中，将所需的字段分别拖曳到"数据透视图区域"的各个区域。拖曳字段时，数据透视表和数据透视图将实时更新以反映更改，如图4-107所示。

WPS默认生成柱形数据透视图。如果需要更改图表类型，可以在"图表工具"选项卡中单击"更改类型"按钮。在打开的"更改图表类型"对话框中选择所需的图表类型。

创建数据透视图后，用户可以像设置普通图表一样调整数据透视图的布局和样式。

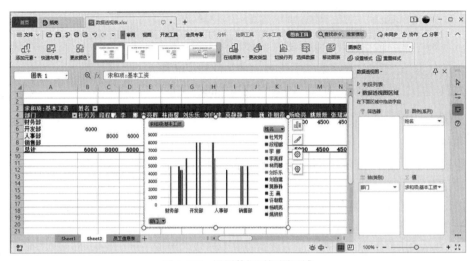

图 4-107 设置数据透视图区域

2. 在透视图中筛选数据

数据透视图与普通图表的最大区别在于，数据透视图可以通过单击图表上字段名称的下拉按钮，筛选需要在图表中显示的数据项。

在数据透视图上单击要筛选的字段名称，然后在如图 4-108(a)所示的下拉列表单中选择要筛选的内容，单击"确定"按钮后，筛选的字段名称右侧将显示筛选图标，此时数据透视图中只会显示指定内容的相关信息，同时数据透视表也会随之更新，如图 4-108(b)所示。

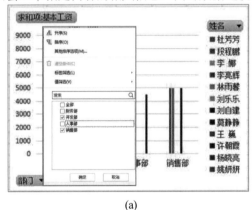

(a)

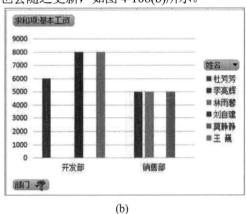

(b)

图 4-108 设置筛选字段

若要取消筛选，可以单击要清除筛选的字段右侧的下拉按钮，在弹出的下拉列表中选择"全部"复选框，然后单击"确定"按钮即可。

若需要对图表中的标签进行筛选，可以单击标签字段右侧的下拉按钮，在弹出的下拉列表中选择"标签筛选"选项，在图 4-109(a)所示的子列表中选择筛选条件，并设置相关参数，如图 4-109(b)所示。

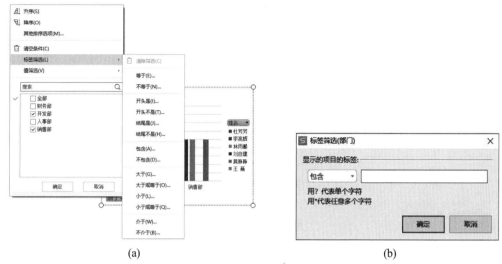

(a)　　　　　　　　　　　　　　　(b)

图 4-109　设置标签筛选

任务 4-5

管理与统计学生成绩表

在 WPS 表格中通过数据分析和图表展示，帮助教师更直观地了解学生的学业表现。

任务 4-6

制作成绩分析数据透视图

使用 WPS 制作成绩分析数据透视图，快速汇总和展示学生成绩数据。

4.6　保护数据安全

保护工作簿包括两个方面：一是防止他人非法访问工作簿，二是保护工作簿的结构，禁止他人对工作表或工作簿进行未授权操作。

4.6.1　保护工作簿、工作表和单元格

1. 保护工作簿

如果用户需要防止他人非法访问工作簿，可以按照以下步骤进行操作。

(1) 打开工作簿，选择"文件"|"另存为"命令，打开"另存文件"对话框，然后单击"加密"按钮，如图 4-110(a)所示。

（2）在打开的"密码加密"对话框中，在"打开文件密码"文本框中输入密码，再在下方的"再次输入密码"文本框中重新输入相同的密码，单击"应用"按钮，如图 4-110(b)所示。

(a)   (b)

图 4-110　密码加密设置

要打开设置了密码的工作簿，必须输入正确的密码。如果用户希望修改已设置的打开密码，只需在"密码加密"对话框的"打开文件密码"文本框中输入新密码并确认；如需取消密码，则在同一文本框中删除密码并确认即可。

2. 保护工作簿结构

如果希望禁止他人对工作簿的结构进行更改，如移动、插入、删除、隐藏、取消隐藏或重新命名工作表，则需要进行结构保护，具体步骤如下。

（1）单击"审阅"选项卡中的"保护工作簿"按钮。

（2）在打开的"保护工作簿"对话框中输入密码，然后单击"确定"按钮，如图 4-111(a)所示。

（3）在打开的"确认密码"对话框中再次输入相同的密码，单击"确定"按钮，如图 4-111(b)所示。

若需撤销工作簿的保护，可以在"审阅"选项卡中单击"撤销工作簿保护"按钮，在打开的对话框中输入密码，然后单击"确定"按钮。

   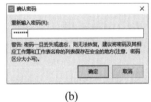

(a)   (b)

图 4-111　设置密码

3. 保护工作表

保护工作表的具体操作步骤如下。

（1）选中要保护的工作表。

（2）单击"审阅"选项卡中的"保护工作表"按钮，打开"保护工作表"对话框。

（3）在"允许此工作表的所有用户进行"列表框中，选中允许用户进行的操作。

（4）与保护工作簿类似，为防止他人取消工作表的保护，可以在"密码"文本框中输入密码，然后单击"确定"按钮，如图 4-112 所示。

要取消工作表的保护，可以单击"审阅"选项卡中的"撤销工作表保护"按钮。如果设置了密码，需在弹出的对话框中输入密码并单击"确定"按钮。

4. 保护单元格

如果希望保护存有重要内容的单元格，同时只允许用户修改其他单元格，可以参照以下步骤操作。

（1）确保工作表处于非保护状态，选中工作表中的所有单元格，然后单击"审阅"选项卡中的"锁定单元格"按钮，以取消对所有单元格的锁定。

（2）选中要保护的单元格或单元格区域，单击"审阅"选项卡中的"锁定单元格"按钮。

（3）单击"审阅"选项卡中的"保护工作表"按钮，打开"保护工作表"对话框。在"允许此工作表的所有用户进行"列表框中，取消勾选"选定锁定单元格"复选框，同时可在"密码"文本框中设置密码，最后单击"确定"按钮，如图 4-113 所示。

图 4-112　设置保护工作表　　　　　图 4-113　设置保护单元格

此时，工作表中被锁定的单元格将处于保护状态。

4.6.2　隐藏工作簿或工作表

当工作簿或工作表可以使用但内容不可见时，它们便具备了"隐藏"属性。隐藏工作簿或工作表不仅可以使数据不可见，还能在一定程度上保护工作簿或工作表中的数据。

1. 隐藏工作簿

当工作簿中的数据被其他工作簿引用后，即使关闭当前工作簿，数据仍然可以被引用。这种方式有效地保护了数据源。

2. 隐藏与取消隐藏工作表

要隐藏工作表，用户可以在要隐藏的工作表标签上右击，在弹出的快捷菜单中选择"隐藏"命令。隐藏工作表后，该工作表将不再显示在屏幕上，但用户仍然可以引用该工作表中的数据。

如果用户要取消工作表的隐藏，可以在工作簿的工作表标签上右击，在弹出的快捷菜单中选择"取消隐藏"命令。在打开的"取消隐藏"对话框中选择要取消隐藏的工作表，然后单击"确定"按钮即可。

此外，用户也可以通过"开始"选项卡中的"工作表"下拉列表框选择"隐藏与取消隐藏"选项来隐藏或取消隐藏工作表。

3. 隐藏与取消隐藏单元格内容

隐藏单元格内容可以使单元格中的内容不在编辑栏中显示。例如，存有重要公式的单元格被隐藏后，只能在单元格中看到计算结果，而在编辑栏中看不到公式本身。

1) 隐藏单元格内容的具体操作步骤

(1) 选中并右击要隐藏的单元格区域，在弹出的快捷菜单中选择"设置单元格格式"命令，打开"单元格格式"对话框，选择"保护"选项卡，选中"隐藏"复选框，然后单击"确定"按钮，如图 4-114 所示。

(2) 单击"审阅"选项卡中的"保护工作表"按钮，以使隐藏设置生效。完成后，该单元格区域将被隐藏，相应的编辑栏中将不再显示单元格的内容。

2) 取消隐藏单元格内容的具体操作步骤

(1) 在"审阅"选项卡中单击"撤销工作表保护"按钮。

(2) 选中并右击要取消隐藏的单元格区域，在弹出的快捷菜单中选择"设置单元格格式"命令，打开"单元格格式"对话框，选择"保护"选项卡，取消"隐藏"复选框的选中状态。

(3) 最后，单击"确定"按钮以完成操作。

图 4-114　设置隐藏单元格内容

4. 隐藏与取消隐藏行(列)

1) 隐藏行或列的具体操作步骤

(1) 选中需要隐藏的行或列。

(2) 单击"开始"选项卡中的"行和列"下拉按钮，在弹出的下拉列表中选择"隐藏与取消隐藏"|"隐藏行"(或"隐藏列")选项(需要注意的是，隐藏的实质是将行高或列宽设置为0)。

2) 取消隐藏行或列的具体操作步骤

(1) 选中已隐藏行或列的上下(或左右)相邻的行或列。

(2) 单击"开始"选项卡中的"行和列"下拉按钮，在弹出的下拉列表中选择"隐藏与取消隐藏"|"取消隐藏行"(或"取消隐藏列")选项。

任务 4-7

保护学生成绩数据表

在 WPS 2019 中通过设置工作表保护功能，限制对学生成绩数据表的编辑。

4.7　打印工作表

在 WPS 中，打印工作表可以通过"页面布局"选项卡设置页面格式、页边距及页眉/页脚，从而实现高质量的打印效果。

4.7.1　页面设置

单击"页面布局"选项卡中的"页面设置"对话框启动器按钮，打开"页面设置"对话框，如图 4-115 所示。该对话框中包含"页面""页边距""页眉/页脚"和"工作表"选项卡。

1.　"页面"选项卡

在"页面"选项卡中，用户可以设置页面的"方向""缩放""纸张大小"和"打印质量"等参数，如图 4-115 所示。

2.　"页边距"选项卡

在"页边距"选项卡中，可以调整正文与页面边缘的距离。用户只需在"上""下""左""右"微调框中分别输入所需的页边距数值即可，如图 4-116 所示。

图 4-115　"页面"选项卡

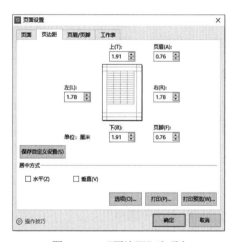

图 4-116　"页边距"选项卡

3.　"页眉/页脚"选项卡

页眉是在页面顶部显示的内容，页脚则显示在页面底部。通常情况下，页眉可以设置为工作簿名称，页脚则为页码，但用户也可以自定义。在"页面设置"对话框中选择"页眉/页脚"选项卡，在"页眉"和"页脚"下拉列表框中可以分别选择相应的格式。

如果需要自定义页眉或页脚，可以在"页眉/页脚"选项卡中单击"自定义页眉"或"自定义页脚"下拉按钮，在弹出的下拉列表框中进行设置，如图 4-117 所示。

若要删除页眉或页脚，应先选中工作表，然后在"页面设置"对话框的"页眉/页脚"选项卡中，从"页眉"或"页脚"下拉列表框中选择"无"选项。

4. "工作表"选项卡

在"页面设置"对话框中选择"工作表"选项卡，如图 4-118 所示，可以进行以下设置。

➢ 在"打印区域"文本框中指定要打印的区域。

➢ 在"打印标题"组中设置每页打印的行标题或列标题。

➢ 在"打印"组中选择是否打印网格线、进行单色打印或打印批注。

➢ 在"打印顺序"组中，选择打印顺序为"先列后行"或"先行后列"。

图 4-117　"页眉/页脚"选项卡

图 4-118　"工作表"选项卡

4.7.2　打印预览

在正式打印之前，最好利用打印预览功能检查打印效果。用户可以选择"文件"|"打印"|"打印预览"命令，或直接单击快速访问工具栏中的"打印预览"按钮 ，打开"打印预览"界面，如图 4-119 所示。

4.7.3　打印设置

在 WPS 表格中选择"文件"|"打印"命令，将打开"打印"对话框，如图 4-120 所示。在"打印"对话框和"页面布局"选项卡中，可以完成以下打印设置。

1. 设置打印内容

在"打印"对话框的"打印内容"组中，可以选择要打印的内容。

➢ 选定工作表：选择此单选按钮以打印当前选中的工作表。如果在工作表中选定了打印区域，则仅打印该区域。

➢ 选定区域：选择该单选按钮以打印工作表中选中的单元格区域。

➢ 整个工作簿：选择此单选按钮以打印当前工作簿中所有含有数据的工作表。如果工作表中有选中的或定义好的打印区域，则仅打印该区域。

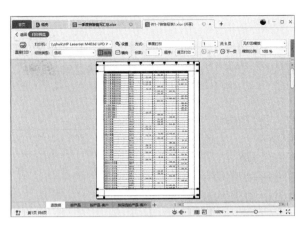

图 4-119　打印预览

图 4-120　"打印"对话框

2. 设置打印份数

在"打印"对话框的"副本"组中，可以进行以下设置。

➤ 份数：指定要打印的份数。

➤ 逐份打印：选中此复选框后，系统将按顺序打印每一份，即从头到尾打印一遍，再开始打印下一份。

3. 设置工作表缩放

在"页面布局"选项卡中，单击"打印缩放"下拉按钮，在弹出的下拉列表中可以设置工作表的打印效果，如图 4-121 所示。

➤ 选择"无缩放"选项，以按工作表的实际大小打印。

➤ 选择"将整个工作表打印在一页"选项，以缩小工作表，使其在一页中打印。

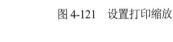

图 4-121　设置打印缩放

➤ 选择"将所有列打印在一页"选项，以缩小工作表，使其宽度适合一页。

➤ 选择"将所有行打印在一页"选项，以缩小工作表，使其高度适合一页。

任务 4-8

批量打印学生成绩表

在 WPS 中，选择多个学生成绩表文件，然后使用"文件"菜单中的"打印"功能，快速批量打印所选表格。

4.8　课后习题

操作题

创建一个标题如表 4-6 所示的素材文件"HR.xlsx"(.xlsx 为文件扩展名，后续操作均基于此文件)。公司的人力资源部(HR)近期需要整理公司的员工信息。为确保员工信息的准确性，请协助完成以下任务。

表 4-6　员工信息表

A	B	C	DF	E	F	G	H	I	J	K	L
工号	姓名	部门	性别	身份证号	年龄	学历	职位	工龄	在职	离职	备注

1. 在 sheet1 工作表中，请根据以下要求进行数据整理。

(1) 将"sheet1"工作表重命名为"员工信息表"。

(2) 在"员工信息表"工作表中，选择 A1:L1 区域，将文本内容的对齐方式设置为"居中对齐"，字体样式设置为"加粗"，背景颜色设置为主题颜色"黑色，文本 1"，字体颜色设置为主题颜色"白色，背景 1"，行高设置为 25 磅。

(3) 在"员工信息表"工作表中输入数据(20 行以上)，然后检查并删除重复项，并将剩余员工信息按照"部门名称"进行升序排列。

2. 在"员工信息表"工作表中，利用条件格式对"工龄"所在列进行如下设置。

(1) 高于平均值的单元格样式设置为"深红色填充，红色文本"。

(2) 低于平均值的单元格样式设置为"深绿色填充，绿色文本"。

(3) 对已离职的员工进行标注(标注为"深黄色填充，黄色文本")。

3. 在"员工信息表"工作表中，需要计算几个关键数据，并将结果记录在以下关键数据的右侧空白单元格中。

(1) 员工总数：使用 COUNT 函数计算公司员工总数。

(2) 平均年龄：使用函数计算所有员工的平均年龄。

(3) 学历情况：统计各部门员工的学历情况。

4. 对"员工信息表"工作表进行打印页面设置。

(1) 将"员工信息表"工作表设置为"横向"，缩放比例设置为"120%"，打印在"A5 纸"上。

(2) 将 A1:L21 单元格区域设置为打印区域。

第 5 章
WPS演示的使用

☑ **学习目标**

"演示"作为 WPS 2019 应用软件的核心组件之一，能够综合运用文字、图形、图表、音频及视频等多媒体形式，以清晰、动态且形象的电子演示方式呈现表达的内容，广泛适用于方案策划、工作汇报、产品推广、节日庆典及教育培训等多种场景。

☑ **学习任务**

任务一：掌握 WPS 演示的基础操作
任务二：熟悉演示文稿的母版与模板
任务三：学会设置幻灯片交互

5.1 演示文稿与幻灯片

演示文稿，简称 PPT，是指利用演示应用程序制作的文档。WPS 演示的文件后缀名默认为.dps，而 PowerPoint 文件的后缀名默认为.ppt 或.pptx。

演示文稿由多页的画面组成，每页画面称为幻灯片。幻灯片之间既相互独立又相互联系，如图 5-1 所示。因此，演示文稿包含幻灯片，幻灯片的集合组成了整个演示文稿。

一个完整的演示文稿应包含封面、目录、内容页和封底。结构复杂的演示文稿可能包含前言，每一节还可能有过渡页。内容页可以是文字、图形图表、表格、视频等的组合。

不同用途的演示文稿在制作的重点上也有所不同。例如，辅助演讲类的文稿主要以文字和图片为主；自动展示类的文稿通常图文并茂，包含大量的动画演示、音频和视频。

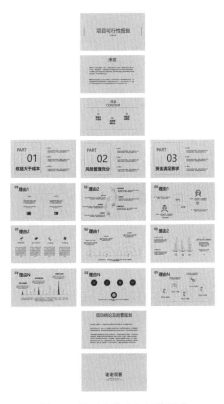

图 5-1　演示文稿由幻灯片组成

5.2 演示文稿的基础操作

与其他文件类似，演示文稿的基本操作包括打开、新建、保存和关闭。

5.2.1 创建演示文稿

1. 创建空白演示文稿

WPS 演示提供了多种新建空白演示文稿的方法，具体如下。

方法 1：单击"开始"按钮，在弹出的菜单中选择"所有程序"|"WPS Office"命令，启动 WPS Office。然后单击首页的"新建"|"演示"|"新建空白文档"按钮，如图 5-2 所示，即可创建一个空白演示文稿。

方法 2：双击桌面上的 WPS Office 快捷方式，启动 WPS Office。再单击界面左侧的"新建"|"演示"|"新建空白文档"按钮。

方法 3：启动 WPS Office 后，按 Ctrl + N 快捷键。

方法 4：在桌面上单击鼠标右键，在弹出的快捷菜单中选择"新建"|"PPTX 演示文稿"命令，创建一个新的 WPS 演示文稿文件。双击该文件即可打开一个空白的演示文稿。

2. 创建应用了模板的演示文稿

在打开的演示文稿中，单击"文件"菜单，选择"新建"|"本机上的模板"命令，打开"模板"对话框。选择其中的"常规"或"通用"选项卡，选择一种模板，预览区域将显示该模板的效果。确定后，直接单击"确定"按钮，即可完成创建演示文稿的操作，如图 5-3 所示。

图 5-2　新建空白演示文稿

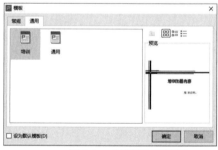

图 5-3　"模板"对话框

如果用户希望在之后创建的演示文稿中继续使用首次选择的模板，可以在图 5-3 中选中"设为默认模板"复选框。

5.2.2 演示文稿的窗口组成

在 WPS 中新建一个演示文稿后，将打开 WPS 演示窗口。与 WPS 文字和 WPS 表格类似，WPS 演示窗口由文档标签栏、"文件"菜单、功能区、选项卡、快速访问工具栏、状态栏等组成，如图 5-4 所示。

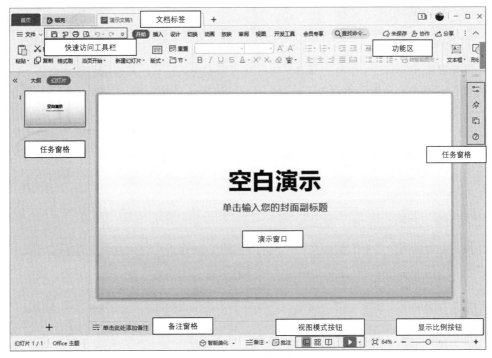

图 5-4　WPS 演示窗口

WPS 演示窗口中各组成部分的功能说明如表 5-1 所示。

表 5-1　WPS 演示窗口各部分功能说明

组成部分	功能说明
文档标签栏	位于 WPS 演示窗口的最上方，显示当前打开的文件名称。其左侧有 WPS "首页" 按钮，其右侧依次为 "最小化" "最大化(还原)" "关闭" 按钮
"文件" 菜单	包含新建、打开、保存、另存为、输出为 PDF、输出为图片、文件打包、打印、分享文档、文档加密、备份与恢复等多个命令。单击 "文件" 下拉按钮，弹出的下拉列表框中将显示文件、编辑、视图、插入、格式、工具、幻灯片放映等多个选项
快速访问工具栏	位于 WPS 演示窗口的上方，放置了用户常用的功能按钮，如保存、输出为 PDF、打印、打印预览、撤销、恢复、自定义快速访问工具栏等按钮。用户可以根据需求添加或删除功能按钮，方法为，单击 "自定义快速访问工具栏" 按钮，在弹出的下拉列表中选择或取消对应选项前的对号标记
功能区和选项卡	替代了传统的菜单和工具栏。默认包含 "开始" "插入" "切换" "动画" "幻灯片放映" "审阅" "视图" 等标准选项卡。每个选项卡都为一类特定的功能服务，其中包含了实现该类功能的命令按钮
状态栏	位于演示文稿窗口的底部，显示当前演示文稿的常用功能和工作状态。包括添加备注、视图模式按钮、显示比例按钮等

5.2.3　打开和关闭演示文稿

1. 打开演示文稿

如果要查看或编辑一个已有的演示文稿，首先需要将其打开，具体操作步骤如下。

(1) 在"文件"选项卡中单击"打开"命令，或按 Ctrl + O 快捷键，打开如图 5-5 所示的"打开文件"对话框。

(2) 在左侧的位置列表中单击文件所在的位置，浏览到文件所在路径，单击文件名称，然后单击"打开"按钮，即可打开指定的文件。

如果用户要同时打开多个演示文稿，可按住 Ctrl 键在文件列表中单击需要的多个文件，然后单击"打开"按钮。

2. 关闭演示文稿

如果不再需要某个打开的演示文稿，应将其关闭以防止误操作。单击文件标签选项卡右上角的"关闭"按钮，如图 5-6 所示，即可关闭当前文件。

图 5-5　"打开文件"对话框

图 5-6　关闭演示文稿

5.2.4　保存和关闭演示文稿

1. 保存演示文稿

WPS 演示提供了多种保存演示文稿的方法，具体如下。

方法 1：直接单击快速访问工具栏中的"保存"按钮 🖫 。如果是第一次保存，系统会弹出"另存文件"对话框，选择保存路径并输入文件名，再单击"确定"按钮，完成保存。

方法 2：按 Ctrl + S 快捷键。

方法 3：选择"文件"|"保存"命令。

2. 关闭演示文稿

常用的关闭演示文稿的方法有以下 4 种：

方法 1：单击 WPS 演示窗口右上角的"关闭"按钮 ✕ 。

方法 2：右击文档标签，在弹出的快捷菜单中选择"关闭"命令。

方法 3：选择"文件"|"退出"命令。

方法 4：按 Alt + F4 快捷键。

5.2.5 切换文稿视图

WPS 演示能够以多种不同的视图显示演示文稿的内容。在一种视图中对演示文稿的修改和加工会自动反映在其他视图中，从而使演示文稿更易于编辑和浏览。

在"视图"选项卡的"演示文稿视图"区域可以看到 4 种查看演示文稿的视图方式，如图 5-7 所示。状态栏上也可以找到对应的视图按钮。

图 5-7　演示文稿视图

1. 普通视图

普通视图是 WPS 2019 的默认视图。在此视图中，用户可以对整个演示文稿的大纲和单张幻灯片的内容进行编排与格式化。

根据左侧窗格显示内容的不同，普通视图还可以分为幻灯片视图和大纲视图两种方式。

➤ 幻灯片视图(如图 5-8 所示)：左侧窗格按顺序显示幻灯片缩略图，右侧显示当前幻灯片。

➤ 大纲视图(如图 5-9 所示)：通过单击左侧窗格顶部的"大纲"按钮，可以切换到大纲视图。大纲视图常用于组织和查看演示文稿的大纲。

图 5-8　幻灯片视图

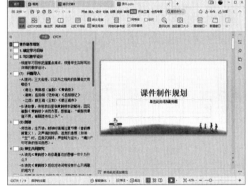

图 5-9　大纲视图

2. 幻灯片浏览视图

在幻灯片浏览视图中，按次序排列幻灯片的缩略图，用户可以方便地预览演示文稿中的所有幻灯片及其相对位置，如图 5-10 所示。

使用此视图不仅能快速了解整个演示文稿的外观，还可以轻松地按顺序组织幻灯片，尤其是在复制、移动、隐藏和删除幻灯片，以及设置幻灯片的切换效果和放映方式时非常方便。

3. 备注页视图

如果需要在演示文稿中记录一些不便在幻灯片中显示的信息，可以使用备注页视图建立、修改和编辑备注。输入的备注内容还可以打印出来作为演讲稿。

在备注页视图中，文档编辑窗口分为上下两部分：上面是幻灯片缩略图，下面是备注文本框，如图 5-11 所示。

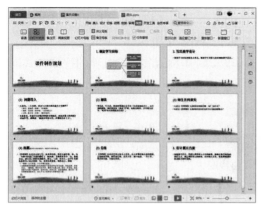

图 5-10　幻灯片浏览视图　　　　　　图 5-11　备注页视图

4. 阅读视图

阅读视图是一种全窗口查看模式，类似于放映幻灯片。在此视图中，用户不仅能预览各张幻灯片的外观，还能查看动画和切换效果，如图 5-12 所示。

默认情况下，在幻灯片上单击可切换到下一张幻灯片，或插入当前幻灯片的下一个动画。右击鼠标，在弹出的快捷菜单中选择"结束放映"命令，即可退出阅读视图。

图 5-12　阅读视图

任务 5-1

快速创建演示文稿

使用 WPS 文字+WPS 演示快速制作一个演示文稿。

5.3　幻灯片的基础操作

一个完整的演示文稿通常由一定数量的幻灯片组成，包含丰富的版式和内容。幻灯片的基本操作包括选取幻灯片、新建幻灯片、修改幻灯片版式、复制和移动幻灯片、删除幻灯片，以及使用节组织幻灯片和快速浏览幻灯片等。

5.3.1　选取幻灯片

要编辑演示文稿，首先应选取幻灯片。在普通视图、大纲视图和幻灯片浏览视图中都可以很方便地选择幻灯片。

> 在普通视图或幻灯片浏览视图中：单击幻灯片缩略图，即可选中指定的幻灯片。选中的幻灯片缩略图四周会显示橙色边框。

> 在"大纲"窗格中：单击幻灯片编号右侧的图标，选择幻灯片。

这里需要注意以下两点。

(1) 先选中一张幻灯片，然后按住 Shift 键单击另一张幻灯片，可以选中这两张幻灯片之间(含这两张)的所有幻灯片。

(2) 按住 Ctrl 键单击，可以选中不连续的多张幻灯片。

5.3.2　新建和删除幻灯片

1. 新建幻灯片

新建的空白演示文稿默认只有一张幻灯片，而要演示的内容通常不可能在一张幻灯片上完全展示，因此需要在演示文稿中添加更多的幻灯片。通常在普通视图中新建幻灯片，具体操作步骤如下。

(1) 切换到普通视图。

(2) 将鼠标指针移到左侧窗格中的幻灯片缩略图上，缩略图底部会显示"从当前开始"按钮和"新建幻灯片"按钮。

(3) 单击"新建幻灯片"按钮，或单击任务窗格中的"新建幻灯片"按钮**＋**，将展开"新建"面板，显示各类幻灯片的推荐版式，如图 5-13 所示。

(4) 在"新建"面板中单击需要的版式，即可下载并创建一张新幻灯片。窗口右侧将自动展开"设置"任务窗格，用于修改幻灯片的配色、样式和演示动画。

在要插入幻灯片的位置右击，在弹出的快捷菜单中选择"新建幻灯片"命令，可以在指定位置新建一个不包含内容和布局的空白幻灯片，如图 5-14 所示。

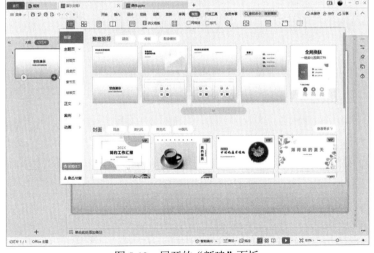

图 5-13　展开的"新建"面板

图 5-14　新建幻灯片

此外，用户还可以使用 WPS 演示的菜单命令新建幻灯片，具体操作步骤如下。

(1) 在 WPS 演示左侧的任务窗格中单击要插入幻灯片的位置，然后在"开始"选项卡中单击"新建幻灯片"下拉按钮。

(2) 在展开的"新建"面板中选择幻灯片版式，即可在指定位置插入一张幻灯片。

2. 删除幻灯片

删除幻灯片的方法有以下两种。

方法 1：通过 Delete 键：选中要删除的幻灯片后，直接按键盘上的 Delete 键即可删除。

方法 2：通过右键菜单：右击选中的幻灯片，在弹出的快捷菜单中选择"删除幻灯片"命令。幻灯片被删除后，演示文稿中其他幻灯片的编号将自动重新排序。

5.3.3 修改幻灯片的版式

新建幻灯片之后，用户可以根据内容编排的需要修改幻灯片版式，具体操作方法如下。

(1) 选中要修改版式的幻灯片，在"开始"选项卡中单击"版式"下拉按钮，弹出如图 5-15(a) 所示的版式列表。

(2) 选择"推荐排版"选项卡，在该选项卡中用户可以看到 WPS 提供了丰富的文字排版和图示排版版式，如图 5-15(b)所示。

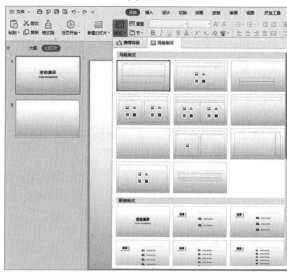

(a)   (b)

图 5-15　选择幻灯片版式

(3) 单击需要的版式，即可应用到选中的幻灯片上。

5.3.4 复制和移动幻灯片

制作版式或内容相同的多张幻灯片时，利用复制功能可以显著提高工作效率。

1) 复制幻灯片的具体操作步骤

(1) 选择要复制的幻灯片。如果要选择连续的多张幻灯片，应在选中要选取的第一张幻灯片后，按住 Shift 键单击要选取的最后一张幻灯片；如果要选择不连续的多张幻灯片，应在选中要选取的第一张幻灯片后，按住 Ctrl 键单击要选取的其他幻灯片。

(2) 生成幻灯片副本。在选中的幻灯片上右击，在弹出的快捷菜单中选择"复制幻灯片"命令，即可在最后一张选中的幻灯片下方按选择顺序生成与选中幻灯片相同的幻灯片。例如，依次选中编号为 3 和 2 的幻灯片，复制生成编号为 4 和 5 的幻灯片，如图 5-16 所示。

(3) 如果要在其他位置使用幻灯片副本，应在选中幻灯片后，在"开始"选项卡中单击"复制"按钮，然后单击要使用副本的位置，在"开始"选项卡中单击"粘贴"下拉按钮，在如图 5-17 所示的下拉菜单中选择一种粘贴方式。

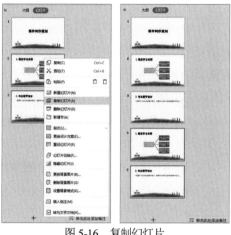

图 5-16　复制幻灯片

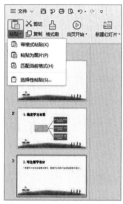

图 5-17　选择粘贴方式

➢ 带格式粘贴：按幻灯片的源格式粘贴。

➢ 粘贴为图片：以图片形式粘贴，不能编辑幻灯片内容。

➢ 匹配当前格式：按当前演示文稿的主题样式粘贴。

默认情况下，幻灯片按编号顺序播放。如果要调整幻灯片的播放顺序，就需要移动幻灯片。

2) 移动幻灯片的具体操作步骤

(1) 选中要移动的幻灯片，在幻灯片上按住左键拖曳，指针显示为拖曳图标，拖到目的位置会显示一条橙色的细线，如图 5-18(a)所示。

(2) 释放鼠标，即可将选中的幻灯片移动到指定位置，幻灯片编号将自动重排，如图 5-18(b)所示。

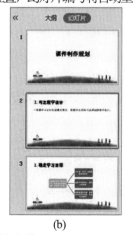

(a)　　　　　　　　　　(b)

图 5-18　移动幻灯片

此外，用户还可以在不同演示文稿之间复制幻灯片。

3) 在不同演示文稿之间复制幻灯片的操作步骤

(1) 打开要操作的两个演示文稿。

(2) 在"视图"选项卡中单击"重排窗口"下拉按钮，在弹出的下拉菜单中选择"垂直平铺"命令，两个打开的演示文稿将并排展示。

(3) 选中要复制的一张或多张幻灯片，用鼠标将其拖曳至目标演示文稿中，即可复制幻灯片。副本将自动套用当前演示文稿的主题样式。

5.3.5 隐藏幻灯片

如果暂时不需要某些幻灯片，但又不想删除，可以将其隐藏(隐藏的幻灯片在放映时不会显示)，具体操作步骤如下。

(1) 选择要隐藏的幻灯片。

(2) 右击选中的幻灯片，在弹出的快捷菜单中选择"隐藏幻灯片"命令，或者在"幻灯片放映"选项卡中单击"隐藏幻灯片"按钮。

此时，在左侧窗格中可以看到隐藏的幻灯片以淡化形式显示，且幻灯片编号上会显示一条斜向的删除线，如图5-19所示。

这里需要注意以下两点。

图5-19 隐藏的幻灯片

➢ 隐藏的幻灯片尽管在放映时不显示，但并未从演示文稿中删除。

➢ 若要取消隐藏，选中隐藏的幻灯片，再次单击"隐藏幻灯片"按钮。

5.3.6 管理幻灯片

如果演示文稿中的幻灯片很多，可以使用节来组织和管理幻灯片。节相当于一个文件夹，可以包含一张或多张幻灯片。通过将幻灯片整理成组并命名，可以更方便地与他人协同创建演示文稿。

(1) 打开一个已创建的演示文稿，并切换到幻灯片浏览视图(在普通视图中也可以添加节，但在幻灯片浏览视图中更方便操作)。

(2) 在要进行分节的位置右击，在弹出的快捷菜单中选择"新增节"命令，即可在指定点插入节标记，如图5-20所示。

(3) 插入点前后的内容将被分为两节，插入点之前的节为"默认节"，插入点之后的节默认为"无标题节"，且自动选中插入点右侧的幻灯片，如图5-21所示。

(4) 如果要修改节名称，可以在节名称上右击，在弹出的快捷菜单中选择"重命名节"命令，在打开的"重命名节"对话框中输入节的名称，如图5-22所示，然后单击"重命名"按钮关闭对话框。

(5) 使用节对幻灯片进行分组后，可以折叠节内容，以便查看整个演示文稿的主体结构。

➢ 单击要折叠的节名称左侧的小三角图标▴，即可折叠节内容。此时，节名称左侧的图标变为▸，节名称右侧显示折叠的幻灯片张数，如图5-23所示。

➢ 如果要折叠演示文稿中的所有节，可以在任意一个节名称上右击，在弹出的快捷菜单中选择"全部折叠"命令。

图 5-20　新增节

图 5-21　无标题节

图 5-22　重命名节

图 5-23　折叠节

➢ 单击节名称左侧的 ▶ 按钮，即可展开对应节中的幻灯片。
➢ 如果要展开演示文稿中的所有节，可以在任意一个节名称上右击，在弹出的快捷菜单中选择"全部展开"命令。

(6) 使用节组织幻灯片后，可以根据演讲需要随时调整节的顺序。

➢ 使用快捷菜单调整节顺序：在需要调整顺序的节名称上右击，在弹出的快捷菜单中根据需要选择"向上移动节"或"向下移动节"命令，即可调整节在演示文稿中的排列顺序。所有幻灯片的编号也会相应调整。

➢ 使用拖曳方法调整节顺序：在需要调整顺序的节名称上按住鼠标左键并拖曳，演示文稿中的所有节将自动折叠，拖曳的目标位置会显示一条橙色的细线，释放鼠标，即可将节移动到指定位置。

(7) 如果不再需要某些节中的幻灯片，或取消对幻灯片进行分组，可以在节名称上右击，在弹出的快捷菜单中选择"删除节"命令，将仅删除指定的节标记(该节中的幻灯片将自动合并到上一节)；选择"删除节和幻灯片"命令，将删除指定的节及其包含的所有幻灯片；选择"删除所有节"命令，将删除当前演示文稿中的所有节标记，但保留其中的幻灯片。

任务 5-2

制作培训课程演示文稿

在 WPS 2019 中通过操作演示文稿和幻灯片，制作一个培训课程演示文稿。

5.4　演示文稿的外观修饰

通过任务 5-1 和任务 5-2，我们已经学会了如何制作一个演示文稿。但有时候，制作的演示文稿可能不够美观。下面将介绍几种方法，使你的演示文稿变得更加美观。

5.4.1　使用母版统一设置幻灯片

WPS 演示中有一类特殊的幻灯片，称为母版。母版包括幻灯片母版、讲义母版和备注母版三种。其中，幻灯片母版可进一步分为版式母版和幻灯片母版。版式母版用于控制版式相同的幻灯片的属性，而幻灯片母版用于控制幻灯片中其他类别对象的共同特征，如文本格式、图片格式、幻灯片背景及某些特殊效果。

如果需要统一修改全部幻灯片的外观，如希望每张幻灯片中均显示演示文稿的制作日期，则只需在幻灯片母版中输入日期，WPS 演示将自动更新已有或新建的幻灯片，使所有幻灯片的相同位置均显示该日期。

图 5-24　"页眉和页脚"对话框

1. 统一设置日期

为演示文稿中的所有幻灯片统一设置日期的具体操作步骤如下。

(1) 单击"插入"选项卡中的"日期和时间"按钮，打开"页眉和页脚"对话框。

(2) 在"幻灯片"选项卡中，可以统一设置日期和时间、幻灯片编号、页脚等是否在幻灯片中显示，如图 5-24 所示。

2. 为每张幻灯片增加相同的对象

下面以插入图片为例，说明如何在幻灯片母版上增加对象，以便在每张幻灯片的相同位置均显示该对象。具体的操作步骤如下。

(1) 单击"视图"选项卡中的"幻灯片母版"按钮，进入幻灯片母版视图，如图 5-25 所示。

图 5-25　幻灯片母版视图

(2) 选中幻灯片母版中的第一张幻灯片，单击"插入"选项卡中的"图片"按钮，在打开的对话框中浏览并选中需要插入的图片对象，再单击"打开"按钮，即可将该图片插入幻灯片母版。

(3) 单击"幻灯片母版"选项卡中的"关闭"按钮，退出幻灯片母版视图后，就可以看到所有幻灯片的相同位置均出现了刚插入的图片，如图 5-26 所示。

图 5-26　为演示文稿的所有幻灯片添加图片

3. 建立与母版不同的幻灯片

如果要使个别幻灯片与母版不一致，可以执行以下操作。

(1) 选中需要不同于母版的目标幻灯片。

(2) 单击"幻灯片母版"选项卡中的"背景"按钮，在右侧打开"对象属性"窗格。

(3) 在"填充"选项卡的"填充"组中选中"隐藏背景图形"复选框，将当前幻灯片上的母版图形对象隐藏，如图 5-27 所示。

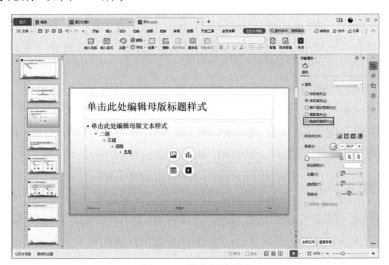

图 5-27　隐藏背景图形

5.4.2 应用设计模板

WPS 演示中的设计模板是包含演示文稿样式的文件，主要包含项目符号和字体格式、占位符大小和位置、背景设计和填充效果、配色方案，以及幻灯片母版和可选的版式母版等。应用设计模板可以使制作的演示文稿更专业，版式更合理，主题更鲜明，界面更美观，字体更规范，配色更标准，从而提升演示文稿的质量，增强其观赏性。

1. 设计模板的概念

WPS 演示的设计模板包含非常丰富的内容，便于用户快速建立具有统一风格的演示文稿，同时也便于用户对演示文稿进行再次编辑。

用户可以根据自己的需要，选择不同风格的设计模板。

设计模板是演示文稿的重要组成部分，现代设计模板一般包括片头动画、封面、目录、过渡页、内页、封底、片尾动画等。

2. 获取设计模板

用户可以通过以下方式获取设计模板。

➢ 使用系统自带的设计模板。
➢ 从网络上下载设计模板。
➢ 自制设计模板。
➢ 将已有的演示文稿另存为设计模板。

3. 应用设计模板

应用设计模板的具体操作步骤如下。

(1) 单击"设计"选项卡中的"导入模板"按钮。

(2) 在打开的"应用设计模板"对话框中选择需要导入的演示文稿模板，然后单击"打开"按钮即可。该演示文稿的母版(版式)格式将被套用到当前演示文稿，其幻灯片中的版式格式、文本样式、背景等都会相应地改变。

计算机连接网络后，用户可以在 WPS 演示中套用在线设计模板。具体操作方法有以下几种。

➢ 单击"设计"选项卡中的"更多设计"按钮，在打开的"在线设计方案"对话框中进行选择。

➢ 单击"设计"选项卡中的"魔法"按钮，WPS 演示将对本演示文稿进行随机设计模板套用。

➢ 单击"大纲"或"幻灯片"窗格中的任意幻灯片，再单击该幻灯片右下方的"＋"按钮，在显示的界面中选择所需的设计模板。

5.4.3 设置幻灯片背景

幻灯片背景是幻灯片的重要组成部分。改变幻灯片背景可以使幻灯片的整体风格发生变化，较大程度地改善放映效果。我们可以在 WPS 演示中轻松改变幻灯片背景的颜色，以及渐变、纹理、图案及背景图像等填充效果。

1. 改变背景颜色

改变背景颜色的操作就是为幻灯片的背景均匀地"喷"上一种颜色,以快速改变整个演示文稿的风格。具体操作步骤如下。

(1) 单击"设计"选项卡中的"背景"按钮,在 WPS 窗口右侧打开"对象属性"窗格。

(2) 在"填充"组中选择"纯色填充"单选按钮,在"颜色"下拉列表框中选择需要使用的背景颜色,或通过"取色器"直接吸取所需的颜色。左右拖曳"颜色"下拉列表框下方的"透明度"滑块,可以调整颜色的透明度,如图 5-28 所示。

(3) 单击"对象属性"窗格中的"全部应用"按钮,或右上角的"关闭"按钮,完成背景颜色的设置。

这里需要注意以下两个按钮的功能。

图 5-28　"对象属性"窗格

➢ "关闭"按钮:仅将颜色设置应用于当前幻灯片。

➢ "全部应用"按钮:将颜色设置应用于该演示文稿的所有幻灯片。

2. 改变背景的其他设置

设置背景颜色后,虽然幻灯片的效果比原来好很多,但因为颜色单一,整体外观仍然显得比较单调。有的读者可能会问:我们能将背景设置得更加美观吗?答案是肯定的,WPS 演示提供了许多个性化的设计,足以满足我们在制作演示文稿时的各种需求。

具体操作步骤如下。

(1) 单击"设计"选项卡中的"背景"按钮,打开"对象属性"窗格。

(2) 在"填充"组中有 4 个单选按钮:纯色填充、渐变填充、图片或纹理填充、图案填充。

➢ 纯色填充:幻灯片的背景色为一种颜色。WPS 演示提供了单色及自定义颜色来作为幻灯片的背景色。

➢ 渐变填充:幻灯片的背景有多种颜色。渐变填充的属性包括渐变样式、角度、色标、位置、透明度、亮度等。

➢ 图片或纹理填充:幻灯片的背景为图片或纹理,其中包括对图片填充、纹理填充、透明度、放置方式等的设置。"纹理"下拉列表框中有一些质感较强的预设图片,应用后会使幻灯片具有一些特殊材料的质感。

➢ 图案填充:幻灯片的背景为图案。图案是一系列网格状的底纹图形,由背景和前景构成,其中的形状多是线条形和点状形的(一般较少使用此填充效果)。

这里需要注意以下两点。

➢ 在 WPS 演示中,纯色填充、渐变填充、纹理填充、图案填充、图片填充只能使用一种。也就是说,如果先设置了纹理填充,而后又设置了图片填充,则幻灯片只会应用图片填充效果。

➢ 若需要取消本次填充效果设置,可以单击"对象属性"窗格下方的"重置背景"按钮。

5.4.4 使用图形、表格和艺术字

演示文稿中不仅可以包含文本，还可以包含各类图形、表格、艺术字等，这些元素能够使幻灯片更加丰富和美观。

1. 绘制基本图形

在幻灯片中绘制基本图形的具体操作步骤如下。

(1) 选中需要添加图形的幻灯片。

(2) 单击"插入"选项卡中的"形状"下拉按钮，在弹出的下拉列表框中选择一种形状绘制工具，如图 5-29 所示。

(3) 此时，鼠标指针在编辑区中变为了黑色十字形状，按住鼠标左键并拖曳鼠标指针到合适的位置，松开鼠标左键即可绘制出相应的形状，如图 5-30 所示。

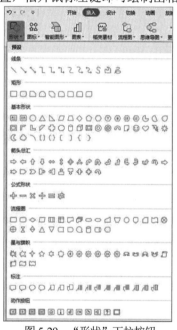

图 5-29 "形状"下拉按钮

图 5-30 绘制图形

如果在绘制图形的过程中按住 Shift 键，则绘制出的图形为圆形、正多边形或直线。

2. 绘制线段

在幻灯片中绘制线段的具体操作步骤如下。

(1) 选中需要添加线段的幻灯片。

(2) 单击"插入"选项卡中的"形状"下拉按钮，在弹出的下拉列表框中选择"直线"绘制工具。此时，鼠标指针在编辑区中变为了黑色十字形状，按住 Shift 键并拖曳鼠标指针到合适的位置，松开 Shift 键和鼠标左键，就可以绘制出一条直线，如图 5-31 所示。

3. 绘制曲线

在幻灯片中绘制曲线的具体操作步骤如下。

(1) 选中需要添加曲线的幻灯片。

(2) 单击"插入"选项卡中的"形状"下拉按钮，在弹出的下拉列表框中选择"曲线"绘制工具。

(3) 鼠标指针在编辑区中变为了黑色十字形状，拖曳鼠标指针到合适的位置，完成一段曲线的绘制。

(4) 继续拖曳鼠标指针，单击即可确定一个拐点。

(5) 重复以上拖曳和单击操作，直至拖曳到合适的位置(即曲线的终点)，双击完成曲线的绘制，如图 5-32 所示。

图 5-31　绘制一条直线

图 5-32　绘制一条曲线

4. 使用表格

为了使数据展现得更加简洁且直观，可以在演示文稿中使用表格。下面介绍如何在幻灯片中创建表格和设置表格的属性。

在幻灯片中插入表格对象的具体操作步骤如下。

(1) 选中要插入表格的幻灯片。

(2) 单击"插入"选项卡中的"表格"下拉按钮，在弹出的列表中选择"插入表格"选项，打开"插入表格"对话框，输入表格的行数和列数，如图 5-33(a)所示。

(3) 单击"确定"按钮，出现一个表格，拖曳表格的控制点，可以改变表格的大小；拖曳表格的外边框，可以移动表格，如图 5-33(b)所示。

(a)

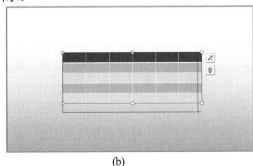
(b)

图 5-33　在幻灯片中插入表格

选中幻灯片中的表格对象，会出现"表格样式"和"表格工具"选项卡。

➢ "表格工具"选项卡：可以对表格的行和列、单元格、段落、对齐方式及位置关系等进行设置，如图 5-34 所示。

图 5-34　"表格工具"选项卡

> "表格样式"选项卡：可以为表格应用系统内置的某种样式，如图 5-35 所示。

图 5-35　"表格样式"选项卡

5. 使用艺术字

用户还可以对文本进行艺术化处理，使其具有特殊的艺术效果。插入艺术字便能实现这一目的。

在幻灯片中插入艺术字的方法有以下两种。

方法 1：单击"插入"选项卡中的"艺术字"下拉按钮，在弹出的下拉列表框中选择所需的艺术字效果，输入所需的文字，如图 5-36 所示。

方法 2：选中需要设置艺术字的文本框，单击"文本工具"选项卡中的"艺术字样式"下拉按钮，在弹出的下拉列表框中选择所需的艺术字效果，文本框中的文字即变为艺术字。

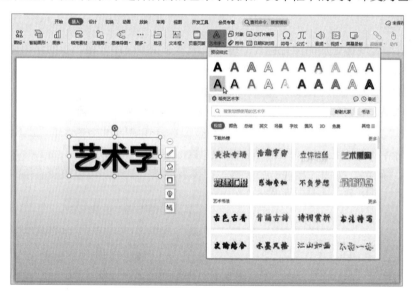

图 5-36　在幻灯片中插入艺术字

1) 修改艺术字的字体格式及段落格式的操作步骤

(1) 选中艺术字对象。

(2) 在"文本工具"选项卡中，设置艺术字的字体、字号、字间距、颜色和对齐方式等。

2) 修改艺术字效果的操作步骤

(1) 选中艺术字对象。

(2) 在"文本工具"选项卡中，通过"艺术字样式"下拉列表框快速为其应用预设样式，或者填充文本颜色、设置文本轮廓与文本效果等。

6. 设置图片

1) 插入图片的操作步骤

(1) 单击"插入"选项卡中的"图片"按钮，打开"插入图片"对话框。

(2) 在"插入图片"对话框中浏览并选择目标图片，然后单击"打开"按钮，即可将该图片插入幻灯片。

在幻灯片中插入图片后，用户可以通过手动调整和精确调整两种方法，调整图片的大小和位置。

2) 手动调整图片的操作步骤

(1) 单击需要改变大小和位置的图片，图片四周会出现 8 个控制点，同时打开"图片工具"选项卡。

(2) 将鼠标指针移动到图片中的任意位置，按住鼠标左键并拖曳，可以移动图片到新的位置。

(3) 将鼠标指针移动到图片的控制点上，当鼠标指针变成水平、垂直或斜对角的双向箭头形状时，沿箭头方向拖曳鼠标指针可以改变图片在水平、垂直或斜对角方向上的大小。

3) 精确调整图片的操作步骤

(1) 选中并右击需要改变大小和位置的图片，在弹出的快捷菜单中选择"设置对象格式"命令。

(2) 在窗口右侧将打开"对象属性"窗格，单击"大小与属性"选项卡，打开"大小"组，在其中可以精确设置图片的大小，如图 5-37(a)所示。

(3) 打开"位置"组，可以精确设置图片的位置，如图 5-37(b)所示。

(a)　　　　　　　　　　　　　　(b)

图 5-37　精确设置图片的大小和位置

　　如果在"对象属性"窗格中选中"锁定纵横比"复选框，对高度或宽度任意设置一个值后，则另一个值也会相应地发生变化。如果需要同时改变图片的高度和宽度，则在调整图片高度和宽度之前，需先取消 "锁定纵横比"复选框的选中状态。

5.4.5　设置音频和视频

　　一个演示文稿如果只包含文字和图片，会显得比较单调。添加适当的音频和视频可以使演示文稿有声有色，且更具吸引力。下面介绍如何在演示文稿中添加音频和视频对象。

1．插入与播放音频

　　1) 在幻灯片中插入音频的具体操作步骤

　　(1) 选中要插入音频的幻灯片，单击"插入"选项卡中的"音频"下拉按钮，在弹出的下拉列表中包含"嵌入音频""链接到音频""嵌入背景音乐"和"链接背景音乐" 4 个选项，如图 5-38 所示。

　　➤ 嵌入音频：将音频文件直接嵌入到当前演示文稿中。

　　➤ 链接到音频：创建指向音频文件的链接。

　　➤ 嵌入背景音乐：将音频文件作为背景音乐嵌入到演示文稿中，通常放置在首页。

　　➤ 链接背景音乐：仅创建指向音频文件的链接，并将其设置为演示文稿的背景音乐。

　　(2) 以"嵌入音频"为例，选择该选项后，打开"嵌入音频"对话框。选择包含音频文件的文件夹，选中所需的文件，单击"打开"按钮即可在幻灯片中插入如图 5-39 所示的音频。

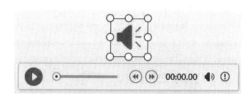

图 5-38　　"音频"下拉列表　　　　　　　　　图 5-39　　幻灯片中插入的音频

　　(3) 随后，在激活的"音频工具"选项卡中，根据实际需求设置音频的播放方式，如图 5-40 所示。

图 5-40　　"音频工具"选项卡

　　幻灯片中插入的音频通常只播放一次。如果需要重复播放，可以设置循环播放。

　　2) 循环播放音频的操作步骤

　　(1) 在"音频工具"选项卡中选中"循环播放，直至停止"复选框。这样，在放映幻灯片时，音频会重复播放。

　　(2) 按 Esc 键或切换到其他幻灯片可以停止播放音频。如果需要音频跨多张幻灯片连续播放，可以选择"跨幻灯片播放"单选按钮，并设置音频播放到第几张幻灯片时停止。

2. 插入与播放视频

1) 在幻灯片中插入已有视频文件的具体操作步骤。

(1) 选中要插入视频的幻灯片，单击"插入"选项卡中的"视频"下拉按钮，在弹出的下拉列表中包括"嵌入本地视频""链接到本地视频""网络视频"和"Flash"4 个格式选项。

➤ 嵌入本地视频：将本地视频文件直接嵌入到当前演示文稿中。

➤ 链接到本地视频：创建指向本地视频文件的链接。

➤ 网络视频：插入来自网络的视频链接。

➤ Flash：插入 Flash 动画或视频。

(2) 这里以"嵌入本地视频"为例。选择"嵌入本地视频"选项，弹出"插入视频"对话框。在对话框中选择存放视频文件的文件夹，再选择视频文件，单击"打开"按钮。在激活的"视频工具"选项卡中，根据实际需求设置视频的播放方式，如图 5-41 所示。

图 5-41　"视频工具"选项卡

幻灯片中的视频和音频一样，通常只播放一次。如果需要在幻灯片中重复播放某个视频，可以设置循环播放。

2) 循环播放视频的操作步骤

(1) 在"视频工具"选项卡中选中"循环播放，直到停止"复选框。这样，在放映幻灯片时，视频会重复播放。

(2) 按 Esc 键或切换到另一张幻灯片可以停止播放视频。如果需要视频全屏播放，可以选中"视频工具"选项卡中的"全屏播放"复选框。

任务 5-3

制作产品推介演示文稿

在 WPS 2019 中通过设置幻灯片母版、背景、音频和视频，制作一个产品推介演示文稿。

5.5　幻灯片的交互设置

幻灯片由文本、图片、表格等元素组成，设置交互效果实际上就是为这些元素分别添加动画、动作和超链接。合理的交互设置可以使演示文稿的整体效果更加生动。

5.5.1　设置动画效果

在 WPS 演示中，通过自定义动画功能，用户可以轻松为幻灯片元素添加引人注目的动态效果。

1. 使用"自定义动画"窗格添加动画

在 WPS 中调出"自定义动画"窗格的方法有以下两种。

方法 1：单击"动画"选项卡中的"自定义动画"按钮。

方法 2：选中并右击幻灯片中需要设置动画效果的对象，在弹出的快捷菜单中选择"自定义动画"命令，如图 5-42 所示。

打开如图 5-43 所示的"自定义动画"窗格后，用户可以通过该窗格为对象添加动画效果，具体操作步骤如下。

(1) 在幻灯片中选中需要添加动画效果的对象，在右侧的"自定义动画"窗格中单击"添加效果"下拉按钮，在弹出的下拉列表中选择一种动画效果(如选择"进入"|"飞入"动画)，如图 5-44 所示。

图 5-42　自定义动画　　　　图 5-43　"自定义动画"窗格　　　　图 5-44　选择动画

(2) 继续选中幻灯片中需要添加动画效果的对象，在"自定义动画"窗格中，依次选择"添加效果"|"强调"|"陀螺旋"动画，为选中的对象添加强调动画效果；然后选择"添加效果"|"退出"|"飞出"动画，为选中的对象添加退出动画效果。

(3) 单击"自定义动画"窗格底部的"播放"按钮，可以预览动画效果。

在普通视图中，选中一张幻灯片，然后选中幻灯片中的某一对象。单击"动画"选项卡中"动画"列表框右下角的下拉按钮，弹出"动画"下拉列表框，选择一种动画效果，可以快速为选中的对象应用动画。

2. 设置幻灯片动画效果

添加动画效果后，可以通过"自定义动画"窗格进一步设置。双击其中一个动画系列，可以打开动画属性对话框，此处以"飞入"对话框为例。

在"飞入"对话框的"效果"选项卡中，可以进行如下设置，如图 5-45 所示。

➢ 在"设置"组中，可以设置动画出现的方向，共有 8 种方向可选。还可以选中"平稳开始"和"平稳结束"复选框。

➤ 在"增强"组中，可以设置声音。在"声音"下拉列表框中选择系统自带的音效，或添加自定义音效。单击声音图标可以设置声音的音量或选择静音模式。还可以设置"动画播放后"效果和动画文本的进入方式。当将动画文本设置为"按字母"进入时，可以设置各字母进入的延迟时间。

在"飞入"对话框中选择"计时"选项卡，可以进行如下设置，如图 5-46 所示。

➤ 在"开始"下拉列表框中，有"之前""之后""单击时"三种开始方式可选。其中，"单击时"是在单击幻灯片时启动动画，"之前"是在启动列表中的前一动画的同时启动该动画，"之后"是在播放完列表中的前一动画之后立即启动该动画。

➤ 在"延迟"微调框中，可以设置某一动画启动前的等待时间，以秒为单位。可以选择系统预设的时间值，也可以自行输入具体的时间值。

➤ 在"速度"下拉列表框中，有"非常慢(5 秒)""慢速(3 秒)""中速(2 秒)""快速(1秒)""非常快(0.5 秒)"5 个选项可选。也可以自行输入具体的数值。

➤ 在"重复"下拉列表框中，可以设置动画播放的次数。

➤ 单击"触发器"按钮，有两种选项可选：一是"部分单击序列动画"，等同于单击即启动此动画；二是"单击下列对象时启动效果"，单击其右侧的下拉按钮，在弹出的下拉列表中选择单击时要触发的对象。

图 5-45　"效果"选项卡

图 5-46　"计时"选项卡

3. 删除自定义动画效果

在"自定义动画"窗格的自定义动画列表中，选中需要删除的动画效果，单击上方的"删除"按钮，即可将该自定义动画效果删除。

4. 调整动画的播放顺序

动画效果设置完成后，可以任意调整动画序列的播放顺序，方法有以下两种。

方法 1：在"自定义动画"窗格中单击所需的动画效果，按住鼠标左键并拖曳该动画效果到动画序列中的合适位置，释放鼠标左键即可完成调整。

方法 2：在"自定义动画"窗格中单击所需的动画效果，单击下方的"重新排序"按钮，即可上下调整其位置。

5. 设置动作

在幻灯片中插入动作的具体操作步骤如下。

(1) 单击需要设置动作的幻灯片。

(2) 单击"插入"|"形状"下拉按钮，在弹出的下拉列表中选择需要的动作按钮形状，在幻灯片中绘制一个动作按钮形状后，单击"插入"选项卡中的"动作"按钮，弹出"动作设置"对话框，如图 5-47 所示。

(3) 在"鼠标单击"选项卡中设置单击鼠标时的动作，或者在"鼠标移过"选项卡中设置鼠标指针移过时的动作。

(4) 设置完成后，单击"确定"按钮。

6. 设置超链接

在 WPS 演示中，超链接是从一张幻灯片跳转到其他幻灯片、网页或文件等对象的链接，是实现幻灯片交互的重要工具。插入超链接的具体操作步骤如下。

(1) 选中需要添加超链接的幻灯片对象。

(2) 单击"插入"选项卡中的"超链接"按钮，弹出"插入超链接"对话框，如图 5-48 所示。在此对话框中可以进行如下设置。

➢ 选择"原有文件或网页"选项后，选中需要链接的文件或网页，也可以直接输入要链接的文件或网页的地址。

➢ 选择"本文档中的位置"选项后，从列表框中选择需要链接的幻灯片，或者选择预设的"自定义放映"。选择"自定义放映"时，可以选中"幻灯片预览"组下方的"显示并返回"复选框。

➢ 选择"电子邮件地址"选项后，在"电子邮件地址"文本框中输入所需的电子邮件地址。

图 5-47 "动作设置"对话框

图 5-48 "插入超链接"对话框

(3) 单击对话框上方的"屏幕提示"按钮，打开"设置超链接屏幕提示"对话框，在其文本框中输入提示文本，再单击"确定"按钮，返回"插入超链接"对话框，最后单击"确定"按钮，完成超链接的插入。

为幻灯片中的对象设置超链接后，选中并右击设置了超链接的对象，在弹出的快捷菜单中选择"超链接"|"取消超链接"命令，可以删除超链接。

5.5.2　设置切换效果

幻灯片和普通的文本不同：文本是用来阅读的，用页码标记清楚其顺序即可；而幻灯片是用来放映的，一张幻灯片放映完毕，另一张幻灯片便会"显示"。如果幻灯片之间没有过渡，则放映效果会非常生硬，因此一般要为幻灯片添加过渡效果。幻灯片之间的过渡效果在 WPS 演示中被称为切换效果。

在 WPS 演示中设置切换效果的具体操作步骤如下。

(1) 选中需要设置切换效果的幻灯片。

(2) 在"切换"选项卡中单击"切换"列表框右下角的下拉按钮，弹出"切换效果"下拉列表框，如图 5-49 所示。

(3) 选择所需的切换效果。如果单击"切换"选项卡中的"应用到全部"按钮，则每张幻灯片都会应用相同的切换效果。

图 5-49　在"切换"选项卡中选择幻灯片切换效果

"切换"选项卡中各相关按钮和选项的功能如下。

➢ "预览效果"按钮：用于查看已设置的切换效果。

➢ "切换"列表框：用于选择不同的切换效果。在"效果选项"下拉列表中可以设置切换的方向。

➢ "速度"微调框：用于调整幻灯片切换的速度。

➢ "声音"下拉列表框：选择切换幻灯片时播放的声音，包括"单击鼠标时换片"复选框(放映时单击鼠标即可切换到下一张幻灯片)和"自动换片"复选框(系统将根据设定的换片时间自动切换幻灯片)。

➢ "应用到全部"按钮：将当前切换效果应用到所有幻灯片。

如果用户需要取消演示文稿中的幻灯片切换效果，可以选中要取消切换效果的幻灯片，在"切换"选项卡的"切换"列表框中选择"无切换"选项。

任务 5-4

制作企业年会演示文稿

使用 WPS 2019 制作一个包含动画和动作按钮的企业年会演示文稿。

5.6　放映演示文稿

本章前面的内容主要围绕如何制作和修饰演示文稿展开，本节将介绍如何放映演示文稿。

在放映 WPS 演示文稿时，可以选择从头开始放映、设置自动放映，并控制放映节奏。

5.6.1　从头开始放映

单击"幻灯片放映"选项卡中的"从头开始"按钮，或按 F5 键，演示文稿的第一张幻灯片将以全屏形式显示。单击或按 Enter 键可切换到下一张幻灯片，按 Esc 键可以中断放映并返回 WPS 演示界面。

5.6.2　设置自动放映

根据演示文稿的不同用途，放映方式也有所不同。演示文稿的放映方式有演讲者放映(全屏幕)和展台自动循环放映(全屏幕)两种。设置放映方式的操作步骤如下。

(1) 单击"放映"选项卡中的"放映设置"按钮，打开"设置放映方式"对话框，如图 5-50 所示。

(2) 在"放映类型"组中选择所需的放映类型。如果选择"演讲者放映(全屏幕)"单选按钮，则演示文稿的放映过程将由演讲者完全控制；如果选择"展台自动循环放映(全屏幕)"单选按钮，则演示文稿将自动循环放映，不支持鼠标操作，仅能通过按 Esc 键停止播放。

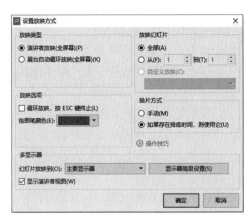

图 5-50　"设置放映方式"对话框

(3) 在"放映幻灯片"组中，选择"全部"或"从……到……"单选按钮，确定幻灯片的放映范围。选择"自定义放映"单选按钮，可以自定义放映范围。

(4) 在"放映选项"组中选中"循环放映，按 ESC 键终止"复选框，可以实现演示文稿的循环放映。在"演讲者放映(全屏幕)"方式下，可选择绘图笔的颜色；在"展台自动循环放映(全屏幕)"方式下，绘图笔的颜色不可选。

(5) 在"换片方式"组中，选择"手动"或"如果存在排练时间，则使用它"单选按钮。

(6) 设置完成后，单击"确定"按钮。

5.6.3　控制放映节奏

默认情况下，幻灯片按制作时的顺序放映。如果在放映过程中需要返回上一张幻灯片、切换到下一张幻灯片或直接跳转到任意一张幻灯片，可以使用以下方法。

1. 返回上一张幻灯片

在放映幻灯片时，右击鼠标，在弹出的快捷菜单中选择"上一页"命令。

2. 切换到下一张幻灯片

在放映幻灯片时，右击鼠标，在弹出的快捷菜单中选择"下一页"命令。

3. 切换到演示文稿中的任意一张幻灯片

在当前幻灯片上右击，在弹出的快捷菜单中选择"定位"|"幻灯片漫游"或"按标题"命令，均可以定位到任意一张幻灯片，如图 5-51 所示。使用这种方法时，可以看到当前幻灯片标题前有一个对号标记。

在幻灯片放映过程中，用户可以直接输入幻灯片编号，输入完成后按 Enter 键快速切换到指定的幻灯片。

图 5-51　定位幻灯片

4. 设置与播放自定义放映

设置自定义放映的具体步骤如下。

(1) 单击"放映"选项卡中的"自定义放映"按钮，打开"自定义放映"对话框，单击"新建"按钮，打开"定义自定义放映"对话框，如图 5-52 所示。

(2) 在"幻灯片放映名称"文本框中输入自定义放映的名称。

(3) 在左侧的"在演示文稿中的幻灯片"列表框中选中需要放映的幻灯片，单击中间的"添加"按钮，将这些幻灯片依次添加到右侧的"在自定义放映中的幻灯片"列表框中。如需删除已添加的幻灯片，则可选中该幻灯片后单击中间的"删除"按钮，如图 5-53 所示。

图 5-52　打开"定义自定义放映"对话框　　　　　图 5-53　设置自定义放映

(4) 若需要调整幻灯片的播放顺序，可以选中相应幻灯片并使用对话框右侧的箭头按钮进行调整。

(5) 设置完成后，单击"确定"按钮返回"自定义放映"对话框；单击"放映"按钮即可播放选中的自定义放映内容；单击"关闭"按钮则退出"自定义放映"对话框。

播放自定义放映的方法有以下两种(此处以播放"自定义放映 1"为例)。

方法 1：单击"幻灯片放映"选项卡中的"设置放映方式"按钮，打开"设置放映方式"

对话框，选择"自定义放映"单选按钮，并在下方的下拉列表框中选择"自定义放映1"选项，单击"确定"按钮。按 F5 键播放幻灯片，按 Esc 键停止播放幻灯片。

方法2：在幻灯片播放过程中，右击鼠标，在弹出的快捷菜单中选择"定位"|"自定义放映"|"自定义放映1"命令。

5.7 打包演示文稿

在很多情况下，我们需要将创建的演示文稿在其他计算机上进行播放。WPS 演示提供了"打包"功能，可以帮助我们解决这个问题。

WPS 演示的"文件打包"功能可以将制作好的演示文稿打包成文件夹或压缩文件，具体的操作方法如下。

5.7.1 将演示文稿打包成文件夹

在 WPS 2019 中将演示文稿打包成文件夹的具体操作步骤如下。

(1) 选择"文件"|"文件打包"|"将演示文档打包成文件夹"命令。

(2) 打开"演示文件打包"对话框，在"文件夹名称"文本框中输入文件夹名称，单击"浏览"按钮，在打开的"选择位置"对话框中选择合适的位置保存打包文件夹。可以选中"同时打包成一个压缩文件"复选框，将其同时打包成一个压缩文件，然后单击"确定"按钮，如图 5-54(a)所示。

(3) 打开"已完成打包"对话框，提示"文件打包已完成，您可以进行其他操作"，如图 5-54(b)所示。

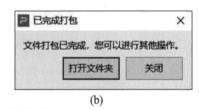

(a)   (b)

图 5-54　将演示文稿打包成文件夹

5.7.2 将演示文稿打包成压缩文件

将演示文稿打包成压缩文件的操作方法与上述"将演示文稿打包成文件夹"基本相同，唯一的区别在于，打包成压缩文件的方式会将演示文稿及其插入的音频、视频文件压缩成一个单独的文件。

这里需要注意的是，打包的好处是可以避免因音频、视频文件位置的改变而导致演示文稿无法正常播放的情况发生。

5.8 打印演示文稿

完成演示文稿的制作后，除了可以播放演示文稿，还可以将其打印出来。虽然这样无法展示我们精心设计的背景、效果和动画，但有时为了配合演讲，需要将演示文稿打印作为演讲提纲分发给观众。

5.8.1 打印预览

在 WPS 中预览 PPT 打印效果的具体操作步骤如下。

选择"文件"|"打印"|"打印预览"命令，打开"打印预览"选项卡，如图 5-55 所示。

图 5-55 "打印预览"选项卡

"打印预览"选项卡中比较重要的选项功能说明如下。

➤ 打印内容：单击"打印内容"按钮，在弹出的列表框中选择要打印的内容，如整张幻灯片、讲义、备注页和大纲等。

➤ 缩放比例：在"缩放比例"下拉列表框中选择系统预设的比例，或自行输入具体的数值。

➤ 页面方向：使用"横向"或"纵向"按钮来设置页面的方向。

➤ 页眉和页脚：单击"页眉页脚"按钮，可以设置打印时的页眉和页脚信息。

➤ 颜色模式：单击"颜色"按钮，可以设置打印时的颜色模式。

➤ 关闭预览：单击"关闭"按钮，关闭"打印预览"界面，返回普通视图模式。

5.8.2 执行打印

选择"文件"|"打印"命令，打开"打印"对话框，在该对话框进行相应的设置后，单击"确定"按钮即可开始打印演示文稿，如图 5-56 所示。

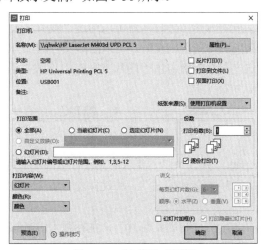

图 5-56 "打印"对话框

"打印"对话框中比较重要的选项功能说明如下。

➢ 打印机设置：在"打印机"组中选择打印机和纸张来源，可以设置反片打印、打印到文件、双面打印等选项。

➢ 打印范围：在"打印范围"组中设置要打印的页面范围。可以选择打印全部幻灯片、当前幻灯片、选定幻灯片或自定义放映中设置的幻灯片，也可以手动输入幻灯片编号范围。

➢ 打印内容：在"打印内容"下拉列表框中选择要打印的内容，如"幻灯片""讲义""备注页""大纲视图"等。选择"讲义"后，还可以设置每页的幻灯片数量和打印顺序。

➢ 颜色模式：在"颜色"下拉列表框中选择打印颜色模式，如"颜色"或"纯黑白"。

➢ 预览：单击"预览"按钮，可以查看打印效果。

➢ 开始打印：单击"确定"按钮即可开始打印。

5.9　课后习题

一、选择题

1. 在演示文稿中，将一张布局为"节标题"的幻灯片改为"标题和内容"幻灯片，应使用的对话框是(　　)。

    A. 幻灯片版式   B. 幻灯片配色方案

    C. 背景   D. 应用设计模板

2. 下列说法错误的是(　　)。

    A. 可以利用自动版式建立带剪贴画的幻灯片，用来插入剪贴画

    B. 可以向已存在的幻灯片中插入剪贴画

    C. 可以修改剪贴画

    D. 不可以为剪贴画重新上色

3. 下列有关修改图片的说法中，错误的是(　　)。

    A. 裁剪图片是指保存图片的大小不变，而将不希望显示的部分隐藏起来

    B. 当需要重新显示被隐藏的部分时，还可以通过"裁剪"工具进行恢复

    C. 当按住鼠标右键向图片内部拖曳时，可以隐藏图片的部分区域

    D. 要裁剪图片，选定图片然后单击"图片工具"|"格式"选项卡中的"裁剪"按钮

4. WPS 演示文档的默认扩展名是(　　)。

    A. .DOCX   B. .XLSX   C. .PTPX   D. .PPTX

二、操作题

创建素材演示文稿 CP.pptx，并按照以下要求对其进行修饰，最后保存更改。

1. 将幻灯片大小设置为"35 毫米幻灯片"，并确保内容适合该尺寸；为整个演示文稿应用一个合适的设计模板。

2. 在第一张幻灯片前插入一张"标题幻灯片"，主标题为"产品介绍"，并将文字格式设置为黑体、48 磅、蓝色(标准色)；副标题为"8 次预测全部正确"，文字格式设置为宋体、32

磅、红色(标准色)。

3. 将第二张幻灯片的版式调整为"图片与标题",标题为"新产品简介"。在左侧的内容区插入素材图片文件(可通过互联网搜索获取),并将图片大小设置为高 8 厘米、宽 10 厘米,水平位置调整为距左上角 3 厘米。将图片的进入动画设置为"盒状",文本的进入动画设置为"阶梯状"。

4. 对第三张幻灯片执行以下操作。

(1) 将幻灯片版式调整为"两栏内容",并将文本区的第二段文字移至标题区并居中对齐。

(2) 在幻灯片右侧的内容区插入产品图片(可通过互联网搜索获取),将其大小设置为高 7.2 厘米,同时选中"锁定纵横比"复选框。

(3) 将幻灯片中的文本进入动画设置为"劈裂",图片的进入动画设置为"飞入",方向选择"自右侧"。

5. 将第 4 张幻灯片的版式设置为"空白",为幻灯片中的表格应用一种合适的样式,并将所有单元格的对齐方式设置为"居中对齐"。

6. 将所有幻灯片的切换效果设置为"从左下方抽出"。

第6章
Internet基础与简单应用

☑ **学习目标**

Internet是指一个由计算机构成的交互网络,是一个世界范围内的巨大的计算机网络体系,它把全球数万个计算机网络、数千万台主机连接起来,包含了难以计数的信息资源,向全世界提供信息服务。从网络通信的角度来看,Internet是一个以TCP/IP网络协议连接各个国家、各个地区、各个机构的计算机网络的数据通信网。从信息资源的角度来看,Internet是一个集各部门和各领域的信息资源为一体,供网上用户共享的信息资源网。现在,Internet的意义已经远远超过了一个网络的范畴,它是一个信息社会的缩影。

本章将主要介绍计算机网络与Internet的基础知识和具体应用,如使用Edge浏览网页、使用Outlook收发电子邮件等。

☑ **学习任务**

任务一: 了解计算机网络的基础知识
任务二: 掌握Edge浏览器的使用方法
任务三: 学会通过Outlook收发电子邮件

6.1 计算机网络基础

当今,计算机网络无处不在,它不仅是计算机技术的一种应用,也逐渐融入了大多数人的日常生活。本节将介绍计算机网络的基础知识,包括计算机网络的概念、分类等内容。

6.1.1 计算机网络的基本概念

计算机网络的应用非常广泛,大到国际互联网Internet,小到几个人组成的工作组,都可以根据需要实现资源共享及信息传输。在建立计算机网络之前,应首先了解一些网络的基本概念。

1. 什么是计算机网络

计算机网络是指在不同地理位置的多台具有独立功能的计算机及其外部设备,通过通信设备和线路相互连接,并在功能齐全的网络软件支持下,实现资源共享和数据传输的系统。

2. 计算机网络的组成

从系统功能的角度来看，计算机网络主要由资源子网和通信子网两部分组成。

(1) 资源子网的主要任务包括信息的收集、存储和处理，为用户提供资源共享和各类网络服务。资源子网涵盖联网的计算机、终端、外部设备、网络协议及网络软件等。

(2) 通信子网的主要任务则是连接网络中的各类计算机，完成数据的传输与交换。通信子网包含通信线路、网络连接设备、网络协议及通信控制软件等。

6.1.2　计算机网络中的数据通信

数据通信是指在计算机网络中传输数据的过程，涉及发送方和接收方，通过各种协议和媒介实现数据的有效传输和交换。

1. 信号

信号是指在数据信息传输过程中以电子或电磁方式进行编码的形式。在传输介质或通信路径上，数据通过信号进行传递。信号可分为模拟信号和数字信号。模拟信号通过电或磁的形式来模拟其他物理现象，如振动、声音和图像，其特点是具有连续性。例如，电话信号就是一种典型的模拟信号。数字信号则是由在固定时间内保持电压(位)值的离散电脉冲序列组成的，通常一个脉冲表示一个二进制位。例如，计算机内部处理的信息通常都是数字信号。

2. 信道

信道是指在数据通信过程中连接发送端和接收端的传输路径。信道可以分为物理信道和逻辑信道。物理信道是指传输信号的实际路径，由传输介质和相关的通信设备构成。根据传输介质的不同，物理信道可以分为有线信道(如双绞线、同轴电缆和光缆等)、无线信道和卫星信道；根据信道中传输信号的类型，物理信道又可以分为模拟信道和数字信道。逻辑信道则是在物理信道基础上建立的，用于实现两个节点之间通信的虚拟路径。

3. 调制与解调

模拟信道不能直接传输数字信号。例如，普通电话线作为设计用于传递声音的模拟信道，仅适用于传输模拟信号，无法直接传输数字信号。要在模拟信道上传输数字信号，需要在信道两端安装调制解调器(Modem)，以实现调制和解调两种相反的功能。

(1) 调制：在发送端，调制解调器将数字信号转换为模拟信号。

(2) 解调：在接收端，调制解调器将模拟信号还原为数字信号。

4. 数据传输速率、带宽与误码率

数据传输速率(比特率)指的是每秒传输的二进制位数，通常简写为 bit/s(位/秒)。在数字信道中，数据传输速率通常用来表示信道的传输能力，常用单位包括 bit/s、kbit/s、Mbit/s、Gbit/s 和 Tbit/s。其中，$1\text{ kbit/s} = 1 \times 10^3\text{ bit/s}$，$1\text{ Mbit/s} = 1 \times 10^6\text{ bit/s}$，$1\text{ Gbit/s} = 1 \times 10^9\text{ bit/s}$，$1\text{ Tbit/s} = 1 \times 10^{12}\text{ bit/s}$。

带宽(Bandwidth)是通过传输信号的最高频率与最低频率之差来表示的。在模拟信道中，带宽通常用于表示信道的传输能力，常用单位有 Hz、kHz、MHz 和 GHz。

误码率是指通信系统在信息传输过程中出错的比例，用于评估通信系统的可靠性。在计算机网络系统中，通常要求误码率低于 10^{-6}。

6.1.3 计算机网络的形成与分类

计算机网络通过连接多台计算机以实现资源共享和通信，源于通信技术和计算机技术的融合。主要分为局域网(LAN)和广域网(WAN)等类型。

1. 计算机网络的形成

自计算机网络诞生以来，其惊人的发展速度和广泛的应用领域一直备受关注。计算机网络的发展历程大致可分为 4 个阶段。

(1) 第一阶段(20 世纪 60 年代)：这一阶段始于具有通信功能的面向终端的单机系统的形成。人们通过通信线路将多个终端连接到一台中心计算机，由中心计算机集中处理不同地理位置的用户数据。

(2) 第二阶段：从美国 ARPAnet 和分组交换技术的诞生开始，这一发展被视为计算机网络技术的里程碑。ARPAnet 的出现使得网络用户能够通过本地终端访问其他计算机的资源，实现资源共享。

(3) 第三阶段(20 世纪 70 年代)：广域网、局域网和公用分组交换网迅速发展。各大计算机厂商和研究机构纷纷开发自己的网络系统，推动网络体系结构和网络协议的标准化。国际标准化组织(ISO)提出的 ISO/OSI 参考模型，对网络结构的形成和技术发展起到了重要作用。

(4) 第四阶段(20 世纪 90 年代至今)：信息时代全面来临，互联网作为国际性的网际网和大型信息系统，在经济、文化、科学研究、教育及社会生活等领域发挥着越来越重要的作用。宽带网络技术的发展为社会信息化奠定了技术基础，网络安全技术则为网络应用提供了重要的安全保障。

2. 计算机网络的分类

计算机网络可以通过多种方法进行分类，不同的分类方法能够定义出不同类型的计算机网络。下面将分别进行介绍。

(1) 局域网(Local Area Network, LAN)：也称为局部地区网，通信距离通常为几百米到几千米，是目前大多数计算机组网的主要形式。机关网、企业网和校园网都属于局域网。

(2) 广域网(Wide Area Network, WAN)：也称为远程网，通信距离从几十千米到几千千米不等，可以跨越城市和地区，覆盖全国甚至全球。广域网通常使用现有的公共传输信道进行信息传递，如电话线、微波、卫星或其组合信道。因特网即是一种广域网。

(3) 城域网(Metropolitan Area Network, MAN)：这是一种介于局域网和广域网之间的高速网络，通信距离通常为几千米到几十千米，传输速率通常在 50Mbit/s 左右。主要用于需要在城市内进行高速通信的大型机构和公司等。

6.1.4 网络拓扑结构

网络拓扑结构是指将网络中的节点(如工作站)和连接这些节点的链路(如传输线路)抽象化

为点和线，形成图形以表示网络的构成，从而反映网络中各实体之间的关系。主要的网络拓扑结构包括以下几种，如图 6-1 所示。

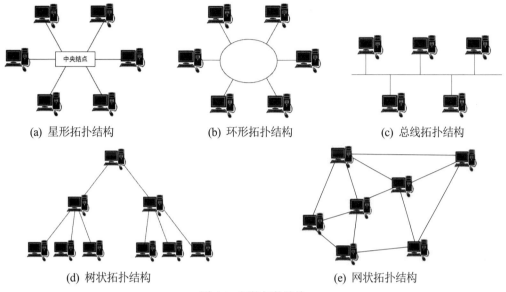

(a) 星形拓扑结构　　　　　(b) 环形拓扑结构　　　　　(c) 总线拓扑结构

(d) 树状拓扑结构　　　　　　　(e) 网状拓扑结构

图 6-1　网络拓扑结构

1. 星形拓扑结构

星形拓扑结构是最早期的通用网络拓扑结构之一，如图 6-1(a)所示。在这种结构中，各个节点通过点对点的通信链路连接到一个中心节点。中心节点控制整个网络的通信，所有节点之间的通信都需要通过中心节点进行。星形拓扑结构简单且易于实现和管理。然而，中心节点是网络可靠运行的关键所在，一旦中心节点出现故障，可能导致整个网络瘫痪。

2. 环形拓扑结构

在环形拓扑结构中，各个节点通过点对点的通信线路首尾相连，形成一个闭合环路，如图 6-1(b)所示。数据在环中沿单一方向逐点传送。环形拓扑结构设计简单，且传输延时较为确定，但其点对点的通信线路可能成为网络可靠性上的"瓶颈"，任何节点故障都可能导致整个网络瘫痪。

3. 总线拓扑结构

总线拓扑结构使用一根传输线作为传输介质，所有站点通过相应的硬件接口直接连接到这根传输介质——总线，如图 6-1(c)所示。任何站点发送的信号都沿传输介质传播，并可被其他站点接收。总线拓扑结构设计简单，易于实现和扩展，并具有较高的可靠性。

4. 树状拓扑结构

在树状拓扑结构中，各个节点按层次连接，类似于一棵树的形态，具有分支、根节点和叶子节点等，如图 6-1(d)所示。信息交换主要在上下级节点之间进行，该结构非常适合信息的汇聚和分发。

5. 网状拓扑结构

网状拓扑结构具备高自由度的连接形式，节点之间的连接是任意和不规则的，如图 6-1(e)所示。这种结构具有高可靠性，但其设计和管理较为复杂。在广域网中，网状拓扑结构被广泛采用。

6.1.5 网络硬件设备

要将多台计算机组成局域网并与其他网络连接，需要使用一些专用的网络硬件设备。

1. 局域网的组网设备

(1) 传输介质(Transmission Medium)：常见的传输介质包括双绞线、同轴电缆、光缆和无线电波等。

(2) 网络接口卡(Network Interface Card，NIC)：也称为网络适配器或网卡，通常安装在计算机的扩展槽中，用于连接计算机和通信电缆，从而实现高速数据传输。

(3) 集线器(Hub)：是局域网的基本连接设备。市场上的集线器主要分为独立式、堆叠式和智能型等类型。

(4) 交换机(Switch)：交换机通过支持端口节点之间的多个并发连接，改进共享工作模式。与共享式局域网在任一时刻只允许一个节点使用通信信道不同，交换机提高了网络带宽，改善了局域网的性能和服务质量。

(5) 无线 AP(Access Point，AP)：无线 AP，又称为无线桥接器，允许装有无线网卡的主机接入有线局域网络。无线 AP 不仅仅是一个无线接入点，还统称为无线路由器等设备，具备路由和网络管理等功能。基本的无线 AP 相当于无线交换机，其原理是通过双绞线接收网络信号，再转换为无线电信号覆盖网络。不同型号的无线 AP 具有不同的功率，可以实现不同范围的网络覆盖，其最大覆盖距离可达 300 米。

扩展阅读 6-1

双绞线(网线)的制作方法

2. 网络互联设备

(1) 路由器(Router)：路由器负责在不同广域网中的各局域网之间进行地址查找(即建立路由)、信息包翻译和交换，从而实现计算机网络设备与通信设备的连接和信息传递。它是实现局域网与广域网互联的主要设备。

(2) 网桥(Bridge)：网桥用于连接相同类型的局域网，旨在扩大局域网的覆盖范围并保证各局域子网的安全。

(3) 调制解调器(Modem)：调制解调器是计算机通过电话线接入互联网的必备设备，具备调制和解调两种功能。调制解调器有内置式和外置式两种形式。

这里需要注意以下几点。

➢ Modem 的发音类似于汉语的"猫"，因此调制解调器常被称为"猫"。

➢ 内置式调制解调器称为调制解调器卡，其价格较低，且使用方便，不需要额外电源，但需要插入计算机主板的扩展槽中，抗干扰性较差。外置式调制解调器是一个独立的盒子，需连接到计算机的串口上，使用灵活且质量较好，抗干扰性强，但价格比内置式调制解调器高。

6.1.6　网络互联设备

通信协议是通信双方必须遵守的规则和约定。在计算机网络中，协议通常非常复杂，因此网络协议通常以结构化的层次方式进行组织。TCP/IP(传输控制协议/互联网协议)是目前流行的商用协议，并被公认为工业标准或事实标准。TCP/IP 参考模型于 1974 年出现，如图 6-2 所示，该模型将计算机网络分为 4 个层次。

(1) 应用层(Application Layer)。

(2) 传输层(Transport Layer)。

(3) 网络层(Internet Layer)。

(4) 主机到网络层(Host-to-Network Layer)。

6.1.7　无线局域网

由于有线网络维护困难且不便于携带，无线网络应运而生。早期的无线网络技术经历了从红外线到蓝牙(Bluetooth)的发展，这些技术可以实现无线数据传输，主要用于系统互联，但无法用于组建局域网。相比之下，新一代无线网络不仅能够使计算机相互连接，还可以建立无须布线、使用方便的无线局域网(WLAN)。在 WLAN 中，许多计算机配备无线电调制器和天线，通过天线与其他系统进行通信。此外，室内的墙壁或天花板上也安装有一个天线，所有计算机通过该天线相互通信，如图 6-3 所示。

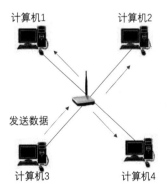

图 6-2　TCP/IP 参考模型的分层结构　　　图 6-3　无线局域网

无线局域网中的 Wi-Fi(Wireless Fidelity)具备传输速度快、覆盖范围广等优点。电气电子工程师学会(Institute of Electrical and Electronics Engineers，IEEE)制定了一系列无线局域网标准，即 IEEE 802.11 系列，包括 IEEE 802.11a、IEEE 802.11b、IEEE 802.11g 等。这些标准现已被广泛应用。

6.2 Internet 基础知识

Internet 也称为国际互联网或因特网，是一种公用信息的载体，是大众传媒的一种。它具有快捷性、普及性，是现今最流行且最受欢迎的传媒之一。它是在 ARPAnet 的基础上发展起来的，提供各种应用服务的全球性计算机网络。

6.2.1 Internet 简介

Internet 最早来源于由美国国防部高级研究计划局 DARPA(Defense Advanced Research Projects Agency)的前身 ARPA 建立的 ARPAnet，这个项目基于这样一种主导思想：网络必须能够经受住故障的考验而维持正常工作，一旦发生战争，当网络的某一部分因遭受攻击而失去工作能力时，网络的其他部分应当能够维持正常通信。最初，ARPAnet 主要用于军事研究，它具有以下 5 大特点。

(1) 支持资源共享。

(2) 采用分布式控制技术。

(3) 采用分组交换技术。

(4) 使用通信控制处理机。

(5) 采用分层的网络通信协议。

随着通信技术、微电子技术和计算机技术的高速发展，Internet 技术也日臻完善，它由最初的面向专业领域，发展到现在的面向千家万户，"Internet 真正走入了寻常百姓家"。

扩展阅读 6-2

下一代因特网

6.2.2 Internet 的基本概念

Internet 基于 TCP/IP 协议，使用 IP 地址进行设备标识和通信。域名通过 DNS 解析为 IP 地址，实现易记访问。在客户机-服务器架构中，客户机请求服务，服务器响应。

1. TCP/IP

因特网中的不同类型的物理网络通过路由器相互连接，各网络之间的数据传输由 TCP/IP 协议控制。TCP/IP 是一个分层的协议族，定义了网络上所有通信设备的通信规则，尤其是主机之间的数据格式和传输方式。可以说，TCP/IP 是因特网运行的基础。

在 TCP/IP 体系中，IP(Internet Protocol)是网络层协议，主要功能是将不同类型的物理网络互联。它将各种物理地址转换为统一的 IP 地址，将不同格式的帧(物理网络传输的数据单元)转换为 "IP 数据报"，从而屏蔽下层物理网络的差异，为上层传输层提供 IP 数据报，实现无连接的数据报传输服务。此外，IP 还负责选择网络中两节点之间的传输路径，并将数据沿该路径传输到目标节点。

TCP(Transmission Control Protocol)，即传输控制协议，位于传输层。TCP 为应用层提供面向连接的服务，确保所发送的数据报能够完整接收。如果数据报丢失或损坏，TCP 发送端可以通过协议机制重新发送该数据报，确保端到端的可靠传输。

2. IP 地址和域名

就像我们每个人都有一个住址方便他人找到一样，为确保信息能够精确传输到网络中的指定位置，每台连接到因特网的计算机都有一个永久或临时分配的地址。因特网上有两种类型的地址：一种是使用阿拉伯数字表示的 IP 地址，另一种是由英文单词和数字组成的域名。

1) IP 地址

IP 地址是由 Internet 协议定义的一种数字标识符，由 0 和 1 组成，总长为 32 位二进制数。一个 IP 地址包含网络号和主机号两个部分。网络号的长度决定了整个因特网中可以容纳多少个网络，而主机号的长度则决定了每个网络能够包含多少台主机。

为了便于管理、书写和记忆，每个 IP 地址被划分为 4 段，每段用小数点分隔，并以一个十进制整数表示，每个整数的取值范围为 0 到 255。例如，202.112.128.50 和 202.204.86.1 都是合法的 IP 地址。

根据第一段的取值范围，IP 地址可以分为 5 类：A、B、C、D 和 E 类。

➢ A 类 IP 地址：第一段取值范围为 0 到 127。
➢ B 类 IP 地址：第一段取值范围为 128 到 191。
➢ C 类 IP 地址：第一段取值范围为 192 到 223。
➢ D 类和 E 类 IP 地址被保留于特殊用途。

2) 域名

鉴于数字格式的 IP 地址既难以记忆又不包含额外信息，人们因此采用域名系统，即一系列富有特定含义的英文简称，以替代复杂的 IP 地址。这种域名与 IP 地址之间的一对一映射关系在全球范围内具有唯一性，从而有效保障了网络通信的精准无误。

为避免域名重复，采用层次化结构来表示，各层次之间以 "." 分隔。从右至左，依次为第一级域名(最高级别)到主机名(最低级别)，其结构清晰明了：

主机名.…….第二级域名.第一级域名
←层级从右至左递减

在国际上，第一级域名遵循通用标准代码，主要分为组织机构和地址模式两大类。除美国外，其他国家或地区通常以其名称的简写作为第一级域名，如.cn 代表中国，.jp 代表日本，.kr 代表韩国，而.uk 代表英国等。

对于我国而言，第一级域名是.cn，而第二级域名则进一步细分为地区域名和类别域名。地区域名如.bj 代表北京，.sh 代表上海等。同时，还有一系列常用的类别域名，具体可参考表 6-1。

表 6-1 常用的类别域名

域名代码	说明	域名代码	说明
com	商业机构	gov	政府机构
edu	教育机构	org	非营利性机构
net	网络机构	mil	国防机构

下面将通过解析 tupwk.com.cn 这一域名来详细阐述域名的组成结构。

➢ cn：第一级域名，表示该主机位于中国。

➢ com：第二级域名，采用的是类别域名，通常代表商业机构。

➢ tupwk：主机名，这是该机构为特定目的而选定的独特名称。

关于域名，以下几点需要特别注意。

(1) 首先，因特网中的域名并不区分大小写，这意味着无论使用大写字母还是小写字母，访问的都是同一个网站。

(2) 其次，整个域名的长度是有限制的，不可超过 255 个字符。这一限制确保了域名的可读性和系统的有效管理。

(3) 再者，一台计算机通常只能分配到一个 IP 地址，但却可以拥有多个与之关联的域名。这种一对多的关系为网站运营提供了灵活性。

(4) 最后，IP 地址与域名之间的转换是通过域名服务器 DNS 来实现的。DNS 负责将用户输入的易记域名解析为计算机能够识别的 IP 地址，从而确保用户能够顺畅地访问目标网站。

3. DNS 原理

域名和 IP 地址实质上是对主机地址的两种不同表述方式，它们从不同的角度标识了同一网络资源。当我们使用易于记忆的域名来访问网络上的资源时，系统需要找到与这个域名相对应的实际 IP 地址。这一转换过程是通过域名服务器(Domain Name Server，DNS)来实现的。用户只需将待转换的域名包含在 DNS 请求信息中，并将此请求发送给 DNS。DNS 接收到请求后，会从中提取域名，然后将其转换为对应的 IP 地址。最后，DNS 在响应信息中将转换后的 IP 地址返回给用户，从而使用户能够顺利地访问到目标网络资源。

4. Internet 中的客户机-服务器体系结构

在计算机网络中，每台计算机不仅服务于本地用户，还向网络中的其他用户提供服务。这意味着，每台联网计算机的本地资源都可以转化为共享资源，供网络中其他主机用户使用。

在 Internet 的 TCP/IP 环境下，联网计算机之间的通信模式采用的是客户机-服务器(Client/Server)模式，简称 C/S 结构，如图 6-4 所示。在这种结构中，客户机负责向服务器发送服务请求，而服务器则负责响应这些请求，提供相应的网络服务。具体来说，发起请求、启动通信的计算机进程称为客户机进程，而负责响应、处理请求和提供服务的计算机进程则称为服务器进程。

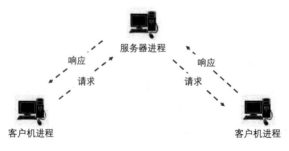

图 6-4　C/S 结构的进程通信

在 Internet 中，C/S 结构的应用十分广泛，如 Telnet 远程登录、FTP 文件传输服务、HTTP 超文本传输服务及 DNS 域名服务等，都是基于这种结构的典型应用。

6.2.3　接入 Internet

因特网的接入方式多种多样，包括专线连接、局域网连接、无线连接，以及基于电话线的拨号连接等。其中，对于众多个人用户和小型单位而言，ADSL 技术实现的拨号连接因其经济性和简易性成为最受欢迎的接入方式。同时，无线连接也因其便利性而逐渐流行。

下面将详细介绍 5 种接入因特网的技术。

(1) ADSL(非对称数字用户线)。ADSL 是目前通过电话线接入因特网的主流技术。其非对称性体现在上行和下行速率的不同，通常下行速率较高，范围为 1.5~8 Mbit/s，而上行速率较低，为 16~640 kbit/s。要使用 ADSL 接入因特网，用户需要准备一台配备网卡的计算机和一条直拨电话线，并向电信业务运营商申请 ADSL 服务。服务提供方将负责安装话音分离器、ADSL 调制解调器，以及相应的拨号软件。

(2) ISP(因特网服务提供方)。选择合适的 ISP 是接入因特网的关键步骤。ISP 通常提供一系列服务，包括 IP 地址分配、网关设置、DNS 解析、联网软件支持，以及各种因特网服务和接入服务。

(3) 无线连接。无线连接是另一种便捷的因特网接入方式。它依赖于无线 AP(接入点)，使得配备无线网卡的计算机或其他无线设备能够快速、轻松地接入因特网。对于小型办公室和家庭环境而言，一个无线 AP 通常就能满足需求，甚至多个邻居之间也可以共享一个无线 AP。无线 AP 的作用类似于有线交换机，它将计算机与 ADSL 或有线局域网连接起来，从而实现因特网的访问。例如，无线 ADSL 调制解调器就集成了无线局域网和 ADSL 的功能，用户只需将电话线接入该设备，即可享受无线网络和因特网的各种服务。

(4) 光纤接入。光纤接入是目前速度最快的因特网接入方式之一，它通过光纤传输数据，能够提供极高的带宽和稳定性。用户通常可以享受高达 100 Mbit/s 甚至更高的下载和上传速度。光纤接入的优势在于其低延迟和高稳定性，适合需要进行大量数据传输的应用场景，如家庭娱乐、在线游戏和远程办公等。

(5) 宽带接入。宽带接入是一种利用多种技术(如 DSL、光纤、Cable 等)提供高速因特网服务的方式。其特点是始终在线，用户无须拨号即可随时访问因特网。宽带服务的速度和稳定性较高，适合家庭和企业用户，特别是在需要同时连接多台设备的环境中表现尤为突出。

6.3　Microsoft Edge 应用

Microsoft Edge 是 Windows 10 的默认浏览器，用户在计算机中安装 Windows 10 并将计算机接入 Internet 后，使用该浏览器即可漫游 Internet。

6.3.1　浏览网页的相关概念

下面将介绍一些浏览网页的相关概念。

1. 万维网

万维网(World Wide Web, WWW)能够将图像、文本、声音和视频等多种信息有机结合，方便用户阅读和查找。例如，当我们在网上浏览一部电影的介绍时，可以先看到电影内容的文字描述(即文本格式)。若想了解更多内容，如演员的信息和照片，可以尝试点击演员的名字。如果鼠标指针变为可点击形状，则说明这里有一个指向该演员信息的"超链接"(Hyperlink)。单击后，即可查看该演员的详细信息。

此外，用户还可以收听电影的主题音乐和观看部分片段，实现全方位、多角度的信息浏览。这种不仅包含文本信息，还包括声音、图像、视频等多媒体信息及超链接的文件，称为超文本(Hypertext)。超文本文件的浏览过程如图 6-5 所示，其中黑点表示超链接的源文件，箭头指向目标文件。点击源文件即可加载目标文件。

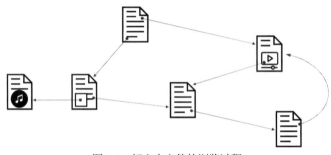

图 6-5　超文本文件的浏览过程

简单来说，浏览 WWW 就是浏览存放在 WWW 服务器上的超文本文件，即网页(Web 页)。这些网页通常使用超文本标记语言(HTML)编写，并通过超文本传输协议(HTTP)运行。一个网站通常包含多个网页，其中的第一个网页称为首页(或主页)，主要用于展示网站的特色和服务，起到目录的作用。在 WWW 中，每个网页都有一个唯一的地址，由统一资源定位器(URL)来表示。

2. 统一资源定位器

统一资源定位器(Uniform Resource Locator, URL)，也称为网页地址或网址，是用于统一命名互联网中每个资源文件的机制。它描述了网页的地址和访问所用的协议。URL 包括传输协议、服务器名称和完整的文件路径。例如，当我们在浏览器中输入以下 URL：

http://www.tup.tsinghua.edu.cn/booksCenter/book_10209601.html

浏览器会识别使用 HTTP 协议，从域名为 tup.tsinghua.edu.cn 的 WWW 服务器中查找"booksCenter"子目录下的"book_10209601.html"超文本文件。该网址的 URL 结构如下。

3. 浏览器

浏览器是一种应用软件，用于执行包括浏览 WWW 在内的多种网络功能，是用户访问 WWW 上丰富信息资源的工具。它能够将用超文本标记语言描述的信息转换为易于理解的格式，同时将用户的查询请求转换为网络计算机能够识别的命令。要浏览网页，用户需要在计算机上安装一个浏览器。常见的浏览器包括微软公司的 Microsoft Edge、Netscape 公司的 Navigator 及 360 浏览器等。

4. 文件传输协议(FTP)

FTP 是互联网提供的基本服务之一，位于 TCP/IP 体系结构的应用层。FTP 采用客户端/服务器(C/S)架构工作，通常在本地计算机上运行的 FTP 客户端软件负责与互联网中的 FTP 服务器进行通信。用户若想访问 FTP 站点并下载文件，必须使用 FTP 账号和密码进行登录。特定的 FTP 站点通常只允许用户使用授权的账号和密码进行登录。

6.3.2 Edge 简介

Microsoft Edge(以下简称 Edge)是微软公司开发的网页浏览器，基于 Chromium 内核，可以为用户提供快速且安全的浏览体验。

1. 启动和关闭 Edge

(1) 启动 Microsoft Edge 的方法有以下几种。

方法 1：选择"开始"|Microsoft Edge 命令。

方法 2：单击任务栏中的 Microsoft Edge 按钮 。

方法 3：双击桌面上的 Microsoft Edge 快捷方式图标 。

(2) 关闭 Microsoft Edge 的方法有以下几种。

方法 1：点击窗口右上角的"关闭"按钮×。

方法 2：在窗口左上角右键点击，在弹出的快捷菜单中选择"关闭"命令。

方法 3：按下 Alt＋F4 快捷键。

方法 4：右击任务栏中的 Edge 图标，在弹出的快捷菜单中选择"关闭窗口"命令。

2. 熟悉 Edge 的界面

启动 Microsoft Edge 浏览器后，其界面由标签页、功能栏、网页浏览区域，以及"关闭标签页"和"新建标签页"按钮等几个部分组成，如图 6-6 所示。

(1) 标签页。标签页位于浏览器窗口的顶部，用于显示和管理多个打开的网页。每个标签页上显示当前网页的标题。

(2) 功能栏。位于标签页的下方，包括浏览器的地址栏、"返回"按钮、"刷新"按钮，以及"扩展""分屏""收藏夹""集锦""设置及其他""侧栏"等按钮。用户可以在地址栏中输入网址或搜索内容，还可以通过功能栏访问收藏夹和扩展程序。

(3) 网页浏览区域。浏览器窗口的核心部分，用于展示当前标签页中的网页内容。用户可以在此区域中滚动查看页面、单击链接和与网页进行交互。

(4) "新建标签页"按钮。通常位于标签页的右侧，通过点击此按钮可以打开一个新的空白标签页，让用户访问新的网页。

(5) "关闭标签页"按钮。每个标签页上都有一个"关闭"按钮，通常以"×"的形式显示。用户可以通过单击此按钮关闭当前标签页。

图 6-6　Microsoft Edge 浏览器

6.3.3　浏览网页

在浏览器中的操作主要是浏览网页，而浏览网页并没有固定的顺序。以下是浏览网页的基本操作。

1. 输入网页地址

在 Microsoft Edge 浏览器中，将光标定位到地址栏并输入网页地址，Edge 提供了如下多种便捷的功能。

(1) 无须输入诸如"http://"或"https://"等前缀，Edge 会自动补全这些部分。

(2) 只需输入一次网址，Edge 就会记住它。下次仅需输入前几个字符，Edge 会自动搜索并列出所有已保存的、符合输入字符的地址，用户无须输入完整网址。

(3) 单击地址栏，会显示曾经访问过的网页地址列表。用户只需从列表中选择所需的地址，无须手动输入。

输入网页地址后，按 Enter 键即可快速访问相应的网站页面。

2. 浏览页面

网页中的链接文本或图片可能会以不同的颜色显示，并可能带有下画线。当鼠标指针移动到链接上时，指针通常会变成手形 。单击该链接后，Microsoft Edge 会跳转到链接指向的内容。

Edge 浏览器的功能栏为快速浏览网页和执行相关操作提供了诸多便利。熟悉功能栏中的按钮有助于更高效地浏览网页。功能栏中的按钮及其功能如表 6-2 所示。

表 6-2　Edge 功能栏按钮及其功能

工具栏按钮	名称	功能说明
←	返回	返回到上一个访问的网页
C	刷新	重新加载当前网页，更新页面内容
×	停止	停止当前页面的加载过程
Aⁿ	朗读	使用内置的语音引擎大声朗读页面上的内容
⟐	扩展	管理或安装浏览器扩展程序，增强浏览器功能
⫿⫿	分屏	将浏览器窗口分成两个部分，同时查看两个页面
⭒	收藏夹	查看和管理已保存的收藏网页
⊕	集锦	创建和管理网页截图、笔记和其他内容的收藏
⟲	健康助手	提供网络安全和隐私建议，提高浏览安全性
…	设置及其他	访问浏览器的设置、历史记录和其他功能选项
▣	侧栏	打开或关闭浏览器侧栏以访问快速工具和应用功能

3. 查找页面内容

网页的内容通常非常丰富，但当内容过多时(特别是文本内容，如一般网站的首页)，查找特定信息可能会变得很困难。这时，Edge 浏览器提供的"在此页上查找"功能就派上用场了。

用户可以按下 Ctrl + F 快捷键来打开查找栏，如图 6-7 所示。在查找栏中的"查找"文本框中输入想要查找的关键字(如"人工智能")，然后单击"下一个结果"按钮⌄。浏览器会自动滚动到匹配的内容，并用高亮显示该关键字。如果找到的内容不是用户想要的，可以继续单击"下一个结果"按钮⌄进行查找(单击"上一个结果"按钮⌃可以返回上一个查找结果)。

图 6-7　Microsoft Edge 浏览器的查找栏

4. 网页保存与阅读

在使用 Edge 浏览网页的过程中，可以将一些精彩或有价值的页面保存下来，以便日后慢慢阅读或者复制到其他软件(如 WPS)。

1) 保存网页

保存网页的操作步骤如下。

(1) 访问要保存的网页。

(2) 单击 Edge 右上角的"设置及其他"按钮…，在弹出的菜单中选择"更多工具"|"将页面另存为"命令(快捷键：Ctrl+S)，打开"另存为"对话框。

(3) 选择网页的保存路径。

(4) 在"文件名"文本框中输入文件名。

(5) 单击"保存类型"下拉按钮，在弹出的列表中选择网页的文件类型，如图 6-8 所示。

图 6-8   "另存为"对话框

(6) 最后单击"保存"按钮完成操作。

成功保存网页后，单击保存的网页文件即可使用 Edge 再次打开网页。

2) 保存网页中的部分文字内容

如果要保存网页中的部分文字内容，可以使用 Ctrl+C(复制)和 Ctrl+V(粘贴)快捷键，具体操作步骤如下。

(1) 选中想要保存的页面文本。

(2) 按 Ctrl+C 快捷键，将选中的内容复制到剪贴板。

(3) 打开一个空白的 WPS 文档，按 Ctrl+V 快捷键，将剪贴板中的内容粘贴到文档中。

(4) 保存文档。

3) 保存网页中的图片

如果用户想要保存网页中的图片，具体的操作步骤如下。

(1) 右击网页中的图片。

(2) 在弹出的快捷菜单中选择"将图像另存为"命令，打开"另存为"对话框。

(3) 选择图片的保存路径，并输入图片的名称。

(4) 单击"保存"按钮。

4) 保存网络资源

网页中的超链接通常指向各种资源，这些资源可以是网页、音频文件、视频文件、压缩文件等。下载并保存这些资源的具体操作步骤如下。

(1) 右击网页中的超链接。

(2) 在弹出的快捷菜单中选择"将链接另存为"命令，打开"另存为"对话框。

(3) 选择文件的保存路径，并输入文件名称。

(4) 单击"保存"按钮。

此时，Edge 浏览器窗口右上角会显示一个下载状态栏，其中包括下载进度百分比和估计剩余时间等信息。

5. 更改主页

主页是每次启动 Edge 浏览器最先显示的页面。更改主页的具体操作步骤如下。

(1) 单击 Edge 界面右上角的"设置及其他"按钮…，在弹出的菜单中选择"设置"命令，打开"设置"页面。

(2) 选择"开始、主页和新建标签页"选项，然后单击"添加新页面"按钮，打开"添加新页面"对话框。

(3) 在"输入 URL"文本框中输入作为浏览器主页的网站地址，然后单击"添加"按钮即可，如图 6-9 所示。

图 6-9　设置浏览器主页

6. 使用收藏夹

Edge 浏览器中的收藏夹功能可以方便用户保存和管理常用网站，随时访问喜爱的内容。通过分类和搜索功能，用户能够更高效地组织网络资源，提升浏览体验。

使用浏览器收藏夹的具体操作步骤如下。

(1) 打开网页后按下 Ctrl+D 快捷键，打开"已添加到收藏夹"对话框，单击"完成"按钮，将网页保存在收藏夹中，如图 6-10 所示。

(2) 单击浏览器功能栏右侧的"收藏夹"按钮，在打开的列表中可以查看收藏夹中收藏的网页，选择网页名称即可快速访问该网页，如图 6-11 所示。

图 6-10　使用收藏夹收藏网页

图 6-11　Edge 浏览器收藏夹

当收藏夹中的网页数量不断增加时，为了便于查找和使用，需要对其进行整理。在图 6-11 所示的"收藏夹"中，用户可以通过右击文件夹或网页，在弹出的快捷菜单中执行相应操作(如选择"删除"命令或"重命名"命令)。这些操作可以使收藏夹中的网页更加井然有序，如图 6-12 所示。

7. 管理历史记录

浏览器会自动按时间顺序将浏览过的网页地址保存在历史记录中，以便日后查阅。用户可以通过管理历史记录，快速浏览曾经访问过的网页，也可以随时删除记录，以保护个人隐私。

在 Edge 中浏览与删除历史记录的操作步骤如下。

(1) 单击 Edge 界面右上角的"设置及其他"按钮…，在弹出的菜单中选择"历史记录"命令，打开"历史记录"列表。

(2) 浏览器历史记录默认按日期查看，选择想要的网页文件夹，即可打开该网页，如图 6-13 所示。

(3) 如果要删除某一个网页的历史记录，将鼠标指针放置在该网页名称上，单击"×"按钮即可。

(4) 如果要删除所有的历史记录，可以单击图 6-13 所示"历史记录"列表右上角的"删除浏览数据"按钮🗑，打开"删除浏览数据"对话框，将"时间范围"设置为"所有时间"，然后单击"立即清除"按钮，如图 6-14 所示。

图 6-12　管理收藏夹内容　　图 6-13　"历史记录"列表

图 6-14　删除浏览器数据

6.3.4　搜索信息

Internet 上提供了成千上万的信息资源和各种各样的信息服务，并且信息源和信息服务的种类、数量还在不断增长。要从这些信息资源中找到自己所需要的信息，就必须采用一定的搜索技术，也就是使用搜索引擎进行查找。

1. 搜索引擎的使用方法

打开 Edge 浏览器后，直接在地址栏输入搜索引擎网址(如 www.baidu.com)，然后按下 Enter 键，浏览器会进入如图 6-15 所示的搜索引擎页面。在该页面中输入要搜索的文本后，按下 Enter 键即可开始搜索。搜索完成后，浏览器界面中将显示搜索结果。

图 6-15　搜索引擎

2. 常用的搜索引擎简介

搜索引擎是一个能够对 Internet 中的资源进行搜索整理，然后提供给用户查询的网站系统，它可以在一个简单的网页中帮助用户对网页、网站、图像、音乐和电影等众多资源进行搜索和定位。目前网上常用的搜索引擎如表 6-3 所示。

表 6-3　常用搜索引擎

网站名称	网址
百度	www.baidu.com
360 搜索	www.so.com
搜狗	www.sogou.com
爱问	iask.sina.com.cn

6.4　电子邮件

电子邮件(E-mail)是 Internet 上使用最频繁且应用范围最广的一种通信服务，它是指用电子方式传送信件、单据、资料等信息的通信方法。本节将对其进行简单介绍。

6.4.1　电子邮件简介

在 Internet 上，电子邮件是一种通过计算机网络与其他用户联系的电子通信服务，是当今最广泛且最受欢迎的网络通信方式之一。借助 Internet 的电子邮件系统，我们可以给世界上任何角落的朋友写信，不仅可以发送文字信息，还可以发送各种声音、图像和视频等多媒体内容。许多人对网络的初步认识都是从发送和接收电子邮件开始的。

1. 电子邮件地址

电子邮件在 Internet 上传递，并准确无误地到达收件人手中，要求收件人必须拥有唯一的地址，这个地址就是电子邮件地址，而电子邮箱就是由该地址标识的。在 Internet 上，电子邮件地址由一串英文字母和特殊符号组成，中间不能有空格和逗号。其一般格式如下：

Username@hostname

其中，"Username"是用户申请的账号，即用户名，通常由用户的姓名或其他具有用户特征的标识命名。符号"@"读作"at"，在中文中意为"在"。"hostname"是邮件服务器的域名，即主机名，用来标识服务器在 Internet 上的位置。简单来说，就是用户在邮件服务器上的邮箱位置。因此，电子邮件地址的格式可以用以下公式表示：

电子邮件地址＝用户名＋@＋邮件服务器名.域名

2. 电子邮件的格式

电子邮件通常由信头和信体两个部分组成。

(1) 信头。信头相当于信封，通常包括以下内容。

➢ 发送人：这是发送人的电子邮件地址，具有唯一性。

➢ 收件人：这是收件人的电子邮件地址。用户可以同时给多个人发送邮件，因此收件人可以有多个，多个地址之间用分号(;)或逗号(,)隔开。

➢ 抄送：用于在将电子邮件发送给收件人的同时，抄送给其他人的地址，也可以是多个地址。

➢ 主题：电子邮件的标题。

➢ 这里需要注意的是，作为一封可以发送的电子邮件，信头中必须包含"发送人""收件人"和"主题"三个部分。

(2) 信体。信体相当于电子邮件的内容，可以是简单的文字，也可以是超文本，还可以包含附件。

(3) 电子邮箱。电子邮箱是在网络上用于保存邮件的存储空间，每个电子邮箱对应一个电子邮件地址，只有拥有电子邮箱才能收发电子邮件。目前，许多网站提供电子邮箱服务，有些需要付费，有些则是免费的。我们可以通过申请来获得个人免费邮箱。

6.4.2 使用 Outlook 收发电子邮件

Outlook 是微软公司出品的一款电子邮件客户端，它通过整合邮件服务，可以实现电子邮件的高效收发。

1. 启动 Outlook

用户可以通过以下两种方法启动 Outlook。

(1) 利用"开始"菜单启动 Outlook。选择"开始"|Outlook 命令，即可启动 Outlook。

(2) 利用快捷方式启动 Outlook。单击"开始"按钮，在弹出的"开始"菜单中右击 Outlook 图标，在弹出的快捷菜单中选择"更多"|"固定到任务栏"命令。然后单击桌面任务栏中的快捷方式，即可启动 Outlook。

2. 注册 Outlook 邮箱

在初次使用 Outlook 时，用户可以通过微软官方网站注册一个电子邮箱，具体步骤如下。

(1) 启动 Microsoft Edge 并访问 Outlook 邮箱注册网站(用户可以通过"百度""必应"等搜索引擎搜索该网站的地址)，单击"创建免费账户"按钮，如图 6-16 所示。

(2) 在打开的"创建帐户"提示框中输入 Outlook 账户名后单击"下一步"按钮，如图 6-17 所示。

(3) 在网站提示下依次输入账户密码、个人信息、验证码，完成 Outlook 账户的创建。

(4) 启动 Outlook 软件，在打开的欢迎界面中单击"下一页"按钮，如图 6-18 所示。

(5) 在软件提示下输入姓名、电子邮件地址、账户密码等信息后，单击"下一页"按钮，如图 6-19 所示。

图 6-16 Outlook 邮箱注册网站

图 6-17 创建账户

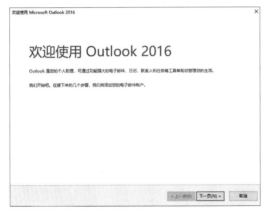

图 6-18 Outlook 欢迎界面

图 6-19 设置账户信息

(6) 此时，Outlook 将自动登录到邮件服务器，在打开的提示对话框中单击"完成"按钮，完成 Outlook 电子邮件的添加。

3. 发送电子邮件

完成电子邮箱的注册与设置后，可以通过 Outlook 发送电子邮件。在发送电子邮件之前，必须先创建邮件，并完成邮件内容的编辑，具体操作步骤如下。

(1) 启动 Outlook 后，在打开的工作界面中单击界面左上角的"新建电子邮件"按钮，如图 6-20 所示。

(2) 打开图 6-21 所示的新建邮件界面，在"收件人"和"主题"文本框中分别输入邮件的收件人邮箱(使用"；"隔离可以填写多个邮箱)和邮件主题，在界面下方的内容框中输入邮件内容，然后单击"附加文件"下拉按钮，在弹出的列表中选择"浏览此电脑"选项。

(3) 在打开的"插入文件"对话框中，选择计算机中需要随电子邮件一并发送的文件，单击"打开"按钮。返回图 6-21 所示的新建邮件界面，单击"发送"按钮即可发送电子邮件。

图 6-20　Outlook 工作界面

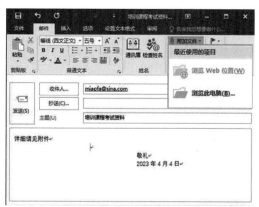

图 6-21　添加附件

4. 查看与回复电子邮件

在 Outlook 工作界面左侧的窗格中单击"收件箱"选项，即可查看收到的电子邮件列表，如图 6-22 所示。单击邮件列表中的电子邮件名称，可以在工作界面右侧的窗格中查看邮件内容。单击邮件内容窗格上方的"答复"按钮，可以打开图 6-23 所示的邮件回复窗格撰写邮件回复内容，单击"发送"按钮即可发送回复邮件。

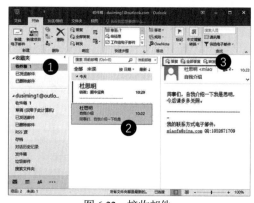

图 6-22　接收邮件

图 6-23　回复邮件

如果接收到的电子邮件是一封同时向许多电子邮箱发送的电子邮件，单击图 6-22 中的"全部答复"按钮，可以向邮件发送的所有电子邮箱发送答复邮件。

5. 转发与删除电子邮件

在图 6-22 所示的收件箱中选中一封电子邮件后，单击邮件内容窗格上方的"转发"按钮，即可将邮件转发给其他邮箱。右击电子邮件列表中的电子邮件名称，在弹出的菜单中选择"删除"命令，可以删除该邮件。

6. 设置邮件接收提醒

在工作中，来自客户、领导和同事的邮件往往需要及时阅读并回复。在 Outlook 中设置邮件接收提醒，可以在软件收到邮件的第一时间通过声音、任务栏图标和通知等方式提醒用户。

（1）在 Outlook 工作界面左上角选择"文件"选项卡，在打开的界面中选择"选项"选项，如图 6-24 所示，打开"Outlook 选项"对话框。

(2) 在"Outlook 选项"对话框中选择"邮件"选项卡，在"邮件到达"选项组中选中"播放声音""在任务栏中显示信封图标"和"显示桌面通知"复选框，然后单击"确定"按钮即可，如图 6-25 所示。

图 6-24　账户信息

图 6-25　Outlook 选项

7. 设置延迟发送邮件

在工作中，如果用户需要某些电子邮件(如成果汇报、市场销售周报等)在一个特定的时间点自动发送至指定的邮箱，可以在 Outlook 中设置延迟发送邮件，具体操作步骤如下。

(1) 新建一个电子邮件，然后选择"选项"选项卡，单击图 6-26 所示的"延迟传递"选项。

(2) 打开图 6-27 所示的"属性"对话框，选中"传递不早于"复选项，并在该复选框右侧设置延迟发送电子邮件的具体日期和时间，然后单击"关闭"按钮。

图 6-26　延迟传递

图 6-27　设置延迟时间

(3) 返回图 6-26 所示的新建邮件界面，单击"发送"按钮，Outlook 将会把当前邮件暂存于"发件箱"中，待到延迟发送时间到时再发送邮件。

扩展阅读 6–3

流媒体技术

6.5 课后习题

一. 选择题

1. 下列表示计算机局域网的是(   )。
    A. WWW   B. WAN   C. MAN   D. LAN
2. 计算机网络的拓扑结构主要有星形、环形和(   )。
    A. 总线   B. 点状型   C. 分散型   D. 集中型
3. 在 Internet 上，一台主机的域名由(   )部分组成。
    A. 5   B. 4   C. 3   D. 2
4. 以下符合 IP 地址命名规则的是(   )。
    A. 126.46.26.71.125   B. 201.266.151.221
    C. 189.126.0.1   D. 111.10.1
5. 在域名中，edu 表示(   )。
    A. 教育机构   B. 国防机构   C. 政府机构   D. 商业机构
6. 156.0.123.11 属于(   )IP 地址。
    A. D 类   B. C 类   C. B 类   D. A 类
7. 在 Internet 中，不同类型的物理网通过(   )互联，各网络之间的数据传输由(   )控制。
    A. 调制解调器   B. 路由器   C. IP 地址   D. TCP/IP
8. (   )是使用人数最多的上网方式。
    A. 局域网连接   B. 电话拨号   C. 无线连接   D. 专线连接
9. 无线网络相比于有线网络，优点是(   )。
    A. 组网安装简单，维护方便   B. 设备费用低廉
    C. 网络安全性好，可靠性高   D. 传输速度快

二. 操作题

将一封邮件发送至邮箱地址 miaofa@sina.com，并抄送至另一个电子邮件。邮件内容为：
"老师：根据学校要求，请按照附件表格中的要求统计学院教师任课信息，并于 3 日内反馈，谢谢！"。同时，附加文件"统计.xlsx"作为附件一并发送。将收件人 miaofa@sina.com 添加至联系人，并将其姓名设置为"老师"。

第7章
计算机维护与安全防护

☑ **学习目标**

计算机在为用户提供各种服务和帮助的同时，也存在潜在的风险。各种病毒、流氓软件和木马程序时刻潜伏在各种载体中，随时可能危害系统的正常运行。因此，用户在使用计算机时，应做好系统维护，以确保操作系统的稳定运行。

☑ **学习任务**

任务一：了解计算机日常维护常识
任务二：掌握维护计算机硬件设备的方法
任务三：学会使用杀毒软件预防(查杀)计算机病毒

7.1 计算机日常维护常识

在介绍计算机维护方法之前，用户应首先掌握一些基本的计算机维护知识，包括计算机的使用环境，以及良好的计算机使用习惯等。

7.1.1 计算机的使用环境

要使计算机保持健康，首先应在良好的使用环境中进行操作。有关计算机的使用环境，需注意以下几点。

(1) 环境温度：计算机的理想运行温度为5℃～35℃，其放置位置应远离热源，避免阳光直射。

(2) 环境湿度：最佳湿度范围为 30%～80%。湿度过高可能导致计算机受潮，从而引发内部短路并损坏硬件；湿度过低则容易产生静电。

(3) 清洁环境：计算机应放置在相对清洁的环境中，以防大量灰尘进入计算机导致故障。

(4) 远离磁场干扰：强磁场可能对计算机性能产生负面影响，如导致硬盘数据丢失和显示器出现花斑或抖动。这类干扰主要来自某些大功率电器和音响设备，因此应尽量将计算机远离这些设备。

(5) 电源电压：计算机正常运行需要稳定的电源电压。如果家庭电压不够稳定，则务必使用带有保险丝的插座，或为计算机配置一个 UPS 电源。

7.1.2 计算机的使用习惯

在日常工作中，正确使用计算机并养成良好的习惯，可以延长计算机的使用寿命并提高其运行稳定性。以下是一些关于正确使用计算机的建议。

(1) 防范计算机病毒：大多数计算机故障都是由软件问题引起的，其中计算机病毒常常是软件故障的主要原因。因此，在日常使用中，定期进行病毒查杀和防范工作显得尤为必要。

(2) 安全连接外部设备：在插拔连接时，或连接打印机、扫描仪、Modem、音响等外部设备之前，应确保电源已关闭，以避免损坏主机或外部设备的硬件。

(3) 定期清洁计算机：定期清洁计算机的各个部分，包括显示器、键盘、鼠标和机箱散热器等，以保持计算机的良好工作状态。

(4) 避免频繁开关计算机：频繁开关计算机可能会对其组件造成损害，因为电源是开关电源，至少需要关闭电源半小时后才能再次开启。如果市电线路电压不稳定或供电线路接触不良，建议配置 UPS 或净化电源，以避免计算机组件的迅速老化或损坏。

7.2 维护计算机硬件设备

对计算机硬件部分的维护是整个维护工作的重点。用户在对计算机硬件进行维护的过程中，除了要检查硬件的连接状态，还应注意保持各部分硬件的清洁。

7.2.1 计算机硬件维护的注意事项

1) 在维护计算机硬件的过程中

(1) 机箱保护：某些原装和品牌计算机不允许用户自行打开机箱，擅自打开可能会失去厂商提供的保修权利。

(2) 轻拿轻放：各部件要轻拿轻放，特别是硬盘，以防止损坏。

(3) 螺丝固定：在用螺丝固定各部件时，应先对准部件位置，然后再上紧螺丝。尤其是主板，位置稍有偏差可能导致插卡接触不良；主板安装不平可能导致内存条和适配卡接触不良，甚至引发短路，长时间后可能会导致形变，从而引发故障。

(4) 拆卸注意：拆卸时要注意各插接线的方位，如硬盘线和电源线，确保方便正确还原。

2) 在拆卸和维护计算机之前

(1) 断开所有电源：确保在操作前切断所有电源。

(2) 释放静电：在打开机箱之前，双手应触摸地面或墙壁，以释放身上的静电。拿主板和插卡时，尽量抓住卡的边缘，避免用手直接接触集成电路部分。

(3) 避免静电生成：不要穿着容易与地面或地毯摩擦产生静电的胶鞋在各类地毯上行走。穿金属鞋有助于有效释放静电；在条件允许的工作环境中，应尽量使用防静电地板以降低静电风险。

7.2.2　硬件设备维护的注意事项

计算机最主要的硬件设备除了显示器、鼠标和键盘，几乎都存放在机箱内。本节将详细介绍维护计算机主要硬件设备的方法和注意事项。

1. 维护与保养 CPU

计算机内部绝大部分数据的处理和运算都是通过 CPU 进行的，因此 CPU 的发热量非常大。对 CPU 的维护和保养，主要在于做好相应的散热工作，具体如下。

(1) 散热性能：CPU 散热性能的高低关键在于散热风扇和导热硅脂的效果。如果采用风冷式散热器，为了保证 CPU 的散热能力，应定期清理散热风扇上的灰尘，如图 7-1 所示。

(2) 导热硅脂的涂抹：当用户发现 CPU 温度持续过高时，需要在 CPU 表面重新涂抹导热硅脂，如图 7-2 所示。

图 7-1　清理 CPU 散热风扇

图 7-2　涂抹 CPU 导热硅脂

(3) 水冷散热器的维护：如果 CPU 采用水冷散热器，在日常使用过程中，还需定期检查水冷设备的工作状态，包括水冷头、水管和散热器等部件。

2. 维护与保养硬盘

随着硬盘技术的不断进步，硬盘的可靠性已大大提高。然而，如果不注意使用方法，仍可能导致故障。因此，对硬盘进行维护至关重要，具体如下。

(1) 环境温度和清洁条件：硬盘主轴电机是高速运转的部件，且硬盘是密封的，如果周围温度过高，热量就无法散出，将可能导致故障；反之，如果温度过低，又会影响硬盘的读写性能。因此，硬盘的最佳工作温度应保持在 20℃～30℃。

(2) 防静电：硬盘电路中某些大规模集成电路采用 MOS 工艺，极易受到静电的影响而损坏。因此，需特别注意防静电问题。在安装、拆卸或维修硬盘时，尽量避免用手触摸电路板上的焊点。当需要拆卸硬盘以便存储或运输时，务必将其放入抗静电塑料袋中。

(3) 定期备份数据：由于硬盘中保存了大量重要数据，定期备份至关重要。建议每隔一段时间对重要数据进行一次备份，同时备份硬盘系统信息区及 CMOS 设置。

(4) 防磁场干扰：硬盘通过对盘片表面的磁层进行磁化来记录数据信息，靠近强磁场时可能会破坏磁记录，从而导致数据损失。因此，必须注意防磁，避免将硬盘靠近音箱、喇叭、电视机等带有强磁场的物体。

计算机中的主要数据都存储在硬盘中，一旦硬盘损坏，用户可能会遭受严重损失。因此，在拆卸硬盘时需注意以下几点。

➢ 移动硬盘时的注意事项：在移动硬盘时，务必用手捏住硬盘的两侧，尽量避免手与硬盘背面的电路板直接接触。同时，要轻拿轻放，避免磕碰或与其他坚硬物体相撞。

➢ 拆卸时的操作顺序：在拆卸硬盘时，尽量待计算机正常关机并确认硬盘已停止转动(可以通过听到硬盘声音逐渐减小直至消失来判断)后再进行移动。

➢ 避免拆卸外壳：由于硬盘内部结构较为脆弱，切勿擅自拆卸硬盘外壳，以免造成不可逆的损害。

3. 维护与保养各种适配卡

系统主板和各种适配卡是机箱内部的重要组件，如内存、显卡、网卡等。这些配件主要由电子元件构成，不含机械部件，因此在使用过程中几乎不存在机械磨损，维护相对简单。适配卡的维护主要包括以下几项工作。

(1) 清洁插槽：有时扩展卡的接触不良可能是由于插槽内积累了过多灰尘。这时，需要将扩展卡拆卸下来，用软毛刷清理插槽内的灰尘，然后重新安装扩展卡，如图 7-3 所示。

(2) 去除氧化物：如果使用时间较长，则扩展卡的接头可能会因与空气接触而产生氧化。在这种情况下，需要拆卸扩展卡，使用软橡皮轻轻擦拭接头部位，去除氧化物。在擦拭时要特别小心，以免损坏接头部位，如图 7-4 所示。

图 7-3　清理主板　　　　　　　　　　图 7-4　清除氧化部分

(3) 确保扩展卡完全插入：只有将扩展卡完全插入正确的插槽中，才能避免接触不良。如果扩展卡固定不牢(如与机箱固定的螺丝松动)，在使用计算机时，碰撞机箱就可能导致扩展卡故障。遇到这种问题，打开机箱重新安装扩展卡通常即可解决。

(4) 插槽松动问题：在使用计算机的过程中，有时主板上的插槽可能出现松动，导致扩展卡接触不良。此时，用户可以将扩展卡更换到其他相同类型的插槽上继续使用。此类情况较为少见，如果问题持续存在，则可以联系经销商进行主板维修。

在主板的硬件维护中，如果每次开机时都发现时间不正确，调整后下次开机又不准确，这通常说明主板的电池快没电了，此时需要更换主板电池。如果不及时更换，电池电量耗尽后，CMOS 信息就会丢失。

更换主板电池的方法相对简单，只需找到电池的位置，然后用一颗新的纽扣电池替换掉原来的电池即可。

4. 维护与保养显示器

液晶显示器(LCD)是一种比较容易损耗的设备，使用时需注意以下几点。

(1) 避免屏幕内部烧坏：如果长时间不使用显示器，务必关闭电源或降低显示器的亮度，以防内部部件烧坏或老化。一旦发生这种损坏，后果将是永久性的，无法挽回。

(2) 注意防潮：当长时间不使用显示器时，可以定期通电工作一段时间，利用显示器产生的热量蒸发机内的潮气。此外，使用时应尽量避免湿气侵入 LCD。若发现有雾气，应先用软布轻轻擦拭干净，再打开显示器电源。

(3) 正确清洁显示器屏幕：如发现显示屏表面有污迹，可将清洁液(或清水)喷洒在屏幕上，然后用软布轻轻擦去。

(4) 避免冲击屏幕：LCD 屏幕非常脆弱，应避免强烈的冲击和振动。同时，注意不要在 LCD 显示器表面施加压力。

(5) 切勿拆卸：一般用户应尽量避免拆卸 LCD。即使显示器关闭了很长时间，背光组件中的 CFL 换流器仍可能携带约 1000V 的高压，这可能导致严重的人身伤害。

5. 维护与保养鼠标和键盘

鼠标的维护是计算机外部设备保养中最为常见的一项工作。在使用光电鼠标时，特别需要注意保持感光板的清洁，避免污垢附着在发光二极管或光敏三极管上，以免阻挡光线的接收，如图 7-5 所示。此外，无论在什么情况下，都应避免对 PS/2 接口的鼠标进行热插拔，因为这样容易损坏鼠标或接口。

鼠标灵活操作的一个重要条件是其具有一定的悬垂度。经过长期使用，鼠标底座四角的小垫层可能会磨耗，从而导致悬垂度下降，影响鼠标的灵活性。此时，可以通过在鼠标底座四角适当垫高来解决这一问题，如图 7-6 所示。可使用办公常用的透明胶带等材料进行垫高，如果一层不够，那么可以垫两层或更多，直到鼠标的灵活性完全恢复为止。

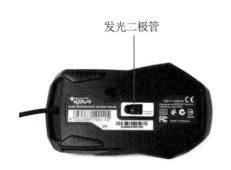

图 7-5　鼠标的发光二极管　　　　　　　　图 7-6　鼠标的垫脚

键盘是计算机最基本的部件之一，因此使用频率较高。按键时用力过大、金属物品掉入键盘，以及茶水等液体溅入键盘，都会导致键盘内部微型开关的弹片变形或被灰尘和油污锈蚀，从而出现按键不灵的现象。键盘的日常维护主要可以从以下几个方面进行。

(1) 电容式键盘维护：由于电容式键盘的特殊结构，可能会出现计算机开机时自检正常，但纵向和横向多个键同时失效，或局部多键失灵的故障。此时，应拆开键盘外壳，仔细检查失灵按键是否位于同一行或列的电路上。如果是，且印制线路没有断裂问题，则可能是连接的金属线接触不良。此时需拆开键盘内部的电路板及薄膜基片，清洁两者连接的金属印制线路，再将两者对齐并装好压条，确保压紧即可。

(2) 更换键盘：键盘受系统软件支持与管理，不同机型的键盘不可随意更换。在更换键盘时，务必切断计算机电源，并将键盘背面的选择开关调整到当前计算机的相应位置。

（3）定期清洁：键盘内部积尘过多可能妨碍电路正常工作，甚至引发误操作。键盘的维护主要在于定期清洁表面污垢。一般清洁可用柔软且干净的湿布擦拭，针对顽固污垢可先用中性清洁剂清除，再用湿布擦洗，如图7-7所示。

（4）机械式键盘维护：机械式键盘按键失灵通常是由于金属触点接触不良或弹簧弹性减弱造成的重复按键。应重点检查和维护键盘的金属触点及内部触点弹簧，如图7-8所示。

图7-7　清洗键盘　　　　　　　　　　　　　图7-8　键盘的触点

（5）防水措施：大多数键盘没有防水装置，液体一旦渗入，就可能导致接触不良、腐蚀电路或短路等故障。当大量液体进入键盘时，应立即关机、拔下键盘接口，打开键盘，用干净的吸水软布擦干内部积水，最后在通风处自然晾干。

（6）键盘开机功能：大多数主板都支持键盘开机功能。要正确使用这一功能，在组装计算机时必须选择适当的电源和键盘，其中电源应具备足够的电流输出，以避免潜在的故障。

在清洗键帽下方的灰尘时，不必将键盘完全拆卸。可以使用普通的注射针筒抽取无水酒精，直接对准有污垢的键位缝隙进行注射，同时不断按动该键，以增强清洗效果。

6. 维护与保养电源

电源是一个容易被忽视但非常重要的设备，它负责为整台计算机提供所需的能量。一旦电源出现问题，整个系统将会瘫痪。因此，电源的日常保养与维护主要集中在除尘上。用户可以使用吹气球等辅助工具，从电源后部的散热口清理内部灰尘。

为了防止突然断电对计算机电源造成损伤，建议为电源配置 UPS(不间断电源)。这样，即使发生断电，UPS 仍能提供电力，确保用户可以正常关闭计算机电源。

7.2.3　维护计算机常用外设

随着计算机技术的不断发展，计算机的外接设备种类也越来越丰富，常用的外接设备包括打印机、扫描仪、U盘及移动硬盘等。下面将介绍如何保养与维护这些计算机外接设备。

1. 维护与保养打印机

在打印机的使用过程中，定期维护可以延长打印机的使用寿命并提高打印质量。

1）针式打印机的维护

对于针式打印机的保养与维护，应注意以下几个方面。

（1）工作环境。打印机应放置在平稳、干净、防潮且无酸碱腐蚀的环境中，同时远离热源和震源，避免阳光直射。

(2) 保持清洁。定期使用小刷子或吸尘器清扫机内的灰尘和纸屑，使用浸泡在稀释过的中性洗涤剂中的软布擦拭打印机机壳，以保持良好的清洁度。

(3) 避免插拔电缆。在加电状态下，不要插拔打印电缆，以免烧坏打印机与主机的接口元件。插拔前务必关闭主机和打印机的电源。

(4) 正确操作面板。应正确使用操作面板上的进纸、退纸、跳行、跳页等按钮，尽量避免手动旋转手柄。

(5) 选择高质量色带。应选用高质量的色带。高质量色带的带基无明显接痕，连接处经过超声波焊接处理，油墨分布均匀，而低质量色带则存在明显的双层接头，油墨质量较差。

(6) 定期检查。定期检查打印机的机械部分是否有螺钉松动或脱落，确保打印机的电源和接口连接线没有接触不良的现象。

(7) 电源接地。电源线应具有良好的接地装置，以防止静电积累和雷击导致打印通信口等部件损坏。

(8) 减少空转。应尽量减少打印机的空转，最好在需要打印时再打开打印机。

目前，最为普遍的打印机类型主要有喷墨打印机和激光打印机。

2) 喷墨打印机的维护

针对喷墨打印机的日常维护，主要包括以下几个方面。

(1) 内部除尘。在对喷墨打印机内部进行除尘时，需注意不要擦拭齿轮，也不要清洁打印头和墨盒附近的区域。一般情况下，不要随意移动打印头，特别是某些打印机的打印头处于机械锁定状态，无法用手移动。强行移动打印头可能会造成打印机机械部件的损坏。同时，避免使用纸制品清洁打印机内部，以免残留纸屑。切忌使用挥发性液体进行清洁，以防损坏打印机表面。

(2) 更换墨盒。在更换墨盒时，需注意不要用手触摸墨水盒的出口，以防杂质混入墨水盒中。

(3) 清洗打印头。大多数喷墨打印机在开机时会自动清洗打印头，并设有专门的按钮用于手动清洗。具体的清洗操作可参照喷墨打印机操作手册中的步骤进行。

3) 激光打印机的维护

激光打印机需要定期进行清洁和维护，尤其是在打印纸上出现残余墨粉时，必须及时清洁打印机内部。如果长期不维护，则打印机内部可能会出现严重污染，如电晕电极吸附残留墨粉、光学部件污损、输纸部件积累纸尘导致运转不畅等。这些污染不仅会影响打印质量，还可能导致打印机故障。以下是激光打印机清洁和维护的方法。

(1) 内部除尘的主要清洁目标包括齿轮、导电端子、扫描器窗口和墨粉传感器等。在进行除尘时，可以使用柔软的干布轻轻擦拭这些部件。

(2) 外部除尘时，可以使用拧干的湿布进行擦拭。如果外表面较脏，可以使用中性清洁剂。但请避免使用挥发性液体以防止损坏打印机表面。

(3) 在清洁感光鼓和墨粉盒时，可以使用油漆刷除尘，但要注意不能使用坚硬的毛刷清扫感光鼓表面，以免损坏其表面膜。

2. 维护与保养移动存储设备

当前，U 盘和移动硬盘是最主要的计算机移动存储设备。掌握这些设备的维护与保养方法，可以提高其使用可靠性，并延长使用寿命。

1）U盘

在日常使用U盘时，用户应注意以下几点。

(1) 不要在指示灯快速闪烁时拔出U盘，此时U盘正在读取或写入数据，中途拔出可能会损坏硬件和数据。

(2) 在备份文档完成后，不要立即关闭相关程序，由于此时U盘的指示灯仍在闪烁，说明程序尚未完全结束。若在此状态下拔出U盘，可能会影响备份效果。建议在文件备份到U盘后，稍等片刻再关闭程序，以防意外。

(3) U盘一般配有写保护开关，应在U盘插入计算机接口之前切换，而不要在U盘工作状态下进行切换。

(4) 如果系统提示"无法停止"，切勿强行拔出U盘，否则可能导致数据丢失。

(5) 请将U盘放在干燥的环境中，不要让U盘接口长时间暴露在空气中，以免金属表面氧化，降低接口敏感性。

(6) 长时间不使用的U盘不要一直插在USB接口上，这不仅会导致接口老化，也会对U盘造成损耗。

(7) U盘的存储原理与硬盘有很大差异，因此应避免对U盘进行碎片整理，以免影响其使用寿命。

U盘中可能会携带病毒，因此在插入计算机时，最好先进行杀毒处理。

2）移动硬盘

移动硬盘与U盘同属于计算机移动存储设备，用户在日常使用移动硬盘时应注意以下几点。

(1) 在移动硬盘工作时，应尽量保持水平放置且无抖动。

(2) 尽量使用主板上自带的USB接口，因为有些机箱前置接口与主板USB接针的连接不良，这是造成USB接口问题的主要因素之一。

(3) 在拔下移动硬盘之前，一定要先停止设备。如果复制完文件后立即拔下USB移动硬盘，很容易导致文件复制错误，在下次使用时会发现文件不完整或损坏。如果遇到无法停止设备的情况，可以先关机再拔下移动硬盘。

(4) 应及时移除移动硬盘。许多用户为了方便，无论是否使用都将移动硬盘连接到计算机上。一旦计算机感染病毒，病毒可能通过USB端口感染移动硬盘，从而影响其稳定性。

(5) 使用移动硬盘时，应移除皮套或其他可能影响散热的外皮。

(6) 平时存放移动硬盘时，应注意防水、防潮、防磁和防摔。

(7) 应定期使用磁盘碎片整理工具对移动硬盘进行碎片整理。

7.3 维护计算机操作系统

操作系统是计算机运行的软件平台，其稳定性直接影响到计算机的运行。以下是操作系统日常维护的主要内容，包括清理垃圾文件、整理磁盘碎片和启用系统防火墙等。

7.3.1　清理磁盘空间

　　系统在使用过一段时间后，会产生一些垃圾冗余文件，这些文件会影响到计算机的性能。此时，用户可以在 Windows 10 操作系统中设置"存储感知"功能，定期自动清理磁盘空间。

　　(1) 按下 Win+I 快捷键打开"Windows 设置"窗口，选择"系统"选项，如图 7-9 所示。

　　(2) 在打开的界面中选择"存储"选项，激活"开"选项，并选择"配置存储感知或立即运行"选项，如图 7-10 所示。

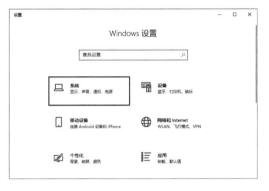

　　　　图 7-9　"Windows 设置"窗口　　　　　　　　图 7-10　启用存储感知

　　(3) 在"配置存储感知或立即运行"窗口中配置系统清理选项后，单击"立即清理"按钮，如图 7-11 所示。

图 7-11　配置存储感知

7.3.2　整理磁盘碎片

　　在使用计算机进行创建、删除文件或者安装、卸载软件等操作时，会在硬盘内部产生很多磁盘碎片。碎片的存在会影响系统往硬盘写入或读取数据的速度，而且由于写入和读取数据不在连续的磁道上，加快了磁头和盘片的磨损速度。因此，定期清理磁盘碎片对用户的硬盘保护有很大实际意义。

　　在 Windows 10 操作系统中整理磁盘碎片的具体操作方法如下。

　　(1) 打开资源管理器("此电脑"窗口)，选中一个磁盘分区后，选择"驱动器工具"选项卡，然后选择"优化"选项，如图 7-12 所示。

(2) 打开"优化驱动器"窗口，选择需要整理磁盘碎片的分区后，先单击"分析"按钮，再单击"优化"按钮，如图 7-13 所示。

(3) 稍等片刻，即可完成磁盘碎片整理。

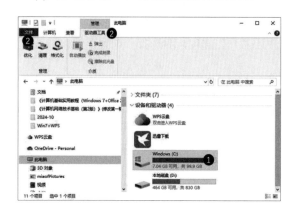

图 7-12　"此电脑"窗口　　　　　　　　图 7-13　"优化驱动器"窗口

7.3.3　重置 Windows 防火墙

尽管 Windows10 防火墙在保护操作系统免受黑客和入侵者的侵扰方面表现出色，但当其设置混乱时，防火墙就可能出现故障。遇到这种情况，用户可以通过重置防火墙来解决问题。

(1) 按下 Ctrl+I 快捷键打开"Windows 设置"窗口，选择"网络和 Internet"｜"状态"｜"Windows 防火墙"选项，如图 7-14 所示，打开"防火墙和网络保护"界面。

(2) 在"防护墙和网络保护"界面中选择"将防火墙还原为默认设置"选项，如图 7-15 所示。

图 7-14　设置 Windows 防火墙　　　　　图 7-15　还原设防火墙默认设置

(3) 在打开的"还原默认值"对话框中单击"还原默认值"按钮，然后在弹出的提示对话框中单击"是"按钮即可。

7.4　计算机病毒预防与查杀

对计算机的日常维护操作可以分为内外两个方面，对内就是养成良好的计算机使用习惯，掌握维护计算机硬件与系统的各类方法；对外则是保护计算机安全，阻止病毒、木马及强制广告等不良程序对计算机的入侵。

7.4.1　使用瑞星杀毒软件

瑞星杀毒软件是一款著名的国产杀毒软件，是专门针对目前流行的网络病毒研制开发的产品。它采用多项最新技术，能够有效地提升对未知病毒、变种病毒、黑客木马、恶意网页等新型病毒的查杀能力，是保护计算机系统安全的常用工具软件。

1. 手动查杀计算机病毒

瑞星杀毒软件综合了大多数用户的使用情况，预先在软件配置上进行了合理的默认设置。用户在一般情况下只需要在启动瑞星杀毒软件后，使用该软件主界面上的预设功能即可手动进行病毒查杀。

使用瑞星杀毒软件的"杀毒"功能，手动设置查杀计算机病毒的具体操作方法如下。

(1) 启动瑞星杀毒软件，在软件的主界面中有"快速查杀""全盘查杀""自定义查杀"三个选项。单击"快速查杀"按钮，软件会立即对系统内存、系统文件夹、开始菜单启动文件夹等重要且病毒容易潜伏于其中的地方进行扫描和杀毒。单击"全盘查杀"按钮，软件会对全部硬盘及内存进行扫描和杀毒。单击"自定义查杀"按钮，可对指定的位置进行扫描和杀毒，如图 7-16 所示。

(2) 单击"自定义查杀"按钮，打开"选择查杀目标"对话框，然后选中要查杀的目标选项，本例选择 E 盘和引导区，如图 7-17 所示。

(3) 单击"确定"按钮，即可对设定的目标区域进行病毒的扫描和查杀。在查杀病毒的过程中，用户可随时单击"暂停查杀"按钮 或"停止查杀"按钮 来中止病毒的查杀操作。病毒扫描和查杀完成后，将显示扫描结果。如果发现了病毒，用户只需按照软件的提示将病毒删除即可。

图 7-16　瑞星杀毒软件主界面

图 7-17　选择查杀目标

2. 自动检测计算机病毒

在瑞星杀毒软件中设置自动杀毒任务，可以指定瑞星定期自动查杀计算机中可能存在的病毒，从而免除用户在平时维护计算机安全时需要频繁手动杀毒的麻烦。

设置瑞星杀毒软件在每天中午的 12:30 执行全盘病毒扫描操作的具体操作步骤如下。

（1）启动瑞星杀毒软件，单击其主界面中的"设置"按钮，打开"瑞星杀毒软件设置"界面。

（2）在左侧列表中展开"查杀设置"|"全盘查杀"选项，然后在右侧单击文本"制定扫描计划"后方的"无扫描计划"链接，如图 7-18 所示，打开"修改任务"对话框。

（3）选中"定时扫描"复选框，在"类型"下拉列表框中选择"按天"选项，选中"每"前方的单选按钮，在其后的微调框中设置数值为"1"，然后在"开始时间"微调框中设置时间为"12:30:00"，如图 7-19 所示。

图 7-18　修改扫描任务

图 7-19　设置定时扫描

（4）单击"确定"按钮，返回"瑞星杀毒软件设置"界面，此时可以看到"制定扫描计划"后方的"无扫描计划"链接已变为"定时扫描"。单击此链接可打开"修改任务"对话框，修改计划任务。

（5）单击"确定"按钮，关闭"瑞星杀毒软件设置"界面，完成对计划任务的设置。此后，在每天的 12:30，瑞星杀毒软件即会自动对计算机进行全盘扫描和杀毒。

7.4.2　使用 360 安全卫士

用户在上网冲浪时，经常会遭到一些流氓软件和恶意插件的威胁，因此有必要使用一些安全软件。360 安全卫士是目前国内比较受欢迎的一款免费的上网安全软件，它具有木马查杀、恶意软件清理、漏洞补丁修复、计算机全面体检，以及垃圾和痕迹清理等多种功能，是保护用户上网安全的好帮手。

1. 执行计算机体检

在初次启动 360 安全卫士时，软件会自动对系统进行检测，包括系统漏洞、软件漏洞和软件的新版本等内容。检测完成后将显示检测的结果，其中显示了检测到的不安全因素。

用户若想对某个不安全选项进行处理，可单击该选项后面对应的按钮，然后按照提示逐步操作即可。

2. 查杀流行木马

"木马"这个名称来源于古希腊传说，它指的是一段特定的程序(即木马程序)，控制者可以使用该程序来控制另一台计算机，从而窃取被控制计算机的重要数据信息。360 安全卫士采用了新的木马查杀引擎，应用了云安全技术，能够更有效地查杀木马。

使用 360 安全卫士的"木马查杀"功能查杀木马程序的具体操作方法如下。

(1) 启动 360 安全卫士，在其主界面中单击"木马查杀"标签，打开"木马查杀"界面，如图 7-20 所示。

(2) 在打开的界面中单击"全盘扫描"选项，软件开始对系统进行全面的扫描。

(3) 在扫描木马程序的过程中，软件会显示扫描的文件数和检测到的木马。其中，检测到木马的选项将以红色字体显示，如图 7-21 所示。

图 7-20　"木马查杀"界面

图 7-21　显示检测到的木马

(4) 对于扫描到的木马，用户要想删除这些木马，可先将其选中，然后单击"立即处理"按钮，360 安全卫士便会开始删除这些木马程序。删除完成后，按照提示重新启动计算机即可。

7.5　课后习题

一. 选择题

1. 下列叙述中，正确的是(　　)。

　A. 所有计算机病毒只在可执行文件中传染

　B. 计算机病毒可通过读写移动存储设备或 Internet 网络传播

　C. 只要将带病毒的 U 盘设置为只读状态，那么此盘上的病毒就不会因读盘而传染给另一台计算机

　D. 计算机病毒是由于光盘表面不清洁造成的

2. 随着 Internet 的发展，越来越多的计算机感染病毒的可能途径之一是(　　)。

　A. 从键盘上输入数据　　　　　　　　B. 通过电源线

　C. 所使用的光盘表面不清洁　　　　　D. 附着在电子邮件中

3. 下列叙述中，正确的是(　　)。

　A. Word 文档不会携带计算机病毒

B. 计算机病毒具有自我复制的能力，能迅速扩散到其他程序

C. 清除计算机病毒的最简单办法是删除所有感染了病毒的文件

D. 计算机杀毒软件可以查出和清除任何已知或未知的计算机病毒

4. 计算机病毒破坏的主要对象是(　　)。

　　A. 磁盘盘片　　　　　　　　　　B. 磁盘驱动器

　　C. CPU　　　　　　　　　　　　D. 程序和数据

5. 感染计算机病毒的原因之一是(　　)。

　　A. 不正常关机　　　　　　　　　B. 光盘表面不清洁

　　C. 错误操作　　　　　　　　　　D. 从网上下载来历不明的文件

6. 从本质上讲，计算机病毒是一种(　　)。

　　A. 细菌　　　　　　　　　　　　B. 文本

　　C. 程序　　　　　　　　　　　　D. 微生物

二、操作题

1. 在 Windows 10 中开启防火墙和自动更新。

2. 练习备份和还原 Windows 系统。

3. 使用 360 安全卫士进行系统漏洞修复的操作。

4. 使用 U 盘、移动硬盘或光盘等外部存储设备备份计算机中的重要资料。

第 8 章
计算机前沿新技术

☑ **学习目标**

近些年来，计算机行业的新技术层出不穷，新概念也不断涌现。各类专业名词不断出现以及新产品的发布让人应接不暇。从技术上来说，模式识别、传感器网络、神经网络、复杂网络、5G、物联网、云计算、大数据、人工智能、虚拟现实、增强现实等一系列名词的不断涌现，让很多人难以把握未来科技的发展方向。

本章将从众多计算机领域新技术中，有针对性地介绍高性能计算、人工智能、大数据与云计算等常见的技术，通过介绍其概念、发展、特点和应用，帮助用户对计算机行业的新技术有一个初步、简要的理解。

☑ **学习任务**

任务一：了解高性能计算
任务二：认识人工智能并学会使用 ChatGPT
任务三：了解大数据与云计算

8.1 高性能计算

高性能计算(High Performance Computing，简称HPC)是指利用集中起来的计算能力来处理常规工作站无法完成的数据密集型计算任务。HPC 被广泛应用于科学与工程的各个领域，具体包括：

> 制造业数字建模：计算机辅助工程(CAE)和计算流体动力学(CFD)常用于新产品设计与测试，以及旧产品的维护检测。例如，在汽车行业，HPC 系统帮助制造商模拟机舱气流、发动机油动力学及汽车周围的空气流动，从而提高燃油效率。

> 生命科学模拟：分子动力学和基因组模拟是生命科学领域的常规工作负载，它们模拟分析原子和分子的物理运动，并广泛应用于药物发现等领域。

> 天气、气候建模与大气研究：HPC 系统每天用于模拟近期天气事件或长期气候预测。更高分辨率的网格和更复杂的物理模型可以提供更准确的逐日甚至逐小时天气预报，长程气候建模同样受益于强大的计算能力。

> 电子设计自动化：电子设计自动化应用需要计算集群、协调工作分配的进程调度器，以及高性能共享文件系统来支持高效运行。

> ➢ 工程模拟与建模：在工程领域内，储层模拟利用 HPC 系统的计算模型来预测流体(如石油、水和天然气)在多孔介质中的流动情况。

8.1.1 高性能计算的意义

高性能计算在核模拟、密码破译、气候模拟、宇宙探索、基因研究、灾害预警、工业设计、新药研发、材料研究和动漫渲染等众多领域均有广泛应用，对国防、国民经济建设和民生福祉发挥着不可替代的重要作用。因此，发展高性能计算旨在充分挖掘和释放这些潜力。

此外，高性能计算也是中美两国博弈的重要领域。每一次较量的胜利都能极大激励国人，增强民族自豪感和凝聚力。因此，发展高性能计算具有深远的意义。

8.1.2 高性能计算的工作原理

在高性能计算领域，信息处理方式主要分为串行处理和并行处理两种。

(1) 串行处理主要由中央处理器(CPU)负责执行。每个 CPU 核心通常一次只能处理单个任务。CPU 对于运行操作系统和基础应用程序(如文字处理和办公工具等)至关重要，如图 8-1 所示。

(2) 并行处理可以利用多个 CPU 或图形处理器(GPU)来完成。GPU 最初是专门为图形处理而设计的，它能够在数据矩阵(如屏幕像素)中同时执行多种算术运算。GPU 具备在多个数据平面上同时工作的能力，这使得它非常适合在机器学习(ML)等应用中进行并行处理，如识别视频中的物体等任务，如图 8-2 所示。

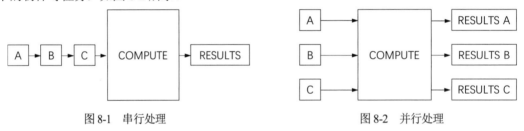

图 8-1　串行处理　　　　　　　　　　　图 8-2　并行处理

要突破超级计算的发展极限，需要采用不同的系统架构。大多数高性能计算系统通过超高带宽将多个处理器和内存模块互连和聚合，从而实现并行处理。其中，有些高性能计算系统结合了 CPU 和 GPU，称为异构计算。

计算机计算能力的度量单位为 FLOPS(每秒浮点运算次数)。截至 2019 年初，现有的高端超级计算机可以执行 143.5 千万亿次 FLOPS(143×10^{15})。这类超级计算机被称为"千万亿次级"，能够执行超过千万亿次 FLOPS。相比之下，高端游戏台式机的计算速度要慢上 1 000 000 倍以上，只能执行约 200 千兆次 FLOPS(1×10^{9})。随着超级计算在处理和吞吐量方面的不断突破，下一个重大级别——百亿亿次级超级计算将很快实现，其计算速度将约为千万亿次级的 1000 倍。这意味着百亿亿次级超级计算机每秒能够执行 10^{18} 次运算(即 10 亿×10 亿次)。

FLOPS 是对理论处理速度的描述，而实现该速度需要连续向处理器传输数据。因此，系统设计必须考虑数据吞吐量。系统内存和处理节点之间的互连会影响数据传输到处理器的速度。

为了实现百亿亿次级 FLOPS 超级计算机的处理性能，约需要 500 万个台式计算机(假定每个台式计算机具备 200 千兆次 FLOPS 的能力)。

8.2 人工智能

人工智能(Artificial Intelligence, AI)是计算机科学的一个重要分支。人们对人工智能的理解各有不同：一些人将其视为通过非生物系统实现的任何智能形式的同义词，他们认为智能行为的实现方式与人类智能的机制是否相同并不重要；而另一些人则主张，人工智能系统必须能够模仿人类的智能。

8.2.1 人工智能的定义

人工智能致力于构建能够在无须人为干预的情况下完成复杂任务的自主机器。实现这一目标需要机器具备感知和推理的能力。虽然这两种能力对于人类而言是常识性行为且与生俱来，但对于机器而言仍然面临诸多挑战。因此，人工智能领域的研究始终充满困难和挑战。

1. 什么是"人工"

在日常生活中，"人工"一词通常指的是合成的(即人造的)物体。人造物品在某些方面往往优于自然物品，但在其他方面可能存在缺陷。例如，人造花是用丝和线制作的类似花朵的物体，它不需要阳光或水分作为养分，却能够为家庭或办公空间提供实用的装饰功能。尽管人造花在质感和香气上不如真实花朵，但它的外观与自然花朵极为相似。再如，蜡烛和电灯等人造光源虽然不及阳光强烈，但却成为我们随时可以获得的光源。因此，在某种程度上，人造光比自然光更具优势。

进一步考虑，人造交通工具(如汽车、飞机等)在速度和耐久性方面相较于跑步或步行等自然交通方式具有显著优势。然而，人造交通工具也存在一些缺点，如汽车会排放尾气，损害地球的大气环境，而飞机则可能产生噪声，对我们的生活环境造成噪声污染。

与人造花、人造光和人造交通工具类似，人工智能同样是人造的，而非自然产生的。要全面了解人工智能的优缺点，我们首先需要理解和定义什么是智能。

2. 什么是"智能"

智能的定义可能比"人工"的定义更加复杂。著名心理学家罗伯特·斯滕伯格(Robert J. Sternberg)对人类意识中的"智能"主题提供了以下定义：智能是个人从经验中学习、理性思考、记忆重要信息，以及应对日常生活需求的认知能力。

例如，给定以下数列：1、3、6、10、15、21，要求提供下一个数字。也许有人会注意到连续数字之间的差值逐渐增加，即从 1 到 3 的差值为 2，从 3 到 6 的差值为 3，从 6 到 10 的差值为 4，以此类推。因此，这个问题的正确答案是 28。该问题旨在衡量我们识别模式中突出特征的能力，人们通常能够通过经验发现这些模式。

在明确了智能的定义之后，我们可能会产生以下几个疑问。

➢ 如何判断一个人或事物是否具备智能？

➢ 动物是否具备智能？

➢ 如果动物确实具备智能，如何评估它们的智能水平？

大多数人可以很容易地回答第一个问题。我们通过与他人的交流观察他们的反应，并在日常生活中多次重复这一过程，以此来判断他们的智力。虽然我们无法直接进入他们的意识，但问答这种间接方式可以为我们提供对大脑内部活动的准确评估。

如果延续这种问答形式来评估智力，同样可以用类似的方法来判断动物的智力。例如，宠物狗似乎能够记住几个月未见的人，并能够在迷路后找到回家的路；小猫在听到开罐头的声音时常常表现得异常兴奋，这是简单的巴甫洛夫条件反射，还是小猫有意识地将开罐头的声音与晚餐的快乐联系起来？

此外，有些生物仅能体现出群体智能。例如，蚂蚁是一种相对简单的昆虫，单独一只蚂蚁的行为很难被视为智力的体现。然而，蚁群在应对复杂问题时展现出了卓越的解决能力，如找到从巢穴到食物源的最佳路径、携带重物及组成桥梁。这种集体智慧源于个体之间的有效沟通。

脑容量及其与身体质量的比例通常被视为动物智能的指标。海豚在这两个方面与人类相当，且其呼吸是自主控制的，这不仅反映了海豚较大的脑容量，还揭示了一个有趣的现象，即海豚的两个半脑交替休眠。在自我意识的体现方面，海豚在镜子测试中得分很高，它们能够认出镜子中的影像实际上是自己。海洋公园的游客常常可以看到海豚表演复杂的把戏，这表明它们具备记住序列和执行复杂身体动作的能力。使用工具是智能的一种表现，而这一特质常用来区分现代人类与其祖先的不同。海豚和人类都具备这种能力；例如，在觅食时，海豚会利用深海海绵(一种多细胞动物)来保护它们的嘴。

由此可见，智能并非人类独有的特性，从某种程度上来说，地球上的许多生命形式同样具备智能。

基于以上结论，我们可以进一步思考以下问题。

➤ 生命是否是具备智能的必要前提？

➤ 无生命体(如计算机)是否可能具备智能？

人工智能所追求的目标是创建可以与人类思维相媲美的计算机软件和硬件系统，即展现出与人类智能相关的特征。在这个背景下，一个关键的问题是："机器能思考吗？人类、动物或机器是否拥有智能？"在探讨这个问题时，强调思考与智能之间的区别是很重要的。思考是推理、分析、评估，以及形成思想和概念的工具，并不是所有能够思考的实体都具备智能。智能或许可以被视为高效且有效的思维能力。

一些人对这一问题持有偏见，他们认为"计算机由硅和电源构成，因此无法思考"，而另一些人则走向另外一个极端，认为"计算机的计算能力超过人类，因此其智商也高于人类。"然而，真相很可能在这两者之间。

正如我们上面所讨论的，不同动物物种可能具有不同程度的智能，如蚂蚁和海豚。在人工智能领域，所开发的软件和硬件系统同样展现出不同程度的智能。人工智能是一门科学，旨在使机器能够完成需要人类智能才能执行的任务。

扩展阅读 8-1

图灵测试

8.2.2　人工智能的发展

今天，人工智能已成为政界、学界、研究界、投资界，以及产业界等各界广泛关注的热门话题，其重要性堪比前三次工业和科技革命，深刻影响着人类社会。接下来，我们将回顾人工智能的发展历程。

1. 人工智能的起源

1950 年，一位名叫马文·明斯基(Marvin Minsky，被誉为"人工智能之父")的大四学生与他的同学邓恩·埃德蒙共同建造了世界上第一台神经网络计算机，这被视为人工智能的起点。同年，"计算机之父"艾伦·图灵提出了一个设想：如果一台机器能够与人类进行对话而无法被辨识为机器，那么这台机器便具备智能。

1956 年，计算机科学家约翰·麦卡锡首次提出了"人工智能"一词，这被认为是人工智能正式诞生的标志。麦卡锡与明斯基共同创建了世界上第一个人工智能实验室——麻省理工学院人工智能实验室(MIT AI Lab)，如图 8-3 所示。

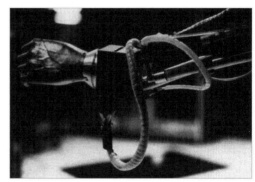

图 8-3　世界上第一个人工智能实验室

2. 人工智能的第一次高峰

20 世纪 50 年代，人工智能迎来了发展高峰。计算机被广泛应用于数学和自然语言处理领域，这使得许多学者对机器发展成具有人类智能的系统充满了希望。

3. 人工智能的第一次低谷

20 世纪 70 年代，人工智能进入了一个低谷期。科研人员低估了人工智能的实际难度，美国国防高级研究计划署的合作计划也因此失败，许多人对人工智能的前景感到失望。在这一时期，人工智能面临的主要技术瓶颈包括计算机性能不足、处理复杂问题的能力有限，以及数据量的严重缺乏。

4. 人工智能的重新崛起

20 世纪 80 年代，卡内基梅隆大学为数字设备公司设计了一套名为 XCON 的"专家系统"，这是一种具有完整专业知识和经验的计算机智能系统。在 1986 年之前，它每年为公司节省了超过 4000 万美元的费用。

5. 处在两个高峰之间的人工智能

1987 年，苹果公司和 IBM 公司生产的台式机性能超过了由 Symbolics 等厂商制造的通用计算机，从此专家系统的光辉逐渐黯淡。直到 20 世纪 80 年代末，美国国防高级研究项目局高层认为，人工智能并不是"下一个浪潮"。

6. 人工智能的今天

随着科学技术不断突破各类障碍，自 20 世纪 90 年代后期以来，人工智能取得了辉煌的成果。例如，在 1997 年，IBM 的超级计算机"深蓝"战胜了国际象棋世界冠军卡斯帕罗夫，证明了人工智能在某些情况下的表现可与人脑相媲美；2009 年，瑞士洛桑理工学院发起的蓝脑计划成功生成并模拟了部分鼠脑，其目标是制造出科学史上第一台能够"思考"的机器，可能具备感觉、痛苦、愿望甚至恐惧感；2016 年，谷歌的 AlphaGo 利用"深度学习"技术战胜了韩国棋手李世石，成为第一个击败人类职业围棋选手并战胜围棋世界冠军的人工智能程序。

人工智能的发展历程昭示着其潜力，如图 8-4 所示。在可预见的未来，人工智能将成为我们的朋友、伙伴，甚至亲人。

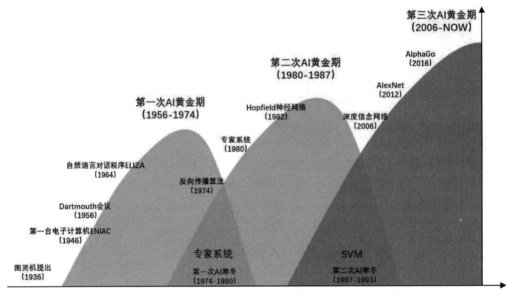

图 8-4 人工智能的历史发展

扩展阅读 8-2

达特茅斯会议

8.2.3 人工智能的应用

国际人工智能联合会议(IJCAI)程序委员会将人工智能领域划分为多个子领域，包括约束满足问题、知识表示与推理、学习、多 Agent 系统、自然语言处理、规划与调度、机器人学、搜索、不确定性问题，以及网络与数据挖掘等。此外，会议建议的小型研讨会主题还涵盖了环境智能、非单调推理、用于合作性知识获取的语义网、音乐人工智能、认知系统中的注意问题、人机协作的人工智能、多机器人系统、信息与通信技术(ICT)应用中的人工智能、神经-符号学习与推理，以及多模态信息检索等。

在过去几十年中，人们已经开发了一些具有人工智能能力的计算机系统。这些系统能够解决微分方程、下棋、设计和分析集成电路、生成自然语言、检索信息、诊断疾病，并控制航天器、地面移动机器人和水下机器人的运作，展现出不同程度的人工智能。

对人工智能研究和应用的讨论旨在将各个子领域直接联系起来，辨别某些智能行为的相关维度，并指出人工智能研究与应用的现状。本节将讨论的各种智能特性之间也存在相互关联，分开介绍只是为了更清晰地阐明现有人工智能程序的能力与局限。大多数人工智能研究课题都涉及多个智能领域。接下来，我们将从智能感知、智能推理和智能学习 3 个方面进行概述。

1. 智能感知

1) 模式识别

模式识别是指对表征事物或现象的各种形式的信息(包括数值、文字和逻辑关系)进行处理和分析的过程，目的是描述、辨认、分类和解释事物或现象。人们在观察事物或现象时，常常需要寻找其与其他事物或现象之间的异同，并根据特定目的将具有相似性但又不完全相同的事物或现象归为一类。例如，字符识别就是一个典型的模式识别应用，这种思维能力让人脑能够形成"模式"的概念。

模式识别的研究主要集中在两个方面：一是研究生物体如何感知对象，二是在特定任务下，如何用计算机实现模式识别的理论与方法。常见的模式识别方法包括感知机、统计决策方法、基本基元关系的句法识别方法和人工神经网络方法。

一个计算机模式识别系统通常由数据采集、数据处理和分类决策或模型匹配三个部分组成。任何一种模式识别方法首先需要通过各种传感器将被研究对象的物理变量转换为计算机可接受的数值或符号集合。为了从这些数值或符号中提取有效的识别信息，必须进行处理，包括消除噪声、排除不相关信号，以及计算与对象性质和识别方法密切相关的特征，并进行必要的变换。接着，通过特征选择和提取或基元选择形成模式的特征空间，后续的模式分类或模型匹配则基于这一特征空间进行。系统的输出可能是对象所属的类型，或者是模型数据库中与对象最相似模型的编号。

试验表明，人类获取外界信息的80%以上来自视觉，约10%来自听觉。因此，早期的模式识别研究主要集中在文字和二维图像的识别方面，并取得了显著成果。自20世纪60年代中期以来，机器视觉方面的研究逐渐转向更复杂的课题——对三维景物的解释和描述。1965 年，Robest 在其论文中奠定了分析由棱柱体组成景物的基础，这标志着用计算机将三维图像解释为三维景物的第一步，这一概念被称为"积木世界"。随后，研究逐渐拓展至识别更复杂的场景、在复杂环境中搜索目标，以及室外景物分析等领域。目前，活动目标的识别和分析成为研究热点，这也是景物分析实用化研究的重要标志。

语音识别技术的研究始于20世纪50年代初。1952 年，美国贝尔实验室的 Davis 等人成功进行了0～9数字的语音识别实验。由于当时技术的局限，后续研究进展缓慢，直到1962 年，日本成功研制出第一个连续多位数字语音识别装置。1969 年，日本的科学家提出了线性预测方法，为语音识别和合成技术的发展提供了重要推动力。自 20 世纪 70 年代以来，各种语音识别设备相继问世，其中性能优良的单词识别系统已经进入实用阶段，神经网络技术在语音识别中也取得了显著成果。

在模式识别领域，神经网络方法已经成功应用于手写字符识别、汽车牌照识别、指纹识别和语音识别等方面。此外，模式识别技术在天气预报、卫星航空图像解析、工业产品检测、字符识别及医学图像分析等众多领域也取得了广泛应用。

2) 计算机视觉

计算机视觉旨在通过计算机处理一幅或多幅描述景物的图像数据，以实现类似于人类视觉的感知功能。

一些学者认为，图像获取、表示、处理和分析等过程也应纳入计算机视觉的范畴，这样可以将整个计算机视觉系统构建成一个能够"看"的机器。这种机器能够从周围景物中提取各种信息，包括物体的形状、类别、位置和物理特性，并对物体进行识别、理解和定位，进而做出相应的决策。

在成像过程中，景物通过透视投影形成光学图像，经过取样和量化后得到由各像元的灰度值组成的二维数组，即数字图像，这是计算机视觉研究中最常用的图像类型。此外，还包括由激光或超声测距装置获取的距离图像，它直接表示物体表面一组离散点的深度信息。近年来，利用多种传感器实现数据融合已成为获取视觉信息的重要方法。

计算机视觉的基本方法有以下几种。

(1) 获取灰度图像。

(2) 从图像中提取边缘、周长和惯性矩等特征。

(3) 从描述已知物体的特征库中选择与提取特征最匹配的相应结果。

整个感知问题的关键在于形成一个精炼的表示，以替代难以处理的庞大且未经加工的输入数据。最终表示的性质和质量取决于感知系统的目标。不同的系统有不同的目标，但所有系统都必须将来自输入的庞大感知数据简化为一种易于处理且具有意义的描述。

3) 自然语言处理

自然语言处理是利用计算机对人类书面和口头形式的自然语言信息进行处理和加工的技术，涉及语言学、数学和计算机科学等多个学科领域。

自然语言处理的主要任务是建立各种自然语言处理系统，具体包括文字自动识别系统、语音自动识别系统、语音自动合成系统、电子词典、机器翻译系统、自然语言人机接口系统、自然语言辅助教学系统、自然语言信息检索系统、自动文摘系统、自动索引系统和自动校对系统等。

自然语言与人工语言在以下 4 个方面存在显著差异。

(1) 自然语言充满歧义。

(2) 自然语言的结构复杂多样。

(3) 自然语言的语义表达变化多端，目前尚无一种简单而通用的方法来描述。

(4) 自然语言的结构与语义之间存在错综复杂的联系。

自然语言处理的研究主要集中在两个主流方向：一是面向机器翻译的自然语言处理，二是面向人机接口的自然语言处理。

20 世纪 90 年代，随着自然语言处理的进展，研究者开始将大规模真实文本的处理作为未来的战略目标。在这一过程中，词汇处理经历了重组，引入了语料库方法。其中，包括统计方法、基于实例的方法，以及通过语料加工将语料库转化为语言知识库的方法等。

2. 智能推理

1) 智能推理概述

对推理的研究通常与逻辑的研究密切相关。逻辑是人类思维的规律，也是推理的理论基础。机器推理或人工智能领域使用的逻辑主要包括经典逻辑中的谓词逻辑，以及由其扩展和发展而来的各种逻辑，这些逻辑通常被称为非经典逻辑或非标准逻辑。

经典逻辑中的谓词逻辑实际上是一种表达能力极强的形式语言。使用这种语言，不仅可以通过符号演算的方法进行推理，还可以使计算机通过符号推演的方法进行推理。特别是利用一阶谓词逻辑，计算机能够进行类似人类的"自然演绎"推理，同时还可以实现不同于人类的"归结反演"推理。后者是机器推理或自动推理的主要方法，属于一种完全机械化的推理过程。

基于一阶谓词逻辑，人们还开发了人工智能程序设计语言 Prolog。

非标准逻辑是指除了经典逻辑之外的各种逻辑，如多值逻辑、模糊逻辑、模态逻辑、时态逻辑、动态逻辑和非单调逻辑。这些非标准逻辑的出现旨在弥补经典逻辑的不足。例如，为了解决经典逻辑的"二值性"限制，研究者们发展了多值逻辑和模糊逻辑。实际上，这些非标准逻辑都是对经典逻辑的一种扩展和发展。

非标准逻辑可以分为两种情况。

(1) 对经典逻辑的语义扩展，如多值逻辑和模糊逻辑等。这些逻辑可以看作是与经典逻辑并行的逻辑。它们使用的语言与经典逻辑基本相同，但经典逻辑中的某些定理在这些非标准逻辑中不再成立，并且增加了一些新概念和定理。

(2) 对经典逻辑的语法扩展，如模态逻辑和时态逻辑等。这些逻辑一般承认经典逻辑的定理，但在两个方面进行了补充：一是扩充了经典逻辑的语言，二是补充了经典逻辑的定理。例如，模态逻辑引入了L(表示"……是必然的")和M(表示"……是可能的")两个新算子，从而丰富了经典逻辑的词汇表。

上述逻辑为推理，尤其是机器推理，提供了理论基础，同时也开辟了新的推理技术和方法。随着推理需求的不断增加，一些新的逻辑将会相继出现，而这些新逻辑也将为推理提供新的方法和途径。事实上，推理与逻辑是相辅相成的。一方面，推理为逻辑提出了新的课题；另一方面，逻辑则为推理奠定了基础。

2) 搜索技术

所谓搜索，是指为了达到某一"目标"而持续进行推理的过程。搜索技术则是引导和控制这种推理过程的技术。智能活动的过程可以看作是一个"问题求解"的过程。具体来说，"问题求解"实际上是在显式和隐式的问题空间中进行搜索的过程，即在某一状态图、与或图，或者更一般地说，在某种逻辑网络上进行搜索的过程。例如，解决难题(如旅行商问题)显然是一个搜索过程，而定理证明实际上也是一种搜索过程，它是在定理集合(或空间)上进行的搜索。

搜索技术本质上也是一种规划技术。对于某些问题，其解可以看作是通过搜索获得的"路径"。在人工智能研究的早期阶段，"启发式"搜索算法曾一度成为核心课题。传统的搜索技术主要基于符号推演方法进行。近年来，研究者们开始将神经网络技术应用于问题求解，从而开辟了搜索技术研究的新途径。例如，利用 Hopfield 网络解决 31 个城市的旅行商问题，取得了显著的效果。

3) 问题求解

人工智能的成就之一是开发了高水平的围棋和国际象棋程序。在这些程序中应用的某些技术，如向前看几步，以及将复杂问题分解为较简单的子问题，最终演变为搜索和问题归约等基本人工智能技术。如今的计算机程序能够在锦标赛水平上进行各种棋类游戏，包括方盘棋、十五子棋、国际象棋和围棋，并已取得计算机棋手战胜国际象棋和围棋冠军的佳绩。

另外，一些问题求解程序能够执行各种数学公式运算，其性能达到了相当高的水平，广泛应用于许多科学和工程领域。有些程序甚至具备通过经验改进其性能的能力，还有一些软件能够进行相对复杂的数学公式符号运算。

然而，仍有一些未解决的问题，涉及人类具备但尚无法明确表达的能力，如国际象棋大师们对棋局深刻洞察的能力。另一类未解决的问题涉及问题的基本概念，即在人工智能中被称为问题表示选择。人们常常能够找到一种思考问题的方法，以便使求解变得更加简便，并最终解决该问题。迄今为止，人工智能程序已经掌握了如何对待待解决的问题，即在解空间中进行搜索，以寻找更优的解答。

4) 定理证明

早期的逻辑演绎研究与问题和难题的求解密切相关。已经开发出的程序能够通过操作事实数据库来"证明"断定，其中每个事实由离散的数据结构表示，这与数理逻辑中通过离散公式表示的方式相似。这些方法的一个显著特点是能够完整且一致地进行表示。也就是说，只要原始事实是正确的，程序就能够证明从这些事实推导出的定理，并仅限于证明这些定理。

在数据中寻找臆测定理的证明或反证，确实是一项重要的任务。为此，不仅需要根据假设进行演绎的能力，还需要某些直觉技巧。例如，在证明主要定理的过程中，首先猜测应当证明哪些引理是至关重要的。一位熟练的数学家能够运用他的判断力，精确地推测出在某一学科范围内哪些已证明的定理在当前证明中是有用的，并将主问题拆解为若干子问题，以便独立处理这些子问题。目前，已有若干定理证明程序在一定程度上具备了这种直觉技巧。

5) 专家系统和知识库

专家系统是一个基于特定领域知识来解决待定问题的计算机程序系统，主要用于模拟人类专家的思维活动，通过推理与判断来解决问题。

一个专家系统主要由两个部分组成。

(1) 知识库：包含要处理问题的领域知识的集合。

(2) 推理机：程序模块，包含一般问题求解过程中所需的推理方法和控制策略。

推理是从已有事实推出新事实(或结论)的过程。人类专家在高效解决复杂问题方面，除了依赖大量的专门知识，还表现出优越的知识选择和运用能力。知识的运用方式被称为推理方法，而知识的选择过程则称为控制策略。

优秀的专家系统应能够向用户解释其求解问题的过程，包括推理过程中的结论来源，以及未能达到预期结论的原因。

在专家系统中，知识往往存在不确定性或不精确性，因此系统必须能够利用这些模糊知识进行推理，从而得出有效的结论。专家系统可广泛应用于解释、预测、判断、设计、规划、监督、排错、控制和教学等领域。

专家系统的构建过程一般包括识别、概念化、形式化、实现与验证5个相互依赖且相互重叠的阶段。

知识库类似于数据库，其技术涵盖知识的组织、管理、维护和优化等方面。对知识库的操作依赖于知识库管理系统的支持。知识库与知识表示密切相关，知识表示是知识在计算机中的表示方法和形式，涉及知识的逻辑结构和物理结构。知识表示隐含着知识的应用，它与知识库共同构成了知识运用的基础，并且与知识的获取关系紧密。

关于知识表示与知识库的研究内容，主要包括知识的分类、一般表示模式、不确定性知识的表示、知识分布表示、知识库模型、知识库与数据库的关系，以及知识库管理系统等。

"知识就是智能"，因为智能本质上是发现和运用规律的能力，而规律即是知识。发现知识和有效运用知识自身也需要知识。因此，知识是智能的基础和源泉。

3. 智能学习

1) 智能学习概述

学习是人类智能的主要标志，也是获得知识的基本手段。机器学习(即自动获取新事实及推理算法)是使计算机具备智能的关键途径。学习是一个以特定目的为导向的知识获取过程，其内部表现为新知识结构的不断建立和调整，而外部则体现为性能的提升。一个学习过程本质上是学习系统将导师(或专家)提供的信息转换为系统能够理解和应用的形式的过程。

机器学习研究计算机如何模拟或实现人类的学习行为，以获取新的知识或技能，并重新组织已有知识结构，从而不断提升自身性能。

一般来说，学习单元在环境中获取外部信息，利用这些信息对知识库进行改进，执行单元则利用知识库中的知识来完成任务。任务执行后的信息反馈给学习单元，作为进一步学习的输入。

学习方法通常包括归纳学习、类比学习、分析学习、连接学习和遗传学习。

(1) 归纳学习。从具体实例出发，通过归纳整理获得新的概念或知识。归纳学习的基本操作包括泛化和特化。泛化是指使规则能够适用于更多情境或实例，而特化则是相反的过程，即减少规则的适用范围或实例数量。

(2) 类比学习。以类比推理为基础，通过识别两种情况之间的相似性，借助一种情况中的知识来分析或理解另一种情况。

(3) 分析学习。利用背景或领域知识，分析少量典型实例，通过演绎推导形成新的知识，从而使对领域知识的应用更加有效。分析学习的目的是提高系统的效率与性能，同时不牺牲其准确性和通用性。

(4) 连接学习。在人工神经网络中，通过样本训练来调整神经元之间的连接强度，甚至改变神经网络本身的结构。这种学习方法主要基于样本数据进行学习。

(5) 遗传学习。源于对生物繁殖中遗传变异原则(如交叉、突变等)，以及达尔文的自然选择原则(适者生存)的模拟。一个概念的不同变体或版本对应于一个物种的各个个体，这些变体经过突变和重组后，通过某种目标函数(与自然选择标准相对应)进行评估，以决定哪些个体被淘汰，哪些个体得以存活。

2) 记忆与联想

记忆是智能的基础，无论是脑智能还是群智能，都建立在记忆之上。记忆也是人脑的基本功能之一。在人脑中，记忆常伴随联想，而联想被视为人脑的一个奥秘。

计算机要模拟人脑的思维，必须具备联想功能。实现联想的核心在于建立事物之间的联系。在计算机世界中，这种联系涉及数据、信息或知识之间的关联。建立联系的方法有很多，如使用指针、函数、链表等。我们日常的信息查询往往就是通过这些方式实现的。然而，传统方法实现的联想仅对那些完整且确定的输入信息产生相关的输出信息。这种"联想"与人脑的联想功能有着显著的差距。人脑能够对那些残缺、失真或变形的输入信息快速而准确地产生联想反应。

从机器内部的实现方式来看，传统的信息查询基于传统计算机的按地址存取方式进行。然而，研究表明，人脑的联想功能则是基于神经网络的按内容记忆方式。这意味着，只要与某一内容相关，无论存储的位置如何(与存储地址无关)，该内容都能被唤起。例如，对于"苹果"这一概念，我们通常会联想到其形状、大小和颜色等特征。通过"苹果是圆形的"这一信息，我们可以联想到其颜色和大小，而无须关注其具体的内部特征。

目前，在机器联想功能的研究中，人们利用这种按内容记忆的原理，采用称为"联想存储"的技术来实现联想功能。联想存储的特点如下。

(1) 可以存储许多相关的(激励、响应)模式对。

(2) 通过自组织过程完成这种存储。

(3) 以分布式和稳健的方式(可能具有较高的冗余度)存储信息。

(4) 能根据接收到的相关激励模式生成并输出适当的响应模式。

(5) 即使输入的激励模式失真或不完整，仍然可以生成正确的响应模式。

(6) 还能在原有存储的基础上添加新的存储模式。

3) 神经网络

人工神经网络(也称为神经网络计算或神经计算)指的是一类模仿人类大脑某些工作机制的计算模型。这种计算模型与传统计算机的计算模型截然不同。传统计算模型通常依赖一个(或几个)计算单元(即 CPU)来承担所有计算任务，整个计算过程按时间序列逐步在该计算单元中完成，实质上是串行计算。而神经计算则是利用大量简单的计算单元构成一个大网络，通过大规模的并行计算来完成任务。由于这一思想的创新性，神经网络一开始便受到了广泛关注。

从计算模型的角度来看，神经网络是由大量简单计算单元组成的网络，其计算特性包括鲁棒性、适用性和并行性，这些特性是传统计算所不具备的。

从方法论的角度分析，传统计算依赖自顶向下的分析，首先利用先验知识建立数学、物理或推理模型，在此基础上形成相应的计算模型进行计算。而神经网络计算则是自底向上的，它几乎不依赖先验知识，而是通过学习和训练直接从数据中自动建立计算模型。因此，神经网络展现出强大的灵活性、适应性和学习能力，这是传统计算方法所欠缺的。

4) 深度学习与迁移学习

2006 年，多伦多大学的杰弗里·辛顿(深度学习的创始人)研究组在《科学》杂志上发表了关于深度学习的重要论文。2012 年，他们在计算机视觉领域的知名竞赛 ImageNet 中参赛，凭借深度学习模型以超过第二名 10 个百分点的优势夺冠，引发了广泛关注。2015 年，微软研究院在 ImageNet 竞赛中获胜的模型使用了 152 层的网络。深度学习的成功依赖于大量数据、强大的计算设备及众多工程研究人员的努力三个重要条件。目前，深度学习在图像、语音、视频等多个应用领域都取得了显著进展。

深度学习将继续发展，这一发展不仅包括网络层数的增加，还涉及深度学习的可解释性，以及对其所获得结论的自我因果表达。例如，如何将非结构化数据作为原始输入，训练出一个统计模型，然后将该模型转化为某种知识的表达——这是一种表示学习。这项技术在处理非结构化数据，尤其是自然语言中的知识学习方面具有重要意义。此外，深度学习模型的结构设计也是一个重大挑战，这些结构通常需要由人工设计。如何将逻辑推理与深度学习结合，以提高深度学习的可解释性，仍然是一个亟待研究的问题。例如，建立一个贝叶斯模型要求设计者具备丰富的经验，目前这一过程主要依赖人工设计。如果能够从深度学习的训练过程中衍生出一个贝叶斯模型，那么学习、解释与推理就能够形成统一。

展望未来，将深度学习、强化学习和迁移学习相结合，我们可以实现多个突破——反馈可以延迟，通用模型可以个性化，可以有效解决冷启动问题等。这样一种复合模型被称为深度强化迁移学习模型。

5) 计算智能与进化计算

计算智能(Computing Intelligence)涵盖了神经计算、模糊计算、进化计算等多个研究领域。本书重点介绍进化计算。

进化计算(Evolutionary Computation)是指一种基于达尔文进化论设计、控制和优化人工系统的技术和方法的总称，包括遗传算法(Genetic Algorithm)、进化策略(Evolutionary Strategy)和进化规划(Evolutionary Programming)。尽管它们遵循相同的基本理念，但在具体实现上存在一定差异。此外，进化计算的研究注重学科交叉和广泛的应用背景，因此引入了许多新的方法和特征，以至于彼此间难以简单分类，这些方法统称为进化计算方法。

目前，进化计算已被广泛应用于许多复杂系统的自适应控制和复杂优化问题的研究领域，如并行计算、机器学习、电路设计、神经网络、基于 Agent 的仿真及元胞自动机等。

6) 遗传算法

遗传算法是一种模拟自然界采用"优胜劣汰"法则进行进化过程而设计的算法。1967 年，Bagley 在其博士论文中首次提出了遗传算法的概念。1975 年，Holland 出版专著，为遗传算法奠定了理论基础。

在 20 世纪 80 年代初，Bethke 利用 WALSH 函数和模式变换方法设计了一种有效的确定模式均值的方法，推动了遗传算法的理论研究。1987 年，Holland 进一步推广了 Bethke 的方法。如今，遗传算法不仅提供了清晰的算法描述，还建立了一系列定量分析结果，并在各个领域得到了广泛应用。

遗传算法在众多领域表现出色，如在控制(如煤气管道控制)、规划(如生产任务规划)、设计(如通信网络设计)、组合优化(如旅行商问题、背包问题)，以及图像处理和信号处理等方面，都引起了人们浓厚的兴趣。

7) 数据挖掘与知识发现

知识获取是知识信息处理中的关键问题之一。在 20 世纪 80 年代，人们在知识发现方面取得了一定的进展。通过样本进行归纳学习，或者将其与神经计算结合起来进行知识获取，已经有了一些实验系统。数据挖掘和知识发现在 20 世纪 90 年代初期崛起，成为一个活跃的研究领域。

基于数据库的知识发现系统综合运用统计学、粗糙集、模糊数学、机器学习和专家系统等多种学习手段和方法，从大量数据中提炼出抽象知识，从而揭示蕴含在这些数据背后的客观世界的内在联系和本质规律，实现知识的自动获取。这是一个极具挑战性且具有广阔应用前景的研究课题。

从数据库获取知识，即从数据中挖掘和发现知识，首先需要解决知识表示的问题。最理想的表达方式是自然语言，因为它是人类思维和交流的主要工具。知识表示的根本问题在于如何用自然语言形成概念。相较于数据，概念更为明确、直接且易于理解。自然语言的功能在于利用最基本的概念来描述复杂的思想，并通过各种方法组合这些概念，以表达我们所认知的事件，也就是知识。

机器知识发现始于 1974 年。到 20 世纪 80 年代末，数据挖掘取得了显著突破。美国总统信息技术顾问委员会的报告指出，信息技术领域中创造超过 10 亿美元产值的主要来自关系数据库和并行数据库的数据挖掘技术。

大规模数据库和互联网的快速增长，使人们对数据应用提出了新的要求。仅靠查询检索已无法从数据中提取出有利于用户实现目标的结论性信息。一方面，数据库中蕴含的大量知识未能得到充分挖掘与利用，导致信息浪费并产生大量数据垃圾。另一方面，知识获取仍然是专家系统研究中的一个瓶颈问题。获取领域专家的知识是一个非常复杂的人际交互过程，具有很强的个性和随机性，缺乏统一的方法。因此，人们开始考虑以数据库作为新的知识源。

数据挖掘和知识发现能够自动处理数据库中的大量原始数据，提取出具有必然性和丰富意义的模式，从而帮助人们找到问题的解答。数据库中的知识发现具备以下 4 个特征。

(1) 发现的知识用高级语言表示。

(2) 发现的内容对数据进行精确描述。

(3) 发现的结果(即知识)是用户感兴趣的。

(4) 发现的过程应当高效。

一些比较成功且具有代表性的知识发现系统包括用于超市商品数据分析、解释和报告的 CoverStory 系统；用于概念性数据分析和查询感兴趣关系的集成化系统 EXPLORA；交互式大型数据库分析工具 KDW；用于自动分析大规模天空观测数据的 SKICAT 系统；通用的数据库知识发现系统 KDD 等。

8.2.4　知识表示与推理

1. 知识表示

1) 知识表示概念

知识表示是认知科学与人工智能两个领域的共同挑战。在认知科学中，它涉及人类如何存储和处理信息；而在人工智能领域，其核心目标是为程序提供储存知识的能力，以便它们能够进行处理，从而接近或达到人类的智慧水平。

知识与知识表示是人工智能中的一项关键技术，其重要性不容忽视，直接决定了人工智能如何进行知识学习，可以说是技术架构中最基础的部分。

数据通常指单一的事实，是信息的载体，数据本身在没有特定上下文时价值有限，只有在合适的语境中才能发挥作用。信息由符号(如文字和数字)构成，这些符号被赋予了特定意义，因而具有一定的用途和价值。

经验是在解决实际问题的过程中形成并验证的成功操作程序。知识则是经验的总结与升华，因此知识是经验的高度凝练。知识同样由符号构成，但更进一步，包含了符号之间的关系及处理这些符号的规则或过程。知识在信息的基础上扩展了上下文，赋予了更多深层次的意义，因而更为有用且具有更高的价值。知识并非静止不变，而是随着时间的推移动态更新，新知识可以根据既定规则和已有知识推导生成。

因此，我们可以认为知识是经过精心加工的信息，它包含了事实、信念及启发式规则。关于知识的研究领域被称为认识论，它探讨知识的本质、结构及其起源。

知识建立在数据和信息的基础之上。那么，一个系统需要具备何种知识才能展现出智能呢？一个智能程序需要掌握哪些知识才能高效运行呢？通常而言，至少应包括以下几个方面的知识。

(1) 事实。事实是关于对象和事物的知识。在人工智能中，知识表示需要能够阐明各种对象、对象类型及其性质。事实是静态的、为人们共享的、可公开获取的，并被公认为知识的基本构成，因此在知识库中属于底层知识。

(2) 规则。规则是与事物行为和动作相关的因果关系知识，具有动态特性，常以"如果……那么……"的形式表达。特别是启发式规则，通常由专家提供，这类知识虽没有严格的解释，但非常实用。

(3) 元知识。元知识是关于知识本身的知识，属于知识库中的高层知识。例如，它包括如何使用规则、解释规则、校验规则及解析程序结构等知识。专家可以在多个领域拥有知识，而元知识能够帮助确定哪些知识库是合适的。此外，元知识也可以用于判断某一领域中哪些规则最为适用。

(4) 常识性知识。常识性知识指的是普遍存在并被广泛认知的客观事实，即人们共同拥有的知识。

知识表示的研究旨在探讨如何用机器有效地表示上述各种知识，可以视作将知识符号化并输入计算机的过程和方法。在智能代理的构建中，知识表示发挥着关键作用。正是通过恰当的知识表示方法，智能代理才能展现出智能行为。从某种意义上来看，知识表示可以被视为数据结构及其处理机制的综合体：

知识表示＝数据结构＋处理机制

恰当的数据结构用于存储需要解决的大问题、可能的中间结果、最终解答，以及与问题求解相关的世界描述。存储这些描述的数据结构被称为符号结构(或知识结构)，正是这种符号结构决定了知识的表现形式。然而，仅有符号结构并不足以表现知识的"力量"。为此，还需要提供相应的处理机制来使用这些符号结构。因此，知识表示是数据结构与处理机制的统一体，既考虑知识表示语言，也关注知识的应用。知识表示语言通过符号结构描述获取的领域知识，而知识的使用则是通过应用这些知识来实现智能行为。

2) 知识表示的两种观点

当前，在知识表示领域主要存在两种基本观点：一是陈述性知识表示观点，二是过程性知识表示观点。

(1) 陈述性知识表示法。陈述性知识表示法将知识视为一个静态的事实集合，并配备处理这些事实的通用程序。换句话说，陈述性知识表示法主要用于描述事实性知识，明确阐述涉及的对象是什么。在陈述性知识表示方法中，知识的表示与知识的运用(即推理)是分开处理的。这种表示法适合表达"做什么"，其主要优点如下。

① 形式简单：使用数据结构来表示知识，使得知识清晰明确、易于理解，从而增强了知识的可读性。

② 模块性好：降低了知识之间的联系，便于知识的获取、修改和扩展。

③ 可独立使用：一旦知识被表示出来，它可以用于不同的目的，具有较高的灵活性。

(2) 过程性知识表示法。过程性知识表示法通过使用知识的过程来进行表示。这种表示法主要描述规则和控制结构的知识，提供一些客观规律并指明"怎么做"，通常可以用一段计算机程序来描述。例如，矩阵求逆的程序不仅包含了矩阵的逆的定义，也体现了求解方法的知识。这类知识隐含于程序中，因此机器无法直接从程序编码中提取这些知识。过程性知识表示法一般用于表达"如何做"的知识，其主要优点如下。

① 可被计算机直接执行：处理速度快，效率高。

② 便于表达处理问题的方法：易于描述如何高效地处理问题的启发式知识。

在人工智能程序中，常用的是陈述性知识表示与处理方法，即知识的表示和运用是分离的。陈述性知识在人工智能系统的设计中占据了重要地位，与之相关的各种知识表示研究主要集中于陈述性知识，这主要是因为人工智能系统通常容易进行修改、更新和调整。

然而，采用陈述性知识表示也会带来一些代价，如计算开销的增加和效率的降低。这是因为陈述性知识通常要求应用程序进行解释性执行，显然其效率不及过程性知识。换句话说，陈述性知识是在以牺牲效率为代价的情况下换取灵活性的。

3) 知识表示应用趋势

陈述性知识表示和过程性知识表示在人工智能研究中都占有重要地位，各自具有优缺点。这两种知识表示的应用呈现出以下几点趋势。

(1) 由于高级智能行为(如人类思维)似乎强烈依赖于陈述性知识，人工智能研究应重点关注陈述性的开发。

(2) 过程性知识的陈述化表示。通常，基于知识系统的控制规则和推理机制属于陈述性知识，它们与推理机分离，由推理机进行解释和执行。这种方法有助于增强推理和控制的透明性，从而利于智能系统的维护和演化。

(3) 适当地综合过程性知识和陈述性知识，可以提升智能系统的整体性能。例如，框架系统为这种综合提供了有效的手段，每个框架以陈述的形式表示对象的属性和对象之间的关系，同时通过附加程序等方式来表示过程性知识。

2. 知识推理

所谓知识推理，是指在已有知识的基础上，通过推断来获取未知知识的过程。这一过程始于已有的知识，通过已知的知识来揭示其潜在的新事实，或从大量现有知识中进行归纳，进而将个别知识推广到一般性的知识领域。

从上述概念的描述中，我们可以了解到，知识推理包含两种主要内容：一是用于推理的已知知识，这些是我们已有且信赖的来源；二是通过现有知识推导或归纳出的新知识，这些是我们通过推理过程揭露的未知领域。在形式上，知识可以呈现为一段或多段文字描述，也可能采用传统三段论的形式。以三段论为例，它由大前提、小前提和结论三部分构成，其中大前提和小前提是我们已知的知识支撑，结论则是通过这些已知知识推导出来的新知识。

知识表示的方式多种多样，包括规则推理中的规则形式，以及知识图谱上的三元组形式等。推理的方法则大致可分为逻辑推理和非逻辑推理。逻辑推理在过程的约束和限制上较为严格，而非逻辑推理对这些约束和限制的关注程度则相对较低。进一步细分逻辑推理方法，我们可以将其分为演绎推理和归纳推理。

1) 演绎推理

演绎推理是一种自上而下的逻辑思维方式，它从一般原则推导出个别结论。具体来说，在给定一个或多个前提的条件下，演绎推理能够推断出一个必然成立的结果。以假言命题为例，"如果今天是星期二，那么小王会去实验室"。在这个命题中，"今天是星期二"是前件，而"小王会去实验室"是后件。当我们确认前件"今天是星期二"为真时，可以逻辑地推断出后件"小王会去实验室"也必然为真，这种推理方式被称为肯定前件的假言推理。反之，如果知道"小王不会去实验室"，则可以推理出"今天不是星期二"，这属于否定后件的假言推理。

再举一个复杂的例子："如果小王生病了，那么小王会缺席"，"如果小王缺席，他将错过课堂讨论"。这两个假言命题通过共同的概念"小王缺席"相连接。基于这两个前提，我们可以推导出一个新的假言命题："如果小王生病了，他将错过课堂讨论"。这种推理模式被称为假言三段论，它是演绎推理中的一种重要形式。

演绎推理不仅包含假言推理和假言三段论，其范畴还更为广泛。通过对前件、后件及性质命题的形式化操作，我们可以利用这些假设进行更为复杂的逻辑推理。演绎推理具有悠久的历史，并且可以进一步细分为自然演绎、归结原理和表演算等多种类别。自然演绎主要通过数学逻辑来验证结论的正确性；归结原理则采用反证法，通过证明某命题不成立来推导其反面命题的正确性；而表演算则是通过构建规则森林，利用节点和边表示概念和规则关系，再通过扩展规则来添加新概念和节点，从而进行推理。这种推理方法完全依赖于所构建的规则森林的结构和规则。

2) 归纳推理

归纳推理与演绎推理形成了逻辑推理的两个基本方向，它是一种自下而上的逻辑过程，即从个体案例到普遍原则的推导。例如："观察到的每一个糖尿病人都有高血压症状，由此我们可以推测糖尿病可能普遍导致高血压"。

归纳推理的具体方法包括归纳泛化和统计推理。在归纳泛化中，我们从部分样本的观察中得出结论，并将其普遍应用到全体中。例如："在 20 名学生中，有些是硕士生，有些是博士生。从随机抽取的 4 人样本中发现 3 人是硕士生，1 人是博士生，由此推断在全部 20 名学生中可能有 15 名硕士生和 5 名博士生"。统计推理则是将总体的统计数据应用于个体。例如，如果 15 名硕士生中有 60%申请了博士，那么从这个信息可以推断出，某个特定的硕士生小王申请博士的概率为 60%。

与演绎推理相比，归纳推理在形式化推导上较为宽松，它基于观测数据，但这些数据反映出的结论不一定符合事实。即使用当前数据验证有效的结论，也不能保证它适用于所有情况。而演绎推理的前提和结果均为事实，其在逻辑上是必然成立的。

归纳推理还可以细分为溯因推理和类比推理。溯因推理是基于观察到的事实(O)和已有知识(T)来推断最简单且最可能的解释(E)的过程。例如："已知下雨后马路必然湿，观察到马路湿，可以推断大概率是下过雨了"。类比推理则是通过对比两个事物的共同特征，将已知事物的属性推移到新事物上。例如："小王和小刘是同龄人，都喜欢同一个歌手A，小王还喜欢歌手B，可以推断小刘也可能喜欢歌手B"，但这种推理的错误率相对较高。

归纳推理的过程在于通过归纳总结来揭示事物的普遍性和规律性，尽管它在精确性和证明力上可能不如演绎推理，但在科学发现和知识拓展中具有不可替代的作用。

3) 其他推理分类

除了上述介绍的推理方式，通常还有以下几种推理方法。

(1) 确定性推理与非确定性推理。确定性推理是指所使用的知识是精确的，进而得出的结论也是明确无误的。相对而言，非确定性推理涉及知识的不确定性，这种不确定性又可细分为似然推理和近似推理，其中后者是基于模糊逻辑的推理方式。

(2) 单调推理与非单调推理。根据推理过程中得出的结论是否单调递增，推理可分为单调推理和非单调推理。在单调推理中，随着推理进程的推进及新知识的引入，结论会单调递增并逐渐接近最终目标。演绎推理中的多个命题就是单调推理的一个典型例子。而非单调推理则是指在推理过程中，随着新知识的加入，可能需要否定先前得出的结论，并回退到步骤前的一阶段重新推理。

(3) 启发式推理与非启发式推理。根据是否使用与问题相关的启发性知识，可以将推理方法分为启发式推理和非启发式推理。在启发式推理中，会利用一些启发规则、策略等来指导推理，而非启发式推理则是指在没有特别启发策略的情况下进行的一般推理过程。

通过这些分类，我们可以更好地理解推理方法的多样性及其适用场景。

8.2.5 搜索策略

搜索是人工智能的基本求解技术之一，在人工智能各领域中被广泛应用。早期的人工智能程序与搜索技术联系就相当密切，几乎所有的早期人工智能程序都以搜索为基础。

现在，搜索技术已经渗透在人工智能的各个领域中，如专家系统、自然语言理解、自动程序设计、模式识别、机器人学、信息检索和博弈等领域都广泛使用了搜索技术。搜索技术具有如此广泛的应用领域，原因在于：广义地讲，人工智能的大多数问题都可以转化为搜索问题。

人工智能所研究的对象往往涉及结构不良或非结构化的问题。在这些情况下，通常难以获得问题的全部信息，且缺乏现成的算法来直接解决。因此，需要依赖经验，通过已有知识逐步探索解决方案。这个过程被称为搜索，它根据问题的实际情况，不断寻求可用的知识，构建一条代价最小的推理路线，以便解决问题。

在实际应用中，针对特定问题，智能系统的首要任务是找到一系列能够实现预期目标的动作，并确保这些动作的代价最小且性能最佳。基于所给定的问题，求解的第一步是问题建模。搜索则是为智能系统找出动作序列的过程。搜索算法的输入是问题的实例，输出是以动作序列形式表示的解决方案。一旦确定了解决方案，系统便可以执行该序列所指示的动作。

一般而言，解决一类问题通常包括问题建模、搜索和执行三个阶段。此外，许多实际问题需要在这三个阶段之间进行多次迭代，才能找到有效的解决方案。在搜索阶段，进行有效搜索的前提是问题具有良好的结构。为此，下面将介绍形式化问题模型(Formalized Problem Model)。

适合进行搜索的问题通常由以下几个部分组成。

➢ 初始状态(Initial State)。描述了智能体在问题开始时的状态。

➢ 动作集合(Actions)。每个动作将一个状态转换为另一个状态。

➢ 目标检测(Goal Test)函数。用于判断某一状态是否达到了目标。

➢ 路径费用(Path Cost)函数。指明路径费用的函数，支持搜索算法寻找代价最优的路径。

以经典的九宫格问题为例，这个问题要求智能体调整一个 3 行 3 列棋盘上 8 个数字的位置，使之达到预定的特定排列，如图 8-5 所示。改变数码的方式是通过移动"空白格"(棋盘上未被数字占据的格子)来实现的。具体而言，"空白格"可以向左移、向上移、向右移，如果"空白格"当前位于数码 6 的位置，那么它还可以向下移。这一系列的操作都是为了将棋盘上的数字重新排列到符合要求的状态。

图 8-5　棋盘格局和可执行的动作方向(左图)及九宫图问题期望的目标割据(右图)

九宫格问题的形式化模型如下。

➢ 初始状态：棋盘的初始格局，包含每个格子中存放的数码和空白格的位置。

➢ 动作集合：{空白格左移, 空白格上移, 空白格右移, 空白格下移}。其中的动作不是在每个状态上都可以执行。例如，当空白格位于最左侧的列时，"空白格左移"动作不可执行。

➢ 目标检测函数：若一个状态 s 中的棋盘格局与上图右图相同，则它是目标状态，并且从初始状态到 s 的动作序列是该问题的一个解。

➢ 路径费用函数：此问题中每个动作的代价假设为 1，因此路径费用与该路径上的动作数目在数值上相同。

对于九宫图问题的求解而言，也可以尝试画出如图 8-6 所示的有向图——状态空间，然后进行搜索。该状态空间中的状态数目是巨大的，普通计算机的内存不能完全存储。为了说明，我们假设需要 40 步动作解决一个九宫格问题，相应的，目标状态结点所在的深度为 40。那么，在最坏的情况下，我们尝试多少个状态才能达到这个目标呢？这需要我们分析该状态空间的平均分支因子。若它为 b，则最坏的情况下我们需要尝试 $1+b+b^2+b^3+\cdots+b^{40}$ 个状态。九宫图问题的分支因子分布如图 8-7 所示。对于第一行而言，若空白格位于最左侧的方格，则可执行 2 个动作(向右移、向下移)；若它位于中间的方格，则可执行 3 个动作(向左移、向右移、向下移)；若它位于最右侧的方格，则可执行 2 个动作(向左移、向下移)。

类似地，可以得出空白格在其他位置时的可执行动作数(注意：在每个状态中，空白格只处于其中一个位置)。因此，平均情况下，一个状态上可行性的动作数为 $b=(2\times4+3\times4+4)/9\approx2.667$。现在可知，最坏的情况下我们需要尝试的状态数目至少是 $2.667^{40}\times9$ 位>2^{40}B=2TB。这个数量显然超出了当前流行的个人计算机的内存存储量。

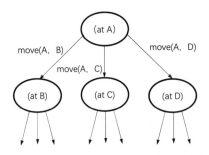

2个	3个	2个
3个	4个	3个
2个	3个	2个

图 8-6 在状态上应用动作而构成的状态空间　　图 8-7 九宫图问题的分支因子分布

为了在一定程度上缓解对存储量的要求，人工智能中的搜索可以分成问题空间的生成和在该空间上对目标状态的搜索两个不断交替的阶段，即状态空间一般是逐渐扩展的，"目标"状态是在每次扩展的时候进行判断的。不过，多数搜索算法也存储访问过的状态，这使得所需的存储空间快速增加。解决的一个途径是引导搜索算法专注于探索有希望发现目标的方向，用于完成引导的信息称为启发信息。

一般情况下，搜索策略可以根据是否使用启发式信息分为盲目搜索策略和启发式搜索策略。也可以根据搜索空间的表示分为状态空间搜索策略和与或图搜索策略。状态空间搜索是用状态空间法求解问题所进行的搜索。与或图搜索是指用问题规约方法求解问题时所进行的搜索。

搜索策略可以分为盲目搜索、有信息搜索、局部搜索、随机搜索和组合搜索等几种主要类型，感兴趣的读者可以自行阅读相关资料学习。

8.2.6　智能规划

智能规划(Automated Planning/AI Planning)是一种问题求解技术，它从特定的问题状态出发，寻找一系列操作以实现预定目标。这一系列操作称为规划解，简称为规划。一个总体规划可以包含多个子规划。

在人工智能领域，规划的需求和想法并不新鲜。

与自然语言处理一样，人们通常认为规划是一种与人类密切相关的活动。规划代表了一种非常特殊的智力指标，即为了实现目标而对动作进行调整的能力，因此它是人类所独有的。

规划有两个非常突出的特点。

(1) 为了完成任务，可能需要完成一系列确定的步骤。

(2) 定义了问题解决方案的步骤顺序可能是有条件的。也就是说，构成规划的步骤可能会根据条件进行修改(这称为条件规划)。

因此，规划的能力代表了某种意识，代表了使我们成为人类的自我意识。

规划也可以定义为：规划是智能系统的重要组成部分，它增强了智能体的独立性和适应动态环境的能力。为了实现这一点，智能体必须能够表示一个世界的状态并能够预测未来。智能体利用规划来生成达成目标的动作序列。规划一直是人工智能研究的活跃领域。规划算法和技术已经应用到了诸多领域，包括机器人技术、流程规划、基于 Web 的信息收集、自主智能体、动画和多智能体规划等。

人们通常认为，在问题求解的一般领域内，规划是其中的一个推理子领域，也是人工智能最早期的领域之一。人工智能中一些典型的规划问题如下。

➢ 对时间、因果关系和目的的表示和推理。

➢ 在可接受的解决方案中，物理和其他类型的约束。

➢ 规划执行中的不确定性。

➢ 如何感觉和感知"现实世界"。

➢ 可能合作或互相干涉的多个智能体。

在过去几十年中，这个领域取得了显著进步，同时在机器学习和机器能力方面也取得了巨大进展。虽然我们会将规划和调度视为共同的问题类型，但是它们之间有一个相当明确的区别：规划关注"找出需要执行哪些操作"，而调度关注"计算出何时执行动作"。总而言之，规划侧重为实现目标选择适当的行动序列，而调度则侧重于资源约束(包括时间)。

8.2.7　ChatGPT 简介

ChatGPT 是一个由 OpenAI 开发的人工智能聊天机器人，它是基于一个庞大的语言模型——GPT-3(GPT-4)训练出来的。这是一个利用深度学习算法，从互联网上收集了数十亿个文本数据，学习了人类语言的规律和知识的模型。它可以根据给定的一个开头或者一个主题，自动生成一段连贯、有逻辑且有创意的文本。而 ChatGPT 则是在 GPT-3(GPT-4)的基础上加入了一些额外的功能，让它可以跟用户进行对话，并且根据用户的喜好和需求生成不同类型和风格的文本。

ChatGPT 是怎么做到这些的？它其实利用了一种叫作神经网络的技术。神经网络是一种模仿人脑结构和功能的计算模型，它由许多个单元组成，每个单元都可以接收、处理和传递信息。神经网络可以通过大量的数据和反馈，自动调整参数，从而提高自己的性能和准确度。ChatGPT 使用了一种特殊的神经网络架构，叫作 Transformer，它可以有效地处理自然语言，并且捕捉文本之间的联系和含义。Transformer 由两部分组成：一部分是编码器(Encoder)，它可以把输入的文本转换成一种数学表示；另一部分是解码器(Decoder)，它可以根据编码器的输出和自己的内部状态，生成下一个词或者句子。通过这一过程，ChatGPT 就可以实现与用户的交互和文本生成。

ChatGPT 有什么用处呢？它可以应用于众多领域和场景中，如教育、娱乐、商业、新闻等。例如，在教育方面，ChatGPT 可以帮助学生学习语言、写作、阅读等技能，它可以提供各种题目、范文、解答、反馈等；在娱乐方面，ChatGPT 可以创作各种有趣和有意义的内容，如故事、歌词、笑话等。

8.3　云计算

云计算(Cloud Computing)是基于互联网的相关服务的增加、使用和交付模式，通常涉及通过互联网来提供动态、易扩展且经常是虚拟化的资源。"云"是网络、互联网的一种比喻说法。过去在图 8-8 所示的云计算概念图中，往往用"云"来表示电信网，后来"云"也用来表示互联网和底层基础设施的抽象。云计算可以让用户体验到每秒 10 万亿次的运算能力，拥有如此强大的计算能力后，我们可以通过计算机来模拟核爆炸、预测气候变化或者市场发展趋势。

形象地说，云计算模式类似于集中供电的发电厂。通过云计算，用户无须购买新服务器或部署软件，就能获得所需的应用程序和服务，如图 8-8 所示。

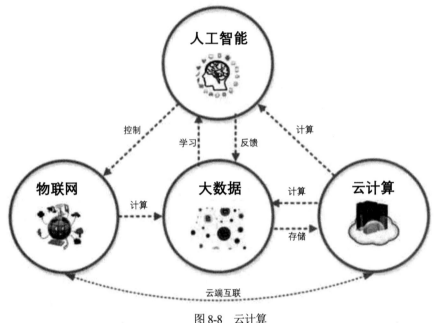

图 8-8　云计算

8.3.1　云计算的概念

云计算是一种通过互联网提供计算资源和服务的模型，包括服务器、存储、数据库、网络和软件等。这种技术允许用户按需访问和使用远程的计算资源，而无须自身拥有和维护这些资源。云计算以其高效性、灵活性和可伸缩性受到广泛欢迎。用户可以根据使用量支付费用，从而降低了硬件采购和管理的成本。云计算的服务模式通常分为基础设施即服务(IaaS)、平台即服务(PaaS)和软件即服务(SaaS)，每种模式都为不同的业务需求提供了特定的解决方案。通过云计算，企业能够快速部署和拓展业务，提升创新能力。此外，云计算还支持数据分析、大数据处理和人工智能等应用，使用户可以从数据中获取更有价值的信息。同时，云服务提供商通常还为用户提供安全和备份措施，以确保数据的安全性和可靠性。

8.3.2　云计算的发展

云计算的发展历程可以追溯到 20 世纪 60 年代，当时的概念主要体现在多用户共享大型计算机资源上。然而，真正意义上的云计算起步于 21 世纪初，随着互联网速度和技术的进步，云计算逐渐走向成熟。

在二十一世纪第一个十年，亚马逊推出了 Amazon Web Services(AWS)，带来了基础设施即服务(IaaS)的新商业模式，开启了现代云计算服务的先河。随后，Google、微软等公司也相继推出了自己的云服务平台，进一步推动了云计算的发展。此时，云计算开始被广泛用于存储、处理和管理数据，大大提高了企业的运营效率。

到二十一世纪第二个十年，云计算技术迅速演变，平台即服务(PaaS)和软件即服务(SaaS)逐渐被各行业采用。随着大数据、人工智能和物联网等技术的发展，云计算的应用领域不断扩展，推动了数字化转型的加速。

目前，云计算已成为现代 IT 架构的核心组成部分，提供了灵活、高效、可扩展的解决方案，并仍在技术创新的驱动下不断演进，越来越多的企业和组织开始将业务迁移到云端，以便提升竞争力和应对快速变化的市场环境。未来，云计算将在混合云、多云策略、边缘计算等领域继续发展，进一步实现资源的智能分配与管理。

8.3.3 云计算的特点

云计算具有 5 个基本特征、4 种部署模型和 3 种服务模式。

1) 云计算的 5 个基本特征

(1) 自助服务。云计算的用户可以在不需要或仅需少量云服务提供商协助的情况下，单方面按需获取云计算资源。

(2) 广泛的网络访问。用户可以随时随地通过各种云终端设备(如手机、平板、笔记本电脑、PDA 掌上电脑和台式计算机)接入网络并使用云端的计算资源。

(3) 资源池化。计算资源需进行池化，以便以多租户的形式共享给多个用户。只有通过池化，才能根据用户需求动态分配或重新分配各种物理和虚拟资源。用户通常不知道自己使用的计算资源的确切位置，但在自助申请时可以指定大致的区域范围。

(4) 快速弹性。用户能够便捷且迅速地按需获取和释放计算资源，换句话说，在需要时可以快速扩展计算能力，而在不需要时能迅速释放资源，以降低计算能力并减少资源使用费用。对于用户而言，云端的计算资源是无限的，可以随时申请并获取所需的计算资源。需要强调的是，一个实际的云计算系统不一定是一个投资巨大且需要成千上万台计算机的工程。实际上，一台计算机就可以构建一个最小的云端环境。云端建设方案应采用可伸缩性策略，初期可以使用少量计算机，随后根据用户规模的变化来增减计算资源。

(5) 计费服务。用户在使用云计算资源时需支付费用，计费方式多种多样，如根据存储、CPU、内存、网络带宽等资源的使用量和时间长短计费，或按每次使用计费。无论采用何种计费方式，对于用户而言，费用标准应明确，计量方式也要清晰。同时，云服务提供商需要监控和管理资源的使用情况，并定期生成各种资源使用报表，确保供需双方的费用结算清晰透明。

2) 云计算的 4 种部署模型

(1) 私有云。云端资源专门供一个单位或组织内的用户使用，这是私有云的核心特征。云端的所有权、日常管理和操作的主体并没有严格规定，可以是本单位、第三方机构，或者二者的联合。同时，云端资源可以托管在本单位内部，也可以部署在其他位置。

(2) 社区云。云端资源专门供固定的几个单位内的用户使用，这些单位在安全性、合规性等方面具有相同的需求。云端的所有权、日常管理和操作的主体可以是本社区内的一个或多个单位，也可能是社区外的第三方机构，或是二者的联合。云端资源可以在本地部署，也可以位于其他地方。

(3) 公共云。云端资源向社会公众开放使用。云端的所有权、日常管理和操作的主体可能是商业组织、学术机构、政府部门或它们之间的联合。公共云的资源可以在本地部署，也可以托管在其他位置。

(4) 混合云。混合云由两个或两个以上不同类型的云(有云、社区云或公共云)组成，它们之间相互独立，但可以通过标准或专有技术将其整合在一起，以实现云之间数据和应用程序的平滑流转。若多个相同类型的云组合在一起，则归属多云的范畴，如两个私有云组合在一起的混合云就是多云的一种。目前最流行的混合云是由私有云和公共云构成的。当私有云资源面临短期需求激增(即"云爆发")时，可以自动租赁公共云资源以平衡需求峰值。例如，在节假日或"双十一"活动期间，网店的访问量大幅增长，此时会临时使用公共云资源来应对高峰期的需求。

3) 云计算的3种服务模式

(1) 软件即服务(Software as a Service, SaaS)。云服务提供商将IT系统中的应用软件层作为服务进行出租，消费者无须自行安装应用软件，只需直接使用，从而进一步降低了云服务消费者的技术门槛。

(2) 平台即服务(Platform as a Service, PaaS)。云服务提供商将IT系统中的平台软件层作为服务进行出租，消费者可以自行开发或安装程序，并在此平台上运行这些程序。

(3) 基础设施即服务(Infrastructure as a Service, IaaS)。云服务提供商将IT系统的基础设施层作为服务进行出租，消费者则负责安装操作系统、中间件、数据库和应用程序。

云计算的精髓在于将有形产品(如网络设备、服务器、存储设备和软件等)转化为服务产品，并通过网络实现远程在线使用，从而使产品的所有权与使用权得以分离。

8.3.4 云计算的应用

云应用与云产品有着明显的不同。云产品通常是由软硬件厂商开发和生产的，而云应用则是由云计算运营商提供的服务。这些运营商首先需要使用云产品构建云计算中心，然后才能向外界提供云计算服务。因此，在云计算产业链中，云产品是云应用的上游产品。

云计算的核心目标是云应用，离开应用，搭建云计算中心便毫无意义。目前，我国的云计算中心如雨后春笋般涌现，主要得益于政府的支持，但真正的云应用却相对稀少。接下来介绍几种常见的云应用。

1) 办公云

与传统计算机为主的办公环境相比，私有办公云具有更多优势，具体如下。

(1) 建设成本和使用成本较低。

(2) 维护简便。

(3) 云终端为纯硬件产品，具备可靠性和稳定性，折旧周期较长。

(4) 数据集中存储在云端，更容易保护企业的知识资产。

(5) 支持移动办公，员工可以在任意云终端上通过登录账号进行办公。

以一家公司为例，该公司的员工人数少于20人，采用两台服务器构建云端，办公软件与数据资料均安装和存储在这些服务器上。为每位员工分配一个账号，员工可以通过有线或无线网络连接到办公终端，实现云端办公，如图8-9所示。

2) 医疗云

医疗云的核心在于以全民电子健康档案为基础，建立覆盖整个医疗卫生体系的信息共享平台，从而打破各个医疗机构间的信息孤岛现象。同时，医疗云围绕居民健康提供统一的健康业务部署，并建立远程医疗系统，尤其使得缺医少药的农村地区得以受益，如图8-10所示。

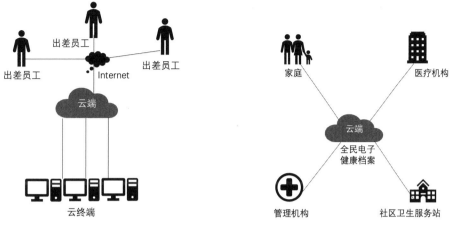

| 图 8-9　办公云概念图 | 图 8-10　医疗云概念图 |

医疗云可以在人口密集区域增设各种体检自助终端，甚至将自助终端引入家庭中。这一举措不仅有利于国家医疗体系的发展，也能为广大民众提供便利和服务。

3) 园区云

园区云的企业经营产品之间通常存在竞争关系或上下游关系，企业的市场营销和经营管理也具有很大的共性，并且企业相对集中。因此，在园区内部建设云计算平台尤为合适。园区管理委员会主导并运营云端，通过光纤将各家企业连接到园区内部，企业内部则配备云终端。

园区云的云端应具备以下云应用。

(1) 企业应用云：包括 ERP(企业资源计划)、CRM(企业客户管理)、SCM(供应链管理)等企业管理软件，这些都是现代企业必备的工具，代表了企业在研发、采购、生产、销售和管理流程上的现代化和系统化。如果园区内每家企业单独购买这些软件，将面临高昂的成本、实施困难和运维复杂等挑战。然而，经过云化后，这些软件可以部署在云端，企业可按需租用，价格低廉，解决了传统模式下的种种困扰。

(2) 电子商务云：引入电子商务云，可以覆盖更长的产业链条。对内，可以打通上下游企业之间的信息通道，整合产业链相关资源，从而降低交易成本；对外，则能形成统一的门户与宣传口径，避免内部恶性竞争，增强凝聚力，提升营销网络建设并强化市场开拓能力，对整体园区品牌形象的塑造具有重要意义。

(3) 移动办公云：在园区内部部署移动办公云，企业可以以低廉的成本实现以下目标：①使用正版软件；②保护企业知识资产；③实现随时随地办公；④大幅度降低企业 IT 投入；⑤快速部署应用；⑥从繁重的 IT 运维中解放出来，专注于核心业务。

(4) 数据存储云：关键数据的丢失将导致大多数企业面临倒闭的风险，这是业界的普遍共识。在园区部署数据存储云，通过在线或离线方式，以数据块或文件形式存储企业的各种加密或解密业务数据，并建立数据回溯机制，可以有效规避由于存储设备损坏、计算机被盗、火灾、水灾、房屋倒塌、雷击等突发事故造成的数据丢失或泄露风险。

(5) 高性能计算云：新产品开发、场景模拟、工艺改进等项目往往需要大量计算，如果仅依赖单台计算机，计算过程可能会耗费大量时间，并且失败率较高。因此，园区可统一引入高性能计算云和3D打印设备，供有需求的企业租用，从而加快产品迭代的速度。

(6) 教育培训云：综合各企业培训中的共性部分，形成教育培训公共云平台，实现现场和远程培训的结合。这不仅能在最大限度减少重复建设，降低企业对新员工和新业务的培训投入，还能加强校企合作，利用优质师资与培训条件，提升教育培训效果。同时，通过网络迅速实现"送教下乡"，将教育资源扩展到更广泛的区域。

8.4 大数据

大数据(Big Data)是指无法在一定时间范围内用常规软件工具进行捕捉、管理和处理的数据集合，是需要新处理模式才能具有更强的决策力、洞察发现力和流程优化能力的海量、高增长率和多样化的信息资产。

8.4.1 大数据的概念

根据研究机构Gartner的定义，"大数据"是指那些因为其海量、高速增长和多样化特性而需要采用新处理方法的信息资产，以增强决策效率、洞察能力和流程优化效果。

大数据技术的战略意义不在于掌握庞大的数据信息，而在于对这些含有意义的数据进行专业化处理。换言之，如果把大数据比作一种产业，那么这种产业实现盈利的关键，在于提高对数据的"加工能力"，通过"加工"实现数据的"增值"。

从技术上来看，大数据与云计算的关系就像一枚硬币的正反面一样密不可分。大数据无法用单台的计算机进行处理，必须采用分布式架构。它的特色在于对海量数据进行分布式数据挖掘，必须依托云计算的分布式处理、分布式数据库，以及云存储、虚拟化技术。

8.4.2 大数据的发展

大数据的发展历程总体上可以划分为三个重要阶段，包括萌芽期、成熟期和大规模应用期。

(1) 萌芽期(20世纪90年代至21世纪初)：随着数据挖掘理论和数据库技术的逐步成熟，一批商业智能工具和知识管理技术开始被应用，如数据仓库、专家系统、知识管理系统等。

(2) 成熟期(21世纪前10年)：Web 2.0应用迅猛发展，非结构化数据大量产生，传统处理方法难以应对，带动了大数据技术的快速突破，大数据解决方案逐渐走向成熟，形成了并行计算与分布式系统两大核心技术，谷歌的GFS和MapReduce等大数据技术受到追捧，Hadoop平台开始大行其道。

(3) 大规模应用期(2010年以后)：大数据应用渗透各行各业，数据驱动决策，信息社会智能化程度大幅提高。

8.4.3 大数据的特点

随着大数据时代的到来，"大数据"已经成为互联网信息技术行业的流行词汇。关于"什么是大数据"这个问题，很多人可能比较认可关于大数据的"4V"说法，即大数据的4个特点，包含数据量大(Volume)、数据类型繁多(Variety)、处理速度快(Velocity)和价值密度低(Value)4 个层面。下面将分别介绍。

1. 数据量大

人类进入信息社会后，数据以自然方式增长，其产生不以人的意志为转移。从 1986 年开始，到 2010 年为止，在二十多年的时间中，全球数据量增长了 100 倍，今后数据增长的速度将更快，我们正生活在一个"数据爆炸"的时代。目前，世界上只有 25%的设备是联网的，大约 80%的上网设备是计算机和手机，而在不远的将来，将有更多的用户成为网民，汽车、电视、家用电器、生产机器等各种设备也将接入互联网。随着 Web 2.0 和移动互联网的快速发展，人们已经可以随时随地且随心所欲地发布包括博客、微博、微信等在内的各种信息。今后，随着物联网的推广和普及，各种传感器和摄像头将遍布我们的工作和生活的各个角落，这些设备每时每刻都在自动产生大量数据。

综上所述，人类社会正在经历第二次"数据爆炸"(如果把印刷在纸张上的文字和图形也看作数据，那么人类历史上第一次"数据爆炸"发生在造纸术和印刷术发明的时期)。各种数据产生速度之快，产生数量之大，已经远远超出人类可以控制的范围，"数据爆炸"成为大数据时代的鲜明特征。根据著名资讯机构 IDC(Internet Data Center)做出的估测，人类社会产生的数据一直都在以每年 50%的速度增长，也就是说，每两年就增加一倍，这被称为"大数据摩尔定律"。这意味着，人类在最近两年产生的数据量相当于之前产生的全部数据量之和。

2. 数据类型繁多

大数据的数据来源众多，科学研究、企业应用和 Web 应用等都在源源不断地生成新的数据。生物大数据、交通大数据、医疗大数据、电信大数据、电力大数据、金融大数据等都呈现出"井喷式"增长，所涉及的数据量巨大，已经从 TB 级跃升至 PB 级。

大数据的数据类型丰富，包括结构化数据和非结构化数据。其中，前者占 10%左右，主要是指存储在关系数据库中的数据；后者占 90%左右，种类繁多，主要包括邮件、音频、视频、微信、微博、位置信息、链接信息、手机信息、网络日志等。

类型繁多的异构数据，对数据处理和分析技术提出了新的挑战，也带来了新的机遇。传统数据主要存储在关系数据库中。然而，在类似 Web 2.0 等应用领域中，越来越多的数据开始被存储在非关系型数据库中，这就必然要求在集成的过程中进行数据转换，而这种转换的过程是非常复杂和难以管理的。传统的联机分析处理(On-Line Analytical Processing, OLAP)和商务智能工具大都面向结构化数据，而在大数据时代，用户友好的且支持非结构化数据分析的商业软件也将迎来广阔的市场空间。

3. 处理速度快

大数据时代的数据产生速度非常迅速。在 Web 2.0 应用领域，在 1 min 内，新浪网可以产生 2 万条微博，Twitter 可以产生 10 万条推文，苹果可以下载 4.7 万次应用，淘宝网可以卖出 6 万件商品，百度可以产生 90 万次搜索查询，Facebook 可以产生 600 万次浏览。大名鼎鼎的大型强子对撞机(LHC)，大约每秒产生 6 亿次的碰撞，每秒产生约 700MB 的数据，有成千上万台计算机分析这些碰撞。

大数据时代的很多应用都需要基于快速生成的数据实时分析结果，用于指导生产和生活实践。因此，数据处理和分析的速度通常要达到秒级响应，这一点和传统的数据挖掘技术有着本质的不同，后者通常不要求给出实时分析结果。

为了实现快速分析海量数据的目的，新兴的大数据分析技术通常采用集群处理和独特的内部设计。以谷歌公司的 Dremel 为例，它是一种可扩展的、交互式的实时查询系统，用于只读嵌套数据的分析，通过结合多级树状执行过程和列式数据结构，它能做到几秒内完成对万亿张表的聚合查询。该系统可以扩展到成千上万的 CPU 上，满足谷歌上万用户操作 PB 级数据的需求，并且可以在 2~3s 内完成 PB 级数据的查询。

4. 价值密度低

大数据虽然看起来很美好，但是其价值密度却远远低于传统关系数据库中已有的数据。在大数据时代，很多有价值的信息都分散在海量数据中，以小区监控视频为例，如果没有意外事件发生，则连续不断产生的数据都是没有任何价值的。当发生盗窃、火灾等意外事件时，也只有记录过程的一小段视频是有价值的。然而，为了能够获得发生盗窃和火灾时的一段宝贵视频，我们不得不投入大量资金购买监控设备、网络设备、存储设备，耗费大量的电能和存储空间，来保存摄像头连续不断传来的监控数据。

8.5　物联网

物联网(Internet of Things, IoT)顾名思义，就是物物相连的互联网。这里有两层意思：第一层意思是物联网的核心和基础仍然是互联网，是在互联网基础上的延伸和扩展的网络；第二层意思是物联网的用户端延伸和扩展到了任何物品之间，实现信息交换和通信，即物物相息。

8.5.1　物联网的概念

物联网是互联网的延伸。它利用局部网络或互联网等通信技术，将传感器、控制器、机器、人员和物等通过新的方式连在一起，形成人与物、物与物相连，实现信息化和远程管理控制。

从技术架构上来看，物联网可以分为感知层、网络层、处理层和应用层 4 层，如图 8-11 所示。图 8-11 中每层的功能说明如下。

(1) 感知层：如果把物联网体系比喻为一个人体，那么感知层就好比人体的神经末梢，用来感知物理世界，采集来自物理世界的各种信息。感知层包含了大量的传感器，如温度传感器、湿度传感器、应力传感器、加速度传感器、重力传感器等。

(2) 网络层：相当于人体的神经中枢，起到传输信息的作用。网络层包含各种类型的网络，如互联网、移动通信网络、卫星通信网络等。

(3) 处理层：相当于人体的大脑，起到存储和处理的作用，包括数据存储、管理和分析平台。

(4) 应用层：直接面向用户，满足各种应用需求，如智能交通、智慧农业、智慧医疗、智能工业等。

图 8-11 物联网体系架构

8.5.2 物联网的发展

在物联网的发展过程中，有两个关键因素起着重要作用：一是人工智能；二是边缘计算。

1. 关键因素一：人工智能

随着 AlphaGo 利用增强学习的技术打败人类的卓越棋手，近期我们看到，人工智能在一些边缘智能的应用场景中已经开始应用。然而，整个人工智能的发展是离不开数据的，因为它需要大量的数据进行训练。

随着越来越多的非结构化数据出现，我们需要去处理这些数据，并从中发现内在的关联，人工智能技术是其中的重点。

2. 关键因素二：边缘计算

数据量的增加也在推动整个计算模式的演变。

在互联网时代，互联网通过云计算平台使用户能够随时随地按需访问自己所需要的资源。云计算技术能够帮助实现资源的共享，给用户提供一个最佳的使用体验。在每年的"双十一"活动中，天猫商城上的销售峰值已经超过 25 亿/秒，要支撑这样大量的计算，云计算平台功不可没。

而在物联网时代，随着数字化转型的深入，需要更敏捷的连接、更有效的数据处理，以及更好的数据保护。边缘计算能够有效降低对带宽的要求，提供及时的响应，并且对数据的隐私提供保护。因此，边缘计算发挥的作用越来越大，许多人认为，边缘计算正成为物联网的发展支柱。

8.5.3 物联网的应用

下面通过一个简单的智能公交实例来介绍物联网的应用。

目前，很多城市居民的智能手机中都安装了"掌上公交"APP，可以通过手机随时随地查询每辆公交车的当前到达位置信息，这就是一种非常典型的物联网应用。在智能公交应用中，每辆公交车都安装了 GPS 定位系统和 4G 网络传输模块。在车辆行驶的过程中，GPS 定位系统会实时采集公交车的当前到达位置信息，并通过车上的 4G 网络传输模块发送给车辆附近的移动通信基站，经由电信运营商的 4G 移动通信网络传送到智能公交指挥调度中心的数据处理平台，平台再将公交车位置数据发送给智能手机用户，用户手机上的"掌上公交"APP 就会显示出公交车的当前位置信息。这个应用实现了"物与物相连"，即公交车和手机这两个物体连接在一起，使手机可以实时获得公交车的位置信息。

在这个应用中，安装在公交车上的 GPS 定位设备属于物联网的感知层；安装在公交车上的4G 网络传输模块，以及电信运营商的 4G 移动通信网络属于物联网的网络层；智能公交指挥调度中心的数据处理平台属于物联网的处理层；智能手机上安装的"掌上公交"APP 属于物联网的应用层。

8.6 课后习题

一、判断题

1. 互联网就是一个超大云。　　　　　　　　　　　　　　　　　　　　　　　　　(　　)

2. 简单来说，云计算是由闲置资源被利用而产生的。　　　　　　　　　　　　　　(　　)

3. 云计算可以通过将普通的服务器或计算机连接起来，实现类似超级计算机的计算和存储功能，但成本更低。　　　　　　　　　　　　　　　　　　　　　　　　　　　　(　　)

4. 数据仓库的最终目的是为用户和业务部门提供决策支持。　　　　　　　　　　　(　　)

5. 数据即信息，新的信息可以带来新的收益。　　　　　　　　　　　　　　　　　(　　)

6. 关于人工智能的发展趋势，供需双方形成壁垒，并打通端到端的全价值链，从而形成一个生态系统，这是必然趋势。　　　　　　　　　　　　　　　　　　　　　　　　(　　)

二、选择题

1. 以下关于人工智能的说法中不正确的是(　　)。

　　A. 人工智能是关于知识的学科——研究怎样表示知识，以及获得和使用知识的科学

　　B. 人工智能研究如何使用计算机完成过去只有人才能做的智能工作

　　C. 自 1946 年以来，人工智能经过多年发展，已趋于成熟并得到充分应用

　　D. 人工智能不是人的智能，但能像人那样思考，甚至可能超过人的智能

2. 人工智能与思维科学的关系是实践与理论的关系。从思维角度来看人工智能不包括(　　)。

　　A. 直觉思维　　　　　　　　　　　　B. 逻辑思维

　　C. 形象思维　　　　　　　　　　　　D. 灵感思维

3. 强人工智能强调人工智能的完整性，以下哪个选项不属于强人工智能(　　)。

　　A.(类人)机器的思考和推理就像人的思维一样

　　B.(非人类)机器产生了与人完全不同的直觉和意识

　　C. 看起来像智能，实际上并不真正拥有智能，也没有自主意识

　　D. 有可能制作出具有真正推理和解决问题能力的智能机器

4. 电子计算机的出现使信息存储和处理的各个方面发生了革命，以下说法不正确的是(　　)。

　　A. 计算机是用于操纵信息的设备

　　B. 计算机在可更改的程序和控制下运行

C. 人工智能技术是后计算机时代的先进工具

D. 计算机这一电子数据处理的发明，为实现人工智能提供了媒介

三. 思考题

1. 什么是云计算？什么是大数据？
2. 简述什么是人工智能。
3. 为什么能够用机器(计算机)模仿人类的智能？
4. 你认为应从哪些层次对认知行为进行研究？
5. 未来人工智能可能的突破有哪些方面？

参考文献

[1] 周志明. 智慧的疆界——从图灵机到人工智能[M]. 北京：机械工业出版社，2018.

[2] 刘峡壁，马霄虹，高一轩. 人工智能——机器学习与神经网络[M]. 北京：国防工业出版社，2023.

[3] 王良明. 云计算通俗讲义[M]. 2 版. 北京：电子工业出版社，2017.

[4] 唐培和，徐奕奕. 计算思维——计算学科导论[M]. 北京：电子工业出版社，2015.

[5] 史蒂芬·卢奇，丹尼·科佩克. 人工智能[M]. 2 版. 林赐，译. 北京：人民邮电出版社，2018.

[6] 李凤霞，等. 大学计算机[M]. 北京：高等教育出版社，2014.

[7] William Stallings. 计算机组成与体系结构：性能设计[M]. 8 版. 彭蔓蔓，等译. 北京：电子工业出版社，2011.

[8] Glenn Brookshear J. 计算机科学概论[M]. 11 版. 刘艺，等译. 北京：人民邮电出版社，2011.

[9] Andrew Tanenbaum S.计算机组成：结构化方法[M]. 5 版. 刘卫东，宋佳兴，徐恪，译. 北京：人民邮电出版社，2006.

[10] Behrouz Forouzan. 计算机科学导论[M]. 3 版. 刘艺，等译. 北京：机械工业出版社，2015.

[11] Michael Sipser. 计算理论导引[M]. 3 版. 段磊，唐常杰，译. 北京：机械工业出版社，2015.

[12] 沙行勉. 计算机科学导论——以 Python 为舟[M]. 2 版. 北京：清华大学出版社，2016.

[13] 易建勋. 计算机导论——计算思维和应用技术[M]. 2 版. 北京：清华大学出版社，2018.

[14] 易建勋，龙际珍，刘青，等. 计算机维修技术[M]. 3 版. 北京：清华大学出版社，2015.

[15] 易建勋，范丰仙，刘青，等. 计算机网络设计[M]. 3 版. 北京：人民邮电出版社，2020.

[16] 胡亚红，朱正东，张天乐. 计算机系统结构[M]. 4 版. 北京：科学出版社，2017.

[17] 李亚莉，姚亭秀，杨小麟.WPS Office 2019 办公应用入门与提高[M]. 北京：清华大学出版社，2021.

[18] 策未来. 全国计算机等级考试教程 一级计算机基础及 WPS Office 应用[M]. 北京：人民邮电出版社，2023.

[19] 陈海洲，王俊芳，刘洪海，等. 信息技术基础(Windows 10+WPS)[M]. 北京：清华大学出版社，2022.

[20] 罗庆云，杨云霞. 计算机应用基础及实训教程(Windows 10+WPS Office)[M]. 上海：上海交通大学出版社，2024.